Michael Kofler, Christian Ofenheusle

Photovoltaik

Grundlagen, Planung, Betrieb

Rheinwerk
Computing

Liebe Leserin, lieber Leser,

dass das Interesse an der eigenen Photovoltaik-Anlage im Moment groß ist, kann niemanden überraschen. Die Kosten für fossile Brennstoffe explodieren und damit auch die Strompreise. Und da es ohne Energie nun einmal nicht geht, müssen Alternativen her.

Die gute Nachricht: Es war nie einfacher, den eigenen Strom zu erzeugen. Die Technologie schreitet stetig voran und es gibt für (fast) jeden Geldbeutel und für alle Nutzungsflächen Möglichkeiten, um die Kraft der Sonne zu nutzen. Diese Vielfalt sorgt jedoch dafür, dass Sie sich überlegen müssen, welche Anlage für Sie passt. Wie viel Strom brauchen Sie überhaupt und gibt es beim Verbrauch Einsparpotenzial? Ist eine Wärmepumpe oder ein Speicher eine sinnvolle Ergänzung oder reicht vielleicht schon eine einfache Lösung für den eigenen Balkon, mit der Sie die Grundlast abfangen können?

Mit echter Begeisterung, aber gleichzeitig nüchternem Blick auf die Fakten begleiten Sie Michael Kofler und Christian Ofenheusle auf dem Weg zur eigenen PV-Anlage. Beide haben in den vergangenen Jahren viel Erfahrung mit privaten Photovoltaik-Projekten gesammelt und teilen ihre Einschätzungen, wann eine Investition rentabel ist, wie Sie am besten bei der Planung vorgehen und wo Probleme lauern. So können Sie sich Ihre eigene Meinung bilden, ob ein günstiges und unkompliziertes Balkonkraftwerk, eine professionelle Solaranlage oder gar ein zusätzlicher Batteriespeicher für Sie sinnvoll sind.

Zum Abschluss noch ein Wort in eigener Sache: Dieses Werk wurde mit großer Sorgfalt geschrieben, geprüft und produziert. Sollte dennoch einmal etwas nicht so funktionieren, wie Sie es erwarten, freue ich mich, wenn Sie sich mit mir in Verbindung setzen. Ihre Kritik und konstruktiven Anregungen sind uns jederzeit willkommen.

Ihr Christoph Meister
Lektorat Rheinwerk Computing

christoph.meister@rheinwerk-verlag.de
www.rheinwerk-verlag.de
Rheinwerk Verlag · Rheinwerkallee 4 · 53227 Bonn

Auf einen Blick

Wir hoffen, dass Sie Freude an diesem Buch haben und sich Ihre Erwartungen erfüllen. Ihre Anregungen und Kommentare sind uns jederzeit willkommen. Bitte bewerten Sie doch das Buch auf unserer Website unter **www.rheinwerk-verlag.de/feedback**.

An diesem Buch haben viele mitgewirkt, insbesondere:

Lektorat Christoph Meister
Korrektorat Isolde Kommer, Großerlach
Herstellung Norbert Englert
Typografie und Layout Vera Brauner
Einbandgestaltung Mai Loan Nguyen Duy
Titelbilder Shutterstock: 72500704 © Smileus, 2188492537 © Mariana Serdynska; iStock: 1197590704 © sommaiphoto, 1348548231 © ipuwadol, 1399694331 © ArtistGNDphotography; unsplash: © chuttersnap
Satz Michael Kofler
Druck mediaprint solutions, Paderborn

Dieses Buch wurde gesetzt aus der TheAntiquaB (9,35 pt/13,7 pt) mit LATEX.

Gedruckt wurde dieses Buch mit mineralölfreien Farben auf ungestrichenem PEFC®-zertifiziertem Offsetpapier (90 g/m²).

Hergestellt in Deutschland.

Bibliografische Information der Deutschen Nationalbibliothek:
Die Deutsche Nationalbibliothek verzeichnet diese Publikation in der Deutschen Nationalbibliografie; detaillierte bibliografische Daten sind im Internet über *http://dnb.dnb.de* abrufbar.

ISBN 978-3-8362-9439-3

1. Auflage 2023, 2., korrigierter Nachdruck 2023
© Rheinwerk Verlag, Bonn 2023

Informationen zu unserem Verlag und Kontaktmöglichkeiten finden Sie auf unserer Verlagswebsite **www.rheinwerk-verlag.de**. Dort können Sie sich auch umfassend über unser aktuelles Programm informieren und unsere Bücher und E-Books bestellen.

Inhalt

Vorwort

Schon seit Jahren bietet Photovoltaik den kostengünstigsten Weg, elektrischen Strom zu erzeugen. Aber erst mit Beginn des Ukraine-Kriegs, mit der Verknappung von Gas und dem enormen Anstieg des Strompreises ist die Nachfrage nach Balkonkraftwerken und privaten PV-Anlagen förmlich explodiert.

In diesem Buch erklären wir Ihnen, wie Photovoltaik funktioniert. Die Kurzfassung sieht so aus:

▶ PV-Module machen aus Sonnenlicht Strom.
▶ Wechselrichter wandeln diesen Strom in eine im Haushalt nutzbare Form um.
▶ Batteriespeicher ermöglichen es, eigenen Strom auch in der Nacht zu verwenden, wenn die Sonne gerade nicht scheint.

Wir gehen natürlich auch auf viele praktische Fragen ein:

▶ Welches Dach eignet sich am besten für eine PV-Anlage?
▶ Warum sind selbst kleine Verschattungen ein großes Problem?
▶ Was sind »Balkonkraftwerke«?
▶ Muss der Balkon für ein Balkonkraftwerk nach Süden gerichtet sein?
▶ Wie viel elektrischen Strom verbrauchen Sie in Ihrem Haushalt überhaupt?
▶ Wo können Sie Strom bzw. Energie in anderen Formen sparen?
▶ Wie können Sie den Stromverbrauch von energieintensiven Vorgängen so steuern, dass Sonnenenergie optimal genutzt werden kann?
▶ Wie groß dimensionieren Sie Ihre PV-Anlage am besten?
▶ Welche Online-Tools helfen Ihnen bei der Berechnung des Ertrags?
▶ Ist ein Batteriespeicher sinnvoll – und wenn ja, mit welcher Kapazität?
▶ Ist eine Inselanlage ohne Verbindung zum öffentlichen Stromnetz anzustreben?
▶ Welche gesetzlichen Vorschriften muss Ihre Anlage einhalten?
▶ Mit welchen Förderungen können Sie rechnen?

Die Lektüre dieses Buchs macht aus Ihnen weder eine Elektroinstallateurin noch einen »Solateur« (also eine Fachkraft rund um Solarenergie). Unser Ziel ist aber, dass Sie mit PV-Fachfirmen auf Augenhöhe diskutieren und die Sinnhaftigkeit diverser Entscheidungen hinterfragen können. Sie artikulieren selbst, welche Ziele Ihre Anlage erreichen soll – z. B. einen großen Eigennutzungsanteil, hohe Einspeiseerträge oder eine ordentliche Notstromfunktion.

Lohnt sich Photovoltaik?

Natürlich sprechen bzw. schreiben wir auch über das Geld: Was kostet eine PV-Anlage? Ist Photovoltaik ökologisch und ökonomisch sinnvoll?

Anhand mehrerer Beispielprojekte zeigen wir, wie Sie die Rentabilität und die Amortisierungsdauer von Balkonkraftwerken und größeren PV-Anlagen berechnen. Um die Pointe vorwegzunehmen: PV-Anlagen lohnen sich aus rein finanzieller Sicht. Auf Basis der Preise von Ende 2022 spielt eine PV-Anlage ihre Kosten innerhalb von 10 bis 12 Jahren ein. Bei Balkonkraftwerken gelingt dieses Kunststück sogar noch schneller. Sollte der Strompreis weiter steigen, verkürzen sich die Amortisierungszeiten.

Wärmepumpen

Die meiste Energie Ihres Haushalts wenden Sie auf, um zu heizen und Wasser zu erwärmen. Anstatt fossile Energieträger zu verbrennen, können Sie zum Heizen eine Wärmepumpe verwenden. Der physikalische »Trick« besteht darin, dass Sie dabei der Außenluft oder dem Erdreich Wärme entziehen. Deswegen werden aus einer Kilowattstunde Strom drei bis fünf Kilowattstunden Wärme! Weil sich Wärmepumpen so gut mit Photovoltaik kombinieren lassen, erklären wir im abschließenden Kapitel dieses Buchs Funktionsweise, Nutzen und Grenzen von Wärmepumpen.

Die Energiewende selbst in die Hand nehmen

Ein Aspekt ist uns in diesem Buch besonders wichtig: Mit dem eigenen Balkonkraftwerk oder einer PV-Anlage können Sie die Energiewende selbst in die Hand nehmen.

Nun kann man argumentieren, dass große PV-Anlagen auf Fabrikdächern, über oder neben Autobahnen oder im Freiland kostengünstiger wären als viele Kleinanlagen. Das stimmt schon, aber zehn kleine PV-Anlagen auf Einfamilienhäusern plus fünfzig Balkonanlagen sind in jedem Fall besser als jedes Großprojekt, das aufgrund gesetzlicher Hürden, einer uneinigen Politik oder aus anderen Gründen nie realisiert wird!

Der Charme von Privatanlagen liegt darin, dass Sie selbst entscheiden können, dass Sie den Strom, den Sie brauchen, selbst produzieren können. Lesen Sie zuerst dieses Buch, und suchen Sie dann eine PV-Firma in Ihrer Umgebung!

Michael Kofler (*https://kofler.info*)
Christian Ofenheusle (*https://empowersource.de*)

PS: Ganz ausdrücklich bedanken möchten wir uns an dieser Stelle bei Alois Ladenhauf und Josef Gautsch, die dieses Buch schon vorweg lesen durften und uns mit einer Menge Feedback versorgten!

Kapitel 1
Kilo, Watt und Peak

In diesem Buch wimmelt es von Zahlen, und vielen Zahlen folgen Buchstabenkürzel wie *kW*, *kWh* oder *kWp*. In diesem Kapitel möchte ich Ihnen die Furcht vor Einheiten nehmen. Ich werde Ihnen ein Gefühl dafür vermitteln, wie viel Energie eine Kilowattstunde (kWh) ist, welche Strommenge Ihr Haus oder Ihre Wohnung pro Jahr benötigt, welche Geräte für den Stromverbrauch am wichtigsten sind und wo das Sparen von Energie oder Strom am ehesten zum Ziel führt.

Ich weiß, Zahlen und physikalische Einheiten sind ein tristes Thema. Aber es ist unmöglich, eine Photovoltaikanlage ohne ein minimales Grundwissen über elektrische Energie richtig zu dimensionieren. Ich verspreche Ihnen: Dieses Kapitel ist so lebensnah, wie es nur geht! Und bevor ich richtig loslege, bringen wir das Schlimmste gleich zu Anfang hinter uns: Tabelle 1.1 fasst die Bedeutung der wichtigsten Einheiten für dieses Buch zusammen. Die Erklärungen folgen gleich.

Einheit	Abkürzung	Bedeutung
Watt	W	Leistung
Kilowatt	kW	Leistung (1 kW = 1000 W)
Megawatt	MW	Leistung (1 MW = 1000 kW = 1.000.000 W)
Watt Peak	Wp	Spitzenleistung
Kilowatt Peak	kWp	Spitzenleistung (1 kWp = 1000 Wp)
Wattstunde	Wh	Energiemenge
Kilowattstunde	kWh	Energiemenge (1 kWh = 1000 Wh)
Megawattstunde	MWh	Energiemenge (1 MWh = 1000 kWh = 1.000.000 Wh)
Gigawattstunde	GWh	Energiemenge (1 GWh = 1000 MWh = 1.000.000 kWh = 1.000.000.000 Wh)
Kilowattstunde pro Jahr	kWh/a	Energiemenge pro Jahr (Annum)

Tabelle 1.1 Wichtige Einheiten für Strom- und Energiemengen

1.1 Leistung und Energie

Die Leistung (»Stärke«) elektrischer Geräte wird in **Watt** gemessen und mit dem Buchstaben W abgekürzt. Eine Bohrmaschine mit 800 Watt durchbohrt ein massives Holzbrett müheloser als eine mit 400 Watt. Ein Wasserkocher mit 2000 Watt erhitzt einen halben Liter Wasser schneller als einer mit 1500 Watt. Tabelle 1.2 gibt die typische Leistung einiger Geräte an, wobei es natürlich immer mehr oder weniger leistungsstarke Modelle gibt.

Gerät	Leistung
Handy-Ladegerät	5 bis 15 Watt
LED-Deckenlampe	8 bis 15 Watt
Notebook	20 bis 50 Watt
Alte Glühlampe	60 bis 100 Watt
Kühlschrank	80 bis 150 Watt
TV-Gerät 140 cm (55 Zoll)	80 bis 150 Watt
Alter Halogen-Deckenfluter	250 bis 300 Watt
Staubsauger	700 bis 2000 Watt (EU-Obergrenze für neue Geräte: 900 Watt)
Wasserkocher	1500 bis 2200 Watt
Herdplatte	2000 Watt
Backofen	3000 Watt

Tabelle 1.2 Typische Leistung ausgewählter Haushaltsgeräte

Die Einheit Watt wird auch für Autos, Heizungen und andere Geräte verwendet – ganz egal, ob der Antrieb oder die Wärme elektrisch oder durch Verbrennung erzeugt wird. Eine Gas-, Öl- oder Pelletheizung für ein Einfamilienhaus hat eine Leistung von etwa 15.000 Watt. Ein VW Golf mit Benzinmotor hat je nach Modell sogar eine Leistung von etwa 70.000 bis 250.000 Watt! (Allerdings entfaltet sich die maximale Motorleistung nur unter bestimmten Umständen bei einer sehr hochtourigen Fahrweise. Außerdem verpufft ein Großteil der Leistung als Wärme; nur ein kleiner Bruchteil dient wirklich der Fortbewegung.)

Weil so große Zahlen unhandlich und unübersichtlich sind, wird die Leistung größerer Geräte zumeist in **Kilowatt** (kW) angegeben. Ein Kilometer entspricht 1000 Metern, ebenso ist ein Kilowatt eben 1000 Watt.

Veraltet: Pferdestärken

Bei Autos wird die Leistung manchmal auch in PS, also Pferdestärken, angegeben. Jeder Mensch hat eine Vorstellung von der Kraft eines Pferdes, insofern sind Pferdestärken sehr anschaulich. Dennoch gilt diese Einheit als veraltet. 74 kW sind etwa 100 PS, 100 kW sind etwa 136 PS.

Energiebedarf elektrischer Geräte

Wie viel Energie braucht nun ein elektrisches Gerät? Das hängt von zwei Faktoren ab: der soeben diskutierten Leistung und der Zeit, die das Gerät in Betrieb ist.

Nehmen wir als erstes Beispiel ein Notebook mit 30 Watt. Wenn Sie auf diesem Notebook zwei Stunden arbeiten, brauchen Sie 30 Watt × 2 Stunden, also 60 **Wattstunden**. Energie ist also das Produkt aus Leistung mal Zeit.

Wenn Sie einen Staubsauger mit 900 Watt besitzen und damit eineinhalb Stunden lang das ganze Haus gründlich saugen, verbrauchen Sie 900 Watt × 1,5 Stunden, also 1350 Wattstunden (Wh).

Bei manchen Geräten ist die Berechnung schwieriger: Eine Waschmaschine kann z. B. eine Leistung von über 2000 Watt haben. Allerdings wird die hohe Leistung nur während einer relativ kurzen Zeit gebraucht, zuerst zum Aufwärmen des Wassers und am Ende des Waschgangs beim Schleudern. Die restliche Zeit spült die Waschmaschine, d. h., die Trommel wird langsam hin und her gedreht. Während dieser Zeit benötigt die Waschmaschine relativ wenig Strom.

Um den Energieverbrauch für einen ganzen Waschgang auszurechnen, dürfen Sie nicht einfach 2000 W mit 1,5 Stunden multiplizieren! Am besten ist es, zwischen der Steckdose und dem Stecker der Waschmaschine ein Energiemessgerät (siehe Abbildung 1.1) zu platzieren und den Verbrauch eines Waschgangs ganz einfach zu messen. Alternativ müssen Sie sich auf die Herstellerangaben oder auf Zahlen aus dem Internet verlassen. Je nach Modell und Programm (entscheidend ist die Waschtemperatur!) sind Werte zwischen 500 und 1000 Wattstunden üblich.

Über den ganzen Tag gerechnet brauchen alle Geräte (ohne Heizung und Brauchwassererwärmung!) in einem typischen Vierpersonenhaushalt rund 12.000 bis 15.000 Wattstunden. In einem ganzen Jahr sind das 4.000.000 bis 5.500.000 Wattstunden.

Sie sehen, wir haben schon wieder unhandlich große Zahlen. Deswegen wird der Energieverbrauch zumeist in **Kilowattstunden** (kWh), also in 1000 Wattstunden angegeben. Der durchschnittliche Vierpersonenhaushalt verbraucht pro Tag also 12 bis 15 kWh Strom, pro Jahr 4000 bis 5500 kWh. (Wenn Sie elektrisch heizen oder elektrisch Warmwasser erzeugen, brauchen Sie sogar erheblich mehr elektrische Energie.)

Abbildung 1.1 Einfaches Strommessgerät

Noch größere Energiemengen werden in **Megawattstunden** oder **Gigawattstunden** ausgedrückt. Eine Megawattstunde entspricht 1.000.000 Wattstunden. Der gerade erwähnte Vierpersonenhaushalt braucht pro Jahr 4 bis 5,5 MWh.

Eine Gigawattstunde entspricht 1.000.000.000 Wattstunden. Wien verbrauchte 2020 ca. 8000 Gigawattstunden Strom. Bei rund 1,9 Millionen Einwohnern sind das ca. 8.000.000.000.000 Wh / 1.900.000 = 4.210.000 Wh = 4210 kWh pro Einwohner. Diesen Angaben umfassen aber nicht nur den im Haushalt verbrauchten Strom, sondern auch den Strom für Industrieanlagen und die städtische Infrastruktur (Straßenlicht, U-Bahn usw.).

Was können Sie mit einer Kilowattstunde Strom tun?

In diesem Buch ist die Kilowattstunde die bei Weitem wichtigste Maßeinheit: Nicht nur Ihr jährlicher Stromverbrauch wird damit angegeben, auch der zukünftige Ertrag Ihrer Photovoltaikanlage, die Menge des Überschussstroms, die Sie um die Mittagszeit ins Netz einspeisen etc. Falls Sie Ihre Photovoltaikanlage mit einem Speicher (einem Akkumulator) verbinden, um selbst erzeugten Strom auch in der Nacht zur Verfügung zu haben, wird die Größe dieses Speichers wiederum in Kilowattstunden bemessen.

Weil eine Kilowattstunde so wichtig ist, möchte ich Ihnen ein Gefühl dafür geben, was Sie mit einer Kilowattstunde tun können (siehe Abbildung 1.2).

Abbildung 1.2 Eine Kilowattstunde Strom ist wertvoll!

Natürlich sind alle Angaben in Abbildung 1.2 Schätzwerte. Wie lange Sie mit Ihrem Notebook wirklich arbeiten können, hängt stark vom Modell ab, wie lange Sie duschen können, von der Wassermenge, die durch Ihren Duschkopf fließt, wie lange Sie mit einem Elektroauto fahren, vom Modell und von Ihrem Fahrstil.

Besonders hinweisen möchte ich auf den verblüffend hohen Stromverbrauch für das Duschen: Zehn Stunden fernsehen kostet gleich viel Energie wie nur drei Minuten duschen. Dabei nehme ich an, dass Sie das Wasser mit einem Elektroboiler erhitzen. Wenn Sie eine Wärmepumpe verwenden, können Sie mit einer Kilowattstunde gleich drei bis vier Mal länger duschen! Und wenn Sie Ihr Warmwasser mit einer Gas- oder Ölheizung erwärmen, brauchen Sie dazu (fast) gar keinen Strom, müssen dafür aber einen fossilen Energieträger verbrennen.

Die zugrunde liegende Rechnung sieht so aus: Um einen Liter Wasser um ein Grad zu erwärmen, sind in einem Elektroboiler 1,16 Wh Strom erforderlich. Das Duschwasser sollte knapp 40 Grad warm sein. Kaltes Wasser hat je nach Region zwischen 10 und 15 Grad. Um einen Liter kaltes Wasser auf die Duschtemperatur zu erhöhen, brauchen Sie mindestens $25 \times 1{,}16$ Wh = 29 Wh. Aufgrund von Temperaturverlusten im Boiler und in der Leitung setzen wir 36 Wh pro Liter an. Aus dem Duschkopf rinnen je nach Modell 8 bis 16 Liter pro Minute. Nehmen wir 10 Liter an, beträgt der Energieverbrauch 36×10 = 360 Wh pro Minute. Eine Kilowattstunde reicht demnach für knapp drei Minuten Duschgenuss.

Wie können Sie eine Kilowattstunde Strom erzeugen?

Für Endverbraucher kommt Strom einfach aus der Steckdose. Dorthin gelangt er normalerweise über lange Leitungen, die zu einem Wasser-, Wind-, Gas-, Öl- oder Kernkraftwerk führen.

Selbst Strom zu erzeugen, ist schwierig. Wenn Sie schon einmal in einem technischen Museum waren, haben Sie dort vielleicht ein Ergometer (ein Fahrrad) vorgefunden, dass mit einem Stromgenerator verbunden ist. Solange Sie auf dem Fahrrad treten, erzeugen Sie Strom, je schneller, desto mehr Strom. Oft ist der Generator mit einer altmodischen Glühbirne verbunden, um den Effekt zu veranschaulichen. Schnelleres Treten führt zu hellerem Licht.

Allzu viel Strom können Sie so leider nicht erzeugen: Je nachdem, wie sportlich Sie sind, erbringen Sie tretend eine elektrische Leistung zwischen 100 und 200 Watt. Christian Holler greift in seinem wunderbaren Buch »Erneuerbare Energien« (Bertelsmann 2021) diese Idee auf. Wenn Sie sich zehn Stunden lang auf ein Fahrrad mit Stromgenerator setzen und ohne Pause 100 Watt erstrampeln (die Analogie zu einem Hamsterrad liegt nahe), dann haben Sie eine Kilowattstunde Strom erzeugt. Eine albtraumhafte Vorstellung, dass Sie zehn Stunden radeln müssen, um sich dann mit nur drei Minuten Duschen belohnen zu können!

Andere Formen zur Stromerzeugung sind zu Hause noch komplizierter: Sie können zwar im Garten ein großes Feuer machen, aber es wird Ihnen schwerfallen, damit in nennenswerten Mengen Wasserdampf zu erzeugen und eine Turbine anzutreiben. (So funktionieren alle Wärmekraftwerke, egal ob die Wärme durch die Verbrennung fossiler Treibstoffe oder durch Kernspaltung erzeugt wird.) Falls Sie ein Grundstück mit einem Bach besitzen, können Sie das Wasser durch eine Turbine leiten und einen Generator antreiben; bei den meisten Lesern wird diese Voraussetzung aber wohl nicht erfüllt sein. Falls Sie in einer Gegend mit viel Wind leben, können Sie ein kleines Windrad bauen – auch nicht gerade einfach!

Sie ahnen schon, worauf ich aus bin (siehe Abbildung 1.3): Noch eine Möglichkeit besteht darin, ein Photovoltaik-Modul zu kaufen. So ein Modul ist üblicherweise ca. 175 cm × 100 cm groß und kostet rund 200 €. Moderne Module erbringen bei optimaler Sonneneinstrahlung eine maximale Leistung von 350 bis 400 Watt. Wenn Sie das Modul ca. 40 Grad geneigt und nach Süden ausgerichtet in Ihrem Garten aufstellen und um die Mittagszeit für 2,5 Stunden die Sonne scheint, steht Ihnen eine Kilowattstunde Strom zur Verfügung. (Allerdings liefert das Modul Gleichstrom, keinen Wechselstrom wie aus der Steckdose. Technische Hintergründe zu diesem Thema folgen in Abschnitt 2.4, »Wechselrichter«.)

Abbildung 1.3 Eine Kilowattstunde Strom können Sie so erzeugen

Die maximale Leistung eines Photovoltaikmoduls (im Folgenden oft kurz PV-Modul) führt auch schon zur letzten Abkürzung, die ich Ihnen in diesem Kapitel näherbringen will. Die Spitzenleistung von PV-Modulen wird mit **Watt Peak** angegeben, abgekürzt Wp. Ein handelsübliches Modul mit 400 Wp kann also im Idealfall 400 Watt elektrische Leistung erzeugen, wenn die Sonne bei schönem Wetter im rechten Winkel darauf scheint. Wenn Sie 10 Module montieren, hat Ihre Photovoltaikanlage (kurz: PV-Anlage) eine Spitzen- oder Nennleistung von 4000 Wp bzw. 4 kWp (**Kilowatt Peak**). Das ist ein wichtiges Maß zum Vergleich von PV-Anlagen.

Normalerweise platzieren Sie die PV-Module auf Ihrem Hausdach. Je nach Jahreszeit, Tageszeit sowie Steilheit und Ausrichtung des Dachs sind die Module nur selten optimal zur Sonne hin orientiert. Mit Tabellen bzw. einem Online-Rechner können Sie abschätzen, wie viel Energie die Anlage durchschnittlich produzieren wird. Dieses Ergebnis fällt deutlich niedriger aus als die Spitzenleistung multipliziert mit den Sonnenstunden. (Mehr Details dazu folgen im nächsten Kapitel.)

Wärmeabstrahlung

Wärme ist einfacher zu erzeugen als Strom. Um eine Kilowattstunde Wärme abzustrahlen, müssen Sie 8 bis 10 Stunden gar nichts tun und brauchen auch keine Anlagen anzuschaffen! Sie müssen sich lediglich ernähren und atmen. Jeder Mensch strahlt Wärme ab – je nach Körpergröße und Umgebungstemperatur rund 80 bis 120 Watt pro Stunde! Im Körper wird die aufgenommene Nahrung mit Sauerstoff chemisch verarbeitet (»verbrannt«, auch wenn natürlich kein Feuer im Spiel ist). Wie bei jedem Verbrennungsprozess entsteht dabei auch CO_2, das Sie ausatmen.

Wenn Sie so wollen, ist jeder Mensch ein kleines Kraftwerk, das Wärme produziert. Wärme ist natürlich eine wichtige Energieform, unsere Haushaltsgeräte brauchen aber Strom. Deswegen konzentrieren wir uns in diesem Buch auf Strom.

Wie können Sie eine Kilowattstunde Strom speichern?

Wenn Sie sich zu einer Photovoltaikanlage entschließen, können Sie natürlich nur Strom erzeugen, solange die Sonne scheint. Während dieser Zeit haben Sie oft mehr Strom, als Sie gerade brauchen. Abends, in der Nacht und morgens sind Sie aber weiterhin auf Strom aus dem Netz angewiesen.

Um diesen offensichtlichen Mangel jeder PV-Anlage zu vermeiden, können Sie tagsüber einen Stromspeicher aufladen und aus diesem abends Strom beziehen (siehe auch Kapitel 3, »Speichersysteme«). Prinzipiell funktioniert so ein Speicher wie der Akku Ihres Smartphones. Der wesentliche Unterschied ist die Größe: Ein Stromspeicher für ein Einfamilienhaus hat normalerweise eine Kapazität von 5 bis 10 Kilowattstunden – rund 500 Mal mehr als bei einem Smartphone! 5 Kilowattstunden bedeutet, dass Sie zwischen 18 Uhr abends und 8 Uhr morgens im Schnitt 5000 W / 14 h = 357 Watt pro Stunde verbrauchen können.

Aktuell werden Speichersysteme für PV-Anlagen fast immer in Form von Lithium-Ionen-Akkus ausgeführt. Überschlagsmäßig wiegt ein derartiger Speicher pro Kilowattstunde rund 15 kg und kostet rund 1000 € – also eine Menge Geld. Verbunden mit einer recht niedrigen Lebensdauer (10 bis 15 Jahre) rentiert sich ein Speicher nur, wenn der Strompreis hoch ist.

Generell zählt die Speicherung elektrischer Energie zu den größten Hürden auf dem Weg zu mehr erneuerbarer Energie. Auch großtechnisch ist die Energiespeicherung schwierig. Eine Möglichkeit besteht darin, mit überschüssigen Strom Wasser in einen hoch gelegenen Staudamm zu pumpen. Wenn Sie später Strom brauchen, lassen Sie das Wasser wieder durch Turbinen fließen. Eine andere Variante besteht darin, mit Überschussenergie Luft zu komprimieren (Druckluftspeicher) und bei Bedarf mit der Druckluft eine Gasturbine anzutreiben.

1.2 Den eigenen Strombedarf abschätzen

Bevor Sie mit der Planung einer PV-Anlage beginnen, sollten Sie wissen, wie viel Strom Sie verbrauchen und welche Geräte Ihres Haushalts davon welchen Anteil haben. Wenn Sie das Haus schon bewohnen, werfen Sie zur Ermittlung des Stromverbrauchs einfach einen Blick auf die letzte Jahresabrechnung Ihres Stromanbieters. Wenn Sie dagegen ein neues Haus planen, müssen Sie sich am Verbrauch an Ihrem aktuellen Wohnort orientieren und alle weiteren Faktoren abschätzen.

Im Internet gibt es diverse Tabellen mit dem durchschnittlichen Stromverbrauch pro Jahr, manchmal ganz allgemein für einen Haushalt, manchmal auch differenziert zwischen Wohnung und Einfamilienhaus (siehe Tabelle 1.3). Ich habe unter anderem *https://co2online.de*, *https://pvaustria.at* und *https://www.klimaaktiv.at* als Quellen verwendet. Die Einheit kWh/a bedeutet Kilowattstunden pro Jahr (Annum).

Beachten Sie, dass diese Daten den Stromverbrauch für die Heizung und das Warmwasser *nicht* berücksichtigen. Wie viel dafür hinzukommt, hängt ganz von der Art der Heizung und der Warmwassererzeugung ab. Davon abgesehen gilt: Jeder Haushalt ist anders! Vielleicht sind Sie wesentlich sparsamer, vielleicht brauchen Sie auch mehr Energie, weil Sie zu Hause arbeiten.

Stromverbrauch pro Jahr	Wohnung	Einfamilienhaus
Eine Person	1400 kWh/a	2300 kWh/a
Zu zweit	2200 kWh/a	3100 kWh/a
Zu dritt	2700 kWh/a	3800 kWh/a
Zu viert	3200 kWh/a	4500 kWh/a
Jede weitere Person	500 kWh/a	700 kWh/a

Tabelle 1.3 Durchschnittlicher Stromverbrauch ohne Heizung und Warmwasser

Vier Beispiele für Vierpersonenhaushalte

Mit den folgenden Beispielen möchte ich Ihnen ein Gefühl vermitteln, wie sich der Stromverbrauch eines Haushalts zusammensetzen kann. Alle Beispiele gehen zur besseren Vergleichbarkeit von einem Vier-Personen-Haushalt aus. Die Wohnsituation und die Elektroverbraucher variieren aber stark. Beachten Sie, dass die Verbraucher immer nach ihrer Wichtigkeit geordnet sind, der größte Verbraucher zuerst.

Sämtliche Angaben sind natürlich nur Richtwerte. Ich weiß nicht, wie effizient Ihre Heizung ist, wie warm Ihre Räume sind, wie gut Ihre Wohnung oder Ihr Haus gedämmt ist, wie Sie lüften, wie oft es an Ihrem Wohnort im Winter neblig ist, wie oft Sie duschen, wie lange Sie fernsehen, welche Geräte Sie sonst benutzen usw.

Im ersten Beispiel lebt eine Familie in einer Wohnung (siehe Tabelle 1.4). Die Heizung erfolgt zentral durch die Wohnanlage. Der dafür notwendige Strom, z. B. für Pumpen, wird von der Hausverwaltung abgerechnet und scheint in Tabelle 1.4 nicht auf. Allerdings muss das Brauchwasser mit einem Elektroboiler innerhalb der Wohnung erwärmt werden. Die Küche hat zusätzlich einen kleinen Untertischwarmwasserspeicher. Der Haushalt geht sparsam mit Energie um, d. h., es gibt keine Klimaanlage, keinen Wäschetrockner, keine riesigen Fernseher, Gaming-Computer usw.

Verbraucher	Stromverbrauch pro Jahr
Elektroboiler (Brauchwasser)	3000 kWh/a
Küchengeräte, Wäsche, Staubsauger	1600 kWh/a
Internet, Computer, TV, Stand-by-Geräte	500 kWh/a
Untertisch-Warmwasserspeicher Küche	250 kWh/a
Licht	200 kWh/a
Gesamt	**5550 kWh/a**

Tabelle 1.4 Sparsamer Vier-Personen-Haushalt in einer Wohnung, externe Heizung, E-Boiler für Brauchwasser

Versteckte Stromfresser in der Küche

In vielen Küchen befinden sich unter dem Abwaschbecken kleine Durchlauferhitzer oder Warmwasserspeicher. Diese Geräte sind ebenso praktisch wie unauffällig, aber sie können richtige Stromfresser sein – besonders, wenn sie verkalkt sind! Dann ist der Stromverbrauch pro Jahr womöglich deutlich höher als in der obigen Tabelle veranschlagt.

Die zweite Familie wohnt in einem Einfamilienhaus (siehe Tabelle 1.5). Die Heizung und Brauchwassererhitzung erfolgt mit Pellets. Ein Raum des Hauses wird ganztägig als Büro verwendet (Homeoffice). Wiederum ist der Haushalt eher sparsam, also keine Klimaanlage, kein Wäschetrockner, sparsame Lampen (z.T. mit Bewegungsmelder). Weil kein Strom für die Brauchwassererwärmung verwendet wird, ist der Stromverbrauch deutlich geringer als bei der vorigen Beispielwohnung.

Verbraucher	Stromverbrauch pro Jahr
Küchengeräte, Wäsche, Staubsauger	2000 kWh/a
Internet, Computer/Büro, TV	1000 kWh/a
Pelletheizung und Umlaufpumpen	700 kWh/a
Licht innen/außen	400 kWh/a
Gesamt	**4100 kWh/a**

Tabelle 1.5 Sparsames Einfamilienhaus mit vier Bewohnern und Homeoffice, Pelletheizung

Ausgangspunkt für das dritte Beispiel ist wieder ein Einfamilienhaus, diesmal mit einer Gastherme für Heizung und Warmwasser (siehe Tabelle 1.6). Es gibt zwar kein Homeoffice, dafür ist der Umgang mit Strom etwas großzügiger: Das obere Stockwerk wird im Sommer für einige Wochen mit einer Klimaanlage gekühlt, die Wäsche landet nach dem Waschen oft im Wäschetrockner, die beiden großen TV-Geräte werden häufiger genutzt, Wohnräume, Terrasse und Garten sind gerne hell beleuchtet etc.

Verbraucher	Stromverbrauch pro Jahr
Küchengeräte, Wäsche, Staubsauger	2700 kWh/a
Internet, Computer/Büro, TV	800 kWh/a
Klimaanlage	500 kWh/a
Licht innen/außen	500 kWh/a
Gasheizung und Umlaufpumpen	400 kWh/a
Gesamt	**4900 kWh/a**

Tabelle 1.6 Einfamilienhaus mit vier Bewohnern, Gastherme, Klimaanlage

Die vierte Familie wohnt in einem gut gedämmten Haus mit rund 150 m² Wohnfläche (siehe Tabelle 1.7). Für die Heizung und das Warmwasser ist eine Wärmepumpe zuständig. Die Familie ist im Haushalt zwar energiebewusst, aber dafür gibt es ein

Elektroauto, das 20.000 km im Jahr gefahren wird. Rund die Hälfte der Aufladungen erfolgt zu Hause.

Verbraucher	Stromverbrauch pro Jahr
Luftwärmepumpe (Heizung und Warmwasser)	5500 kWh/a
Elektroauto	2300 kWh/a
Küchengeräte, Wäsche, Staubsauger	2000 kWh/a
Internet, Computer, TV, Stand-by-Geräte	500 kWh/a
Licht innen/außen	400 kWh/a
Gesamt	**10700 kWh/a**

Tabelle 1.7 Einfamilienhaus mit vier Bewohnern, Wärmepumpe und Elektroauto

Ihr eigener Strombedarf wird von allen diesen Musterrechnungen abweichen – je nachdem, wie groß Ihr Haushalt ist, wie sparsam Sie mit Strom, Warmwasser und Wärme umgehen und welche anderen elektrischen Geräte Sie im Betrieb haben:

▸ Heizung für den Whirlpool (hoher Energiebedarf)

▸ Filterpumpe für den Pool (viele Betriebsstunden)

▸ Sauna oder Infrarotkabine

▸ Wärmestrahler auf der Terrasse

▸ Infrarotpanel im Bad

▸ Rasenmäher

▸ Werkstatt (Werkzeugmaschinen, Heizlüfter)

Wenn Sie die vier Tabellen überflogen haben, ist Ihnen sicherlich klar, dass der Stromverbrauch für sich wenig Auskunft darüber gibt, wie umweltbewusst, sparsam oder verschwenderisch dieser Haushalt lebt. Das lässt sich erst beurteilen, wenn in Rechnung gestellt wird, wie geheizt wird. Beim letzten Beispiel ist der Stromverbrauch am höchsten, aber dafür brauchen weder die Heizung noch das Auto direkt fossile Brennstoffe. (Indirekt ist aber vermutlich doch Gas, Kohle oder Kernkraft im Spiel – je nachdem, wie der Strom produziert wird. Aber an diesem Punkt arbeiten wir in diesem Buch noch: Das Ziel ist es, möglichst viel Strom selbst zu erzeugen!)

Stromverbrauch selbst abschätzen

Soweit Sie den Stromverbrauch einzelner Geräte oder Komponenten Ihres Haushalts nicht direkt messen können, müssen Sie oft die auf der Rückseite aufgedruckten Leistungsangaben lesen oder sich mit Schätzungen behelfen. Ich beginne mit Abbildung 1.4 und Tabelle 1.8. Dort sehen Sie den Energiebedarf für ausgewählte Vorgänge des täglichen Lebens.

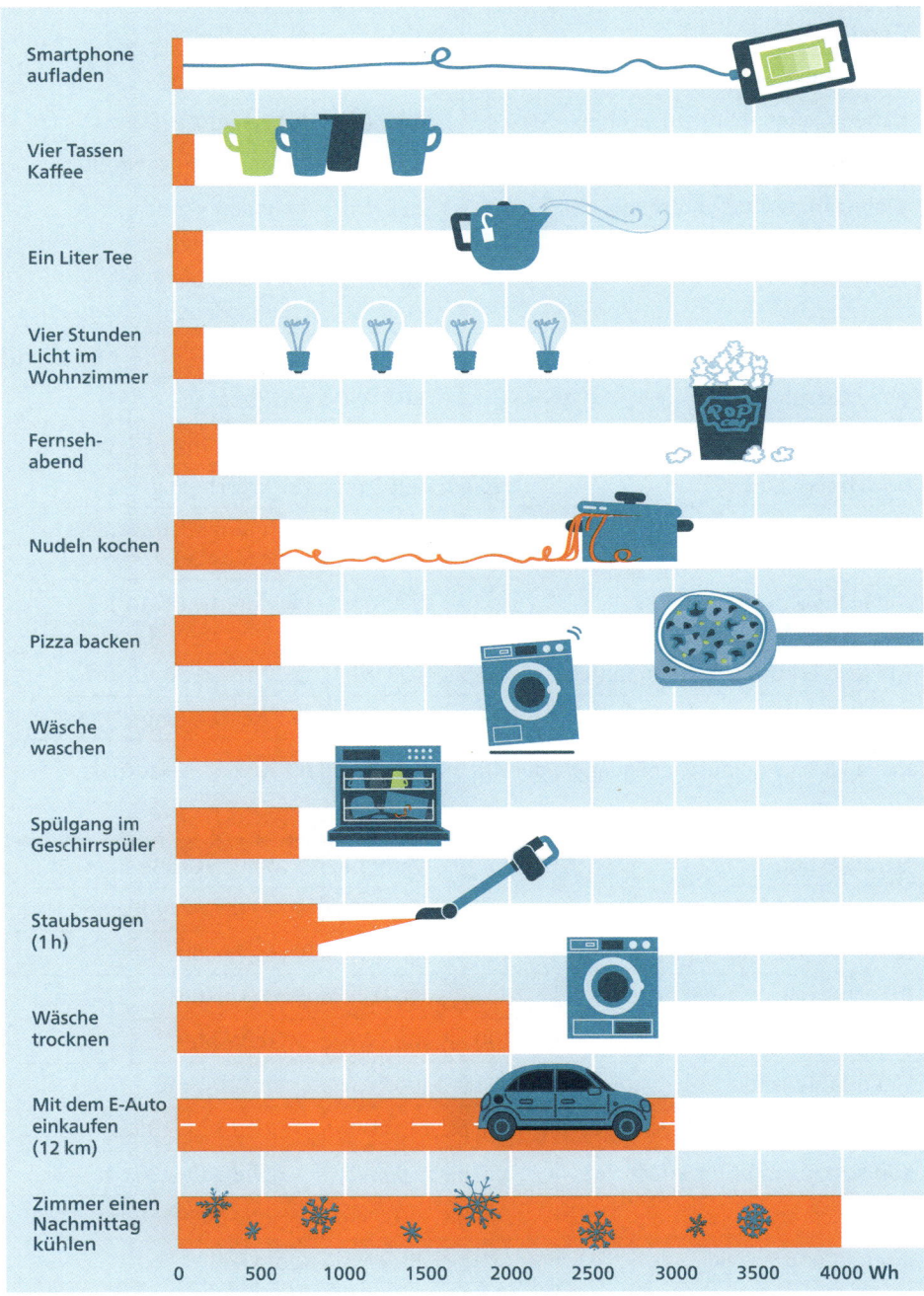

Abbildung 1.4 Energieverbrauch für ausgewählte Vorgänge

Gerät/Aktion	Verbrauch	Menge/Zeit
Smartphone aufladen	15 bis 20 Wh	pro Vollladung
Kaffee kochen (Kaffeemaschine)	100 Wh	für vier große Tassen
Tee kochen	120 Wh	für eine Kanne (ein Liter)
Wohnzimmerlicht (3 Lampen)	120 Wh	für einen Abend (vier Stunden)
Fernsehen	200 Wh	für einen Spielfilm (zwei Stunden)
Nudelwasser kochen	600 Wh	für 5 Liter
Pizza backen	600 Wh	pro Pizza
Geschirrspüler	500 bis 800 Wh	pro Spülgang
Waschmaschine	500 bis 1000 Wh	pro Waschgang
Staubsaugen	700 bis 1000 Wh	Wohnung/Haus saugen (eine Stunde)
Klimaanlage	1000 Wh	ein Zimmer (20 m²) pro Nachmittag
Mit dem E-Auto einkaufen fahren	2800 bis 3400 Wh	Gesamtstrecke 12 km
Wäschetrockner	1500 bis 4000 Wh	pro Trockengang

Tabelle 1.8 Exemplarischer Energiebedarf für ausgewählte Tätigkeiten im Haushalt

Gerät/Aktion	Verbrauch	Menge/Größe
Heizen mit Wärmepumpe	25 bis 50 kWh/a	pro m² Wohnfläche
Brauchwasser mit Wärmepumpe	200 bis 300 kWh/a	pro Person
Brauchwasser mit Elektroboiler	700 bis 1000 kWh/a	pro Person
Umwälzpumpe (Heizung)	100 bis 300 kWh/a	pro Winter
Elektroauto laden	1200 bis 1400 kWh/a	für 5000 km
Kühlschrank ohne Gefrierfach	80 bis 140 kWh/a	Höhe 120–130 cm
Kühlschrank mit Gefrierfach	180 bis 250 kWh/a	Höhe 180–190 cm
Gefrierschrank	180 bis 300 kWh/a	Höhe 150–160 cm
Internet und WLAN	80 bis 150 kWh/a	pro Router
Stand-by-Geräte	12 bis 18 kWh/a	pro Gerät

Tabelle 1.9 Energiebedarf pro Jahr für Heizung, Brauchwasser und andere Dauerverbraucher

Tabelle 1.9 gibt Ihnen eine Hilfestellung zur Abschätzung des Energiebedarfs für Dauerverbraucher wie Heizung und Brauchwassererwärmung. Einige Verbrauchszahlen der Dauerverbraucher bedürfen einer näheren Erklärung:

▶ **Brauchwasser:** Der Verbrauch von Warmwasser variiert stark je nach Lebensgewohnheiten. Wenn zur Erwärmung des Wassers ein Elektroboiler oder eine Wärmepumpe verwendet wird, variiert entsprechend stark auch der Stromverbrauch! Die Angabe »pro Person« gilt für drei bis vier Personen. Bei kleineren Haushalten ist der Energiebedarf pro Person meist höher, insbesondere wenn der Boiler großzügig dimensioniert ist.

▶ **Wärmepumpen:** Wärmepumpen entnehmen der Umgebung (also der Außenluft, dem Erdreich, dem Grundwasser) Wärme und arbeiten deswegen besonders effizient. Die Wirkungsmechanismen beschreibe ich in Kapitel 7, »Wärmepumpen«, ausführlich. Ein Heizenergiebedarf von 25 kWh/a je Quadratmeter Wohnfläche ist nur in einem gut gedämmten Niedrigenergiehaus möglich. Der tatsächliche Verbrauch ist auch von der Art der Wärmepumpe abhängig. Erd- und Wasser-Wärmepumpen funktionieren im tiefen Winter deutlich besser als Luftwärmepumpen.

▶ **Umwälzpumpe:** Die Umwälzpumpe ist dafür zuständig, das warme Wasser der Heizung durch die Schläuche der Fußbodenheizung bzw. durch die Heizkörper (Radiatoren) zu pumpen. In einem Haus brauchen Sie eine derartige Pumpe unabhängig von der Art der Wärmegewinnung, also auch, wenn Sie z. B. eine Gastherme oder eine Pelletheizung verwenden. (In Wohnanlagen kann es sein, dass es eine zentrale Pumpe gibt, z. B. wenn die Anlage mit Fernwärme beheizt wird. Sie braucht natürlich auch Strom, allerdings erfolgt die Abrechnung dann durch die Hausverwaltung.)

Der Strombedarf derartiger Umwälzpumpen ist durchaus beachtlich. Gängige Modelle haben eine Leistung zwischen 25 bis 60 Watt. Wenn eine 40-Watt-Pumpe während einer 200 Tage langen Heizsaison 24 Stunden täglich läuft, ergeben sich z. B. 40 W × 24 h × 200 = 192.000 Wh = 192 kWh. (In größeren Häusern bzw. wenn es Heizkreisläufe mit unterschiedlichen Temperaturen gibt, sind mitunter zwei oder drei Pumpen erforderlich!)

▶ **Elektroauto:** Laut ADAC brauchen gängige Elektroautos im realen Betrieb zwischen 16 und 29 kWh pro 100 gefahrene Kilometer. Zudem treten beim Laden Verluste auf. Natürlich werden Sie nicht den ganzen Strom zu Hause laden. Bei längeren Reisen müssen Sie unterwegs nachladen. Vielleicht haben Sie auch bei Ihrem Arbeitsplatz eine Lademöglichkeit. Für Tabelle 1.9 bin ich davon ausgegangen, dass das Auto zwischen 20 kWh und 24 kWh je 100 km verbraucht und dass Sie rund 1,15 kWh eigene Energie aufbringen müssen, um den Akku des Autos um

1 kWh aufzuladen. Dann ergeben sich für 5000 km Strecke, die ausschließlich zu Hause geladen werden, 1200 bis 1400 kWh/a.

▸ **WLAN-Router und Stand-by-Geräte:** Unterschätzen Sie den Stromverbrauch für elektronische Kleingeräte nicht, die Tag und Nacht laufen! Jedes Gerät für sich ist kein Problem. Aber in einem Einfamilienhaus mit zwei Stockwerken und vier Bewohnern brauchen Sie vermutlich zwei WLAN-Router (Fritzboxen, etc.). Die verbrauchen ständig zwischen 10 und 20 Watt, wovon Sie sich rasch überzeugen können, wenn Sie das Netzteil angreifen. Es ist dauerhaft warm.

Dazu kommen vielleicht zehn Stand-by-Geräte: jedes TV-Gerät, jeder Drucker, vielleicht eine Gaming-Konsole, Notebooks und Computer samt Monitoren im Ruhezustand, Lautsprecherboxen (Alexa & Co.) usw. Jedes dieser Geräte braucht dauerhaft ein bis zwei Watt.

Nochmals weise ich darauf hin, dass die Bandbreite der Werte groß ist. Um zu genaueren Daten zu kommen, müssen Sie recherchieren, welche Geräte bei Ihnen konkret im Einsatz sind bzw. welche Geräte Sie anschaffen möchten. Soweit es die Heizung bzw. Klimatisierung betrifft, hängt viel vom Wärmebedarf Ihres Wohnraums ab, also von der Dämmung, von den Fenstern, von der Raumhöhe usw.

Fossile Energieträger, Pellets und Hackschnitzel

Fossile Heizungen habe ich hier nicht berücksichtigt. Sie brauchen natürlich auch eine Menge Energie, z. B. in Form von Gas oder Öl, aber – relativ zum Jahresgesamtbedarf – nur sehr wenig Strom.

Etwas stromintensiver sind Pellet- oder Hackschnitzelheizungen, die Strom zum Betrieb der Förderschnecke, für Zündvorgänge etc. brauchen. Aber auch bei diesen Heizungen ist der Stromverbrauch winzig im Vergleich zu der Energiemenge, die in Form von Holz zugeführt wird. (Holz ist aber im Gegensatz zu Gas und Öl ein regenerativer, nicht fossiler Brennstoff.)

1.3 Energie sparen

Sie wollen Energie bzw. Strom sparen? Sehr gut! Im Folgenden habe ich einige Tipps in einer Top-down-Reihenfolge zusammengefasst. Ich beginne also mit den Geräten oder Komponenten, bei denen die Ersparnis am größten ist.

▸ **Heizung:** Der größte Energiefresser jedes Haushalts ist die Heizung. Eine um einen Grad verminderte Raumtemperatur spart ungefähr sechs Prozent. Nirgendwo sonst im Haus haben Sie einen derart wirksamen Sparhebel.

Heizen Sie nur die Räume, die bewohnt sind. Heizen Sie nicht mehr als notwendig. (Das Schlafzimmer sollte kühler als das Wohnzimmer sein.) Wenn Sie gerade

Ihr Haus planen: Sehen Sie unbedingt eine Möglichkeit vor, die Temperatur jedes Raums individuell zu steuern!

Wenige Minuten Stoßlüften ist effizienter als ein stundenlang oder dauerhaft gekipptes Fenster. Noch sparsamer und bequemer ist eine Wohnraumbelüftung mit Wärmerückgewinnung.

Natürlich hängt das Sparpotenzial stark von der Ausgangssituation ab. Ich nehme in diesem Abschnitt an, dass Sie in einer einigermaßen modernen Wohnung oder in einem Haus wohnen, in dem zwei- oder dreifach verglaste Fenster sowie eine Dämmung der Außenwände eine Selbstverständlichkeit sind. Sollte das nicht der Fall sein, heizen Sie sprichwörtlich zum Fenster hinaus. Die wichtigste Sparmaßnahme ist dann, dass Sie eine Sanierung in die Wege leiten.

▸ **Warmwasser/Brauchwasser:** In den meisten Haushalten wird der Großteil des Warmwassers beim Duschen verbraucht. Setzen Sie also hier an. Duschen Sie kürzer, und verwenden Sie einen sparsamen Duschkopf, durch den weniger Liter pro Minute rinnen. (Wenn Sie einen Elektroboiler verwenden, spart eine Minute kürzer duschen pro Person in einem Vierpersonenhaushalt bis zu 500 kWh/a. Das sind enorme Mengen. Diese eine Maßnahme bringt vermutlich mehr als alle weiteren Tipps zusammen!)

Wenn das Wasser in Ihrer Wohnregion stark kalkhaltig ist, müssen Sie sich regelmäßig um die Entkalkung des Elektroboilers kümmern. Kalk am Heizstab wirkt wie ein Isolator und vergrößert daher den Energiebedarf beim Aufheizen.

Ja nachdem, wie die räumlichen und heizungstechnischen Voraussetzungen sind, können Sie einen Elektroboiler durch eine Brauchwasserwärmepumpe ersetzen. Das ist eine kleine Wärmepumpe, die nur für das Warmwasser zuständig ist (siehe auch Kapitel 7).

▸ **Wäsche:** Die Temperatur des Waschprogramms hat den größten Einfluss auf den Energieverbrauch. Wesentlich mehr Strom als das Waschen braucht das Trocknen. Hängen Sie die Wäsche (zumindest im Sommer) zum Trocknen auf. 100 Waschgänge im Freien getrocknet sparen ca. 150 kWh (bei alten Trocknern sogar noch wesentlich mehr)!

▸ **Küchengeräte:** Beginnen Sie mit Ihren Sparbemühungen bei den Geräten, die 24 Stunden am Tag laufen – Kühlschrank und Gefrierschrank. Kümmern Sie sich darum, dass die Geräte enteist sind, stellen Sie die Temperatur nicht kälter als notwendig ein. Bei Uraltgeräten sollten Sie eventuell über einen Austausch nachdenken. (Vorher ist eine 24-Stunden-Messung eine gute Idee: Wie viel Strom verbraucht das Gerät wirklich?) Kühl- und Gefrierschränke brauchen weniger Strom, wenn sie in an sich schon kalten Räumen laufen, also z. B. im ungeheizten Keller statt in der Küche.

Ansonsten habe ich nur die üblichen Ratschläge: Verwenden Sie zum Erhitzen von Wasser einen Topf mit Deckel oder einen Wasserkocher. Erhitzen Sie nicht mehr Wasser als notwendig.

► **Umwälzpumpen:** Unsichtbar und fast lautlos sind Pumpen dafür zuständig, dass warmes Wasser durch die Schleifen der Fußbodenheizung bzw. durch die Heizkörper rinnt. Energiesparende Modelle mit einer Bedarfssteuerung unter Berücksichtigung von Vor- und Rücklauftemperatur können bis zu 100 kWh/a sparen.

Manche Heizungen bieten die Möglichkeit einer zeitlichen Steuerung. Fußbodenheizungen sind sehr träge, ändern also ihre Temperatur nur langsam. Probieren Sie aus, ob der Komfort sinkt, wenn Sie die Pumpe im Winter nur von 4:00 Uhr bis 10:00 Uhr und dann wieder von 13:30 Uhr bis 19:30 Uhr betreiben. Vermutlich werden Sie keinen Unterschied spüren, dennoch haben Sie 50 Prozent der Pumpenergie gespart!

Stellen Sie unbedingt sicher, dass die Pumpe während der Sommermonate ausgeschaltet ist!

► **Licht:** Sofern Sie Energiesparlampen verwenden, ist der Anteil Ihres Strombedarfs für die Beleuchtung eher klein. Dementsprechend ist auch das Einsparpotenzial überschaubar. Kontrollieren Sie, ob alle Lampen LED- oder andere Energiesparlampen verwenden. Beginnen Sie bei den Lampen, die viele Stunden in Betrieb sind. Wirklich viel Strom brauchen alte Halogen-Deckenfluter!

Im Stiegenhaus und im Außenbereich können Bewegungsmelder Strom sparen. Aber auch damit kann man übertreiben: Jeder Bewegungsmelder braucht selbst auch Strom. Pro Stunde sind es nur ein bis zwei Watt, aber über das Jahr summiert sich das zu rund 10 bis 20 kWh.

► **TV-Geräte:** Moderne Flachbildgeräte sind relativ sparsam – außer die Bildschirmdiagonale ist riesig! Ein Buch lesen entspannt mehr und kostet kaum Strom. :-)

► **Stand-by-Geräte, WLAN-Router etc.:** In vielen Haushalten sind zehn und mehr Geräte ununterbrochen in Bereitschaft – und konsumieren über das Jahr gerechnet beträchtliche Strommengen. Die Lösung wären schaltbare Steckdosenleisten, aber erfahrungsgemäß haben auch die keine Chance gegen die Bequemlichkeit.

Stromverschwendung dank Photovoltaik?

Wenn Sie dieses Kapitel lesen, haben Sie vermutlich noch gar keine Photovoltaikanlage. Hoffentlich ist es in einem halben oder ganzen Jahr so weit!

Wenig später stellt sich gerne eine gewisse Lässigkeit ein: Es macht ja nichts, wenn das Gartenlicht auch über die Nacht leuchtet, die Klimaanlage ein Grad mehr kühlt, der Computer stundenlang weiterläuft – wir erzeugen unseren Strom ja selbst.

Rein wirtschaftlich stimmt es – die paar Cent Einspeisevergütung motivieren nicht zum Sparen. Dennoch ist dieses Verhalten aus zweierlei Sicht unglücklich: Erstens spart aus Ihrer PV-Anlage in das Netz eingespeister Strom nicht nur Geld, sondern im Idealfall auch etwas Gas oder Kohle im nächsten Kraftwerk. Und zweitens verfestigen sich schlechte Angewohnheiten und führen zur Energieverschwendung auch im Winter, wenn Ihre PV-Anlage keinen oder nur sehr wenig Ertrag liefert.

1.4 Strom aus Sonnenenergie

Sie haben jetzt eine Vorstellung, wie viel Strom Ihr Haushalt pro Jahr ungefähr braucht. Damit kommen wir zum nächsten Schritt: Wir wollen diesen Strom zu einem möglichst großen Anteil selbst produzieren. Dieser kurze Abschnitt fasst ganz kurz zusammen, welches Potenzial eine eigene Photovoltaikanlage hat und wie viel so eine Anlage ungefähr kostet. Technische Details zur Funktionsweise und zur richtigen Dimensionierung folgen dann in den weiteren Kapiteln.

Der Grundbaustein zur Stromerzeugung sind PV-Module. Solche Module sehen aus wie schwarzblaue Glasplatten und haben eine Größe von ca. $100 \times 175 \, cm^2$. (Natürlich gibt es auch Module in anderen Größen.)

Marktübliche PV-Module haben aktuell eine Spitzenleistung von 400 Watt, also etwas mehr als 200 Watt pro m^2. Das Datenblatt spricht von 400 Wp (Watt Peak) pro Modul.

Um 20 solche Module auf Ihr Dach zu montieren, benötigen Sie dort knapp 40 m^2 Platz, also z. B. $10 \times 3{,}5 \, m^2$ oder $7 \times 5{,}25 \, m^2$. So viel Platz finden Sie normalerweise selbst auf einem kleinen Dach. Ihre PV-Anlage hat dann eine Leistung von 20×400 Wp, also 8000 Wp oder 8 kWp.

Wie viel Strom können Sie damit nun in einem ganzen Jahr erzeugen? Einen ersten Näherungswert bekommen Sie, wenn Sie die PV-Anlagenleistung mit der Anzahl der Sonnenstunden in Ihrer Region multiplizieren. In der Praxis wird Ihr Ertrag aber deutlich geringer ausfallen, weil die Sonne ja nur selten im optimalen Winkel auf Ihre PV-Module scheint. Stattdessen gibt es Richtwerte: Für jedes kWp Ihrer Anlage produzieren Sie über das ganze Jahr ca. 1000 kWh Strom. In Norddeutschland wird es etwas weniger sein (vielleicht 850 bis 900 kWh pro kWp), in Südtirol etwas mehr. Wie Sie den Ertrag genauer abschätzen können, erkläre ich Ihnen im nächsten Kapitel.

Unsere Beispielanlage mit 20 Modulen und insgesamt 8 kWp wird also je nach Dachausrichtung und Standort 7000 bis 9000 kWh Strom pro Jahr erzeugen. Das ist bereits deutlich mehr, als Sie üblicherweise für einen Vierpersonenhaushalt pro Jahr verbrauchen! (Mehr Strombedarf haben Sie, wenn Sie mit einer Wärmepumpe heizen oder wenn es andere Großverbraucher wie Klimaanlage, Elektroauto etc. gibt.)

Gewerbliche PV-Großanlagen

Noch wesentlich mehr Strom können Sie erzeugen, wenn Sie ein großes Dach eines Stalls oder einer Halle mit PV-Modulen decken oder wenn Sie eine große PV-Anlage im Freien errichten. Die Motivation solcher Großanlagen ist zumeist nicht die Eigennutzung des Stroms, sondern die Einspeisung und der Verkauf von möglichst großen Strommengen an einen Energieversorger. Die Kalkulation von gewerblichen Großanlagen sieht ganz anders aus als die von privaten Kleinanlagen, die in diesem Buch im Vordergrund stehen.

Energiespeicher

Kommen wir zurück zum Einfamilienhaus: Angenommen, Sie haben einen Strombedarf von 6000 kWh/a und Ihre PV-Anlage produziert 8000 kWh/a. Dann produzieren Sie mehr Strom, als Sie brauchen. Diese simple Rechnung hat leider einen Schönheitsfehler: Ihre PV-Anlage liefert den meisten Strom um die Mittagszeit. Sie brauchen den Strom aber auch abends und in der Nacht.

Sie können auf zwei Arten mit diesem Problem umgehen: Am einfachsten ist es, zur Mittagszeit den überschüssigen Strom ins Netz einzuspeisen und dafür in der Nacht Strom von Ihrem Stromversorger zu beziehen. Der Hauptnachteil besteht darin, dass Sie für den eingespeisten Strom viel weniger bekommen, als Sie für bezogenen Strom zahlen.

Alternativ können Sie Ihre PV-Anlage um einen Stromspeicher erweitern. Wenn Sie tagsüber mehr Strom produzieren, als Sie gerade brauchen, laden Sie den Speicher. Nachts beziehen Sie von dort den Strom.

Mit einem richtig dimensionierten Stromspeicher sind Sie im Sommerhalbjahr weitgehend autark. Im Winter sind Sie aber weiterhin auf Ihren Stromversorger angewiesen, weil Ihre PV-Anlage in dieser Jahreszeit einen viel kleineren Ertrag hat.

Kosten

Was kostet der Spaß? Genau kann Ihnen diese Frage nur Ihr Installateur bzw. Ihre Solarteurin (Fachperson zur Errichtung von Solaranlagen) beantworten, die Ihre Anlage plant. Viel hängt von den lokalen Gegebenheiten ab, insbesondere von der Art Ihres Dachs. Es gibt aber natürlich Richtwerte für eine erste Abschätzung (siehe Tabelle 1.10). Beachten Sie, dass PV-Anlagen relativ zur Leistung günstiger werden, je größer die Leistung ist. Eine PV-Anlage mit 10 kWp ist also pro kWp billiger als eine Anlage mit 5 kWp.

Komponente	Kosten	Menge
PV-Anlage	ca. 1400 bis 2500 €	pro kWp Spitzenleistung
Stromspeicher (optional)	ca. 1200 bis 1800 €	pro kWh Speichergröße

Tabelle 1.10 Grobe Richtwerte für die Kosten von privaten PV-Anlagen und Stromspeichern

Die Anlage aus der Musterrechnung dieses Abschnitts mit einer Leistung von 8 kWp wird also vielleicht 11.000 bis 15.000 € kosten, abhängig auch davon, wie schwierig die Dachmontage und wie groß der Verkabelungsaufwand ist. Die drei größten Rechnungsposten betreffen dabei die eigentlichen PV-Module, die Montage der Anlage und den Wechselrichter. Generell ist es billiger, eine PV-Anlage im Zuge eines Neubaus zu realisieren als ein Haus nachträglich damit zu erweitern.

Ein Stromspeicher mit 8 kWh kostet nochmals rund 10.000 €. Auf die richtige Dimensionierung von Stromspeichern gehe ich in Kapitel 3 ausführlich ein. Soviel vorweg: Stromspeicher sind umstritten. PV-Anlagen ganz ohne Speicher oder nur mit einem kleinen Speicher können wirtschaftlich wie ökologisch sinnvoller sein! Allerdings lässt sich ohne Speicher der Wunsch nach hoher Autarkie und eventuell einer Notversorgungsfunktion nicht realisieren, weswegen die meisten neuen Anlagen (zumindest im privaten Bereich) mit Speicher realisiert werden.

Lohnt sich das?

Zuerst einmal haben Sie riesige Kosten zur Anschaffung der Anlage. In der Folge sparen Sie aber pro Jahr eine Menge Geld, weil Sie viel weniger Strom von Ihrem Energieversorger beziehen. Außerdem erhalten Sie für jede Kilowattstunde Strom, die Sie in das Netz einspeisen, eine Vergütung. Bei einer richtigen Dimensionierung amortisieren sich private PV-Anlagen heute nach ca. 10 bis 12 Jahren. Ganz genau lässt sich das allerdings nicht sagen: Sehr viel hängt davon ab, wie sich der Strompreis entwickelt. Je höher der Strompreis ist, desto schneller rechnet sich eine PV-Anlage.

Neben der wirtschaftlichen Betrachtungsweise gibt es auch die ökologische:

▸ Produziert die PV-Anlage mehr Energie, als die Produktion und der Transport der Komponenten verursacht haben?

▸ Ist der Abbau von Lithium für den Energiespeicher nicht wahnsinnig umweltschädlich?

▸ Lassen sich PV-Module und Akkumulatoren recyceln, wenn ihre Lebensdauer erschöpft ist?

Die erste Frage lässt sich schnell beantworten: PV-Anlagen lohnen sich ökologisch eindeutig. Sie produzieren viel mehr Energie, als für die Produktion erforderlich ist.

Schon schwieriger wird es beim Speicher: Zwar spart auch der Speicher mehr Energie, als in die Produktion fließt, aber die Umweltschäden durch den Abbau der Rohmaterialien lassen sich nicht leugnen. Außerdem ist die Lebensdauer eines Speichers mit 10 bis maximal 15 Jahren relativ kurz. (Die PV-Anlage ohne Speicher sollte dagegen mit etwas Wartung 25 bis 30 Jahre laufen. Eventuell müssen Sie in dieser Zeit den Wechselrichter einmal tauschen, aber alle anderen Komponenten sind sehr langlebig.)

Auf alle diese Fragen gehe ich in Abschnitt 3.3, »Ökologische und ökonomische Kosten-Nutzen-Rechnung«, wesentlich ausführlicher ein. Dort zeige ich Ihnen auch ganz konkret, wie Sie die Amortisierung einer PV-Anlage mit bzw. ohne Stromspeicher selbst kalkulieren können.

1.5   Rettet Photovoltaik die Welt?

In den vorangegangenen Abschnitten habe ich versucht, Ihnen eine Vorstellung über die Strommengen Ihres Haus(halt)es zu geben. In den weiteren Kapiteln werde ich ausloten, unter welchen Umständen Sie den Strom für Ihren Haushalt mit Photovoltaik selbst erzeugen können.

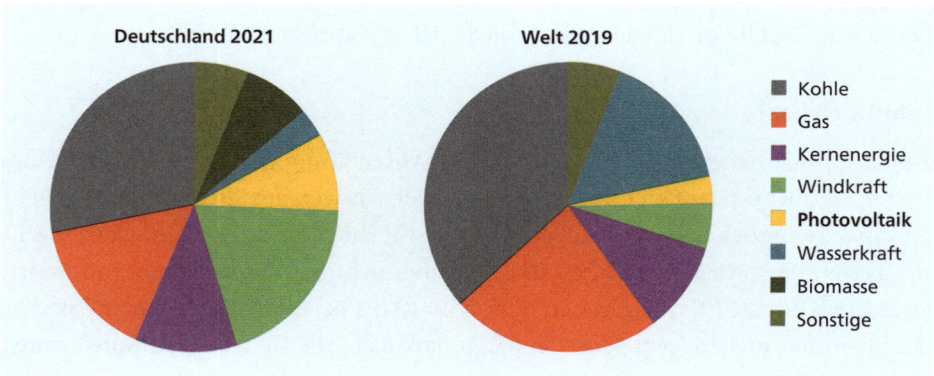

Abbildung 1.5 Stromproduktion anteilig nach Energiequellen (Photovoltaik: gelb) Links Deutschland 2021, rechts Welt 2019

Vorher möchte ich in diesem Abschnitt aber noch einen Blick auf das größere Ganze werfen. Die Verbrennung ungeheurer Mengen fossiler Treibstoffe in den letzten 150 Jahren hat unser Klima aus dem Gleichgewicht gebracht. Damit der CO_2-Gehalt in der Atmosphäre nicht weiter steigt, muss die Verbrennung von Öl, Gas und Kohle so schnell wie möglich aufhören. Das kann nur gelingen, wenn möglichst viele Prozesse auf Strom umgestellt werden *und* immer mehr Strom aus regenerativen Quellen erzeugt wird. (Das Elektroauto ist für die Umwelt kein Gewinn, solange der Strom in einem Kohlekraftwerk erzeugt wird.)

2021 wurden in Deutschland rund 580 Milliarden kWh Strom erzeugt. Gerade einmal 9 Prozent davon mit Photovoltaik, immerhin 19 Prozent mit Windkraft, aber erschreckende 43 Prozent durch die Verbrennung von Kohle und Gas (siehe Abbildung 1.5).

Weltweit ist der prozentuale Anteil der Photovoltaik an der Stromproduktion mit 3 Prozent (Stand 2019) noch geringer. Absolut gesehen sind die Mengen aber beachtlich: Mittlerweile werden pro Jahr mehr als 1000 Milliarden kWh Strom mit Photovoltaik erzeugt (siehe Tabelle 1.11). Es ist zu erwarten, dass dieser Wert in den nächsten Jahren stark ansteigen wird. Aktuell ist Photovoltaik der billigste Weg, um Strom zu erzeugen.

Energie »erzeugen«

Sie können keine Energie erzeugen. Die Energie ist schon da, sie kann nur zwischen verschiedenen Formen umgewandelt werden. In der Physik wird das als Energieerhaltungssatz bezeichnet. Dazu ein paar Beispiele:

Ein Benzinmotor verwandelt die (chemische) Energie des Treibstoffs in Bewegung und Wärme. Ein PV-Modul wandelt die Strahlung der Sonne in Strom und Wärme um. Ein Kernkraftwerk produziert bei der Spaltung von Atomen Wärme und radioaktive Strahlung. Hier kommt es zu einer Umwandlung von Materie in Energie – aber für die Physik ist Materie auch nur eine Form von Energie. (Woher die Energie/Materie des Weltalls kommt, ist eine andere Frage, aber die hat mit dem Thema dieses Buchs endgültig nichts mehr zu tun.)

Es ist also korrekt, dass ein Kraftwerk oder ein PV-Modul *Strom erzeugt* (also eine Energieform in eine andere, für uns Menschen attraktivere Form umwandelt). Aber aus physikalischer Sicht kann niemals *Energie erzeugt* werden, auch wenn umgangssprachlich noch so oft davon die Rede ist.

Stromverbrauch versus Primärenergiebedarf

Allerdings ist Strom nur *ein* Energieträger – und bei Weitem nicht der wichtigste. Kohle, Öl und Gas wird in ungeheuren Mengen im Verkehr, in industriellen Prozessen sowie zum Heizen verbraucht. Ein nicht unerheblicher Anteil dieser Energie geht beim Transport sowie aufgrund von schlechten Wirkungsgraden verloren. Der Gesamtenergiebedarf (»Primärenergiebedarf«) der Erdbevölkerung betrug 2017 unvorstellbare 160.000 Milliarden kWh.

Die Zahlen werden besser verständlich, wenn man sie in Relation zur Erdbevölkerung stellt: Im Durchschnitt konsumiert jeder Erdenbürger jedes Jahr ca. 20.000 kWh Primärenergie – also Strom zu Hause, Benzin oder Diesel für das Auto, Gas für die Heizung. Mit berücksichtigt sind auch der Kauf von Produkten, in deren Erzeugung ja auch Energie geflossen ist, sowie die mit der Nutzung von Energie verbundenen Transport- und Wirkungsgradverluste. Der Energieverbrauch ist sehr ungerecht verteilt: In Deutschland beträgt der Pro-Kopf-Verbrauch mehr als das Doppelte des weltweiten Durchschnitts.

Aktuell ist der Primärenergiebedarf der Erde rund 160 Mal größer als der Ertrag aller PV-Anlagen weltweit. Um also die einleitende Frage dieses Abschnitts zu beantworten: Nein, Ihre Photovoltaikanlage wird die Welt nicht retten, und auch allen PV-Installationen weltweit gelingt dieses Kunststück noch nicht. Das ändert sich aber gerade! Die Photovoltaik ist mit beeindruckenden Wachstumsraten ein wichtiges Puzzlestück hin zu einer nicht fossilen Energieversorgung der Erde.

Die Grenzen der Photovoltaik ergeben sich nur durch die Produktion von PV-Modulen und durch den Platzbedarf für deren Aufstellung. An der Sonnenenergie scheitert es nicht: Die auf der Erde eintreffende Strahlung hat pro Jahr eine Energiemenge von 1.500.000.000 Milliarden kWh. Das übersteigt den Primärenergiebedarf der Erde ca. um das 10.000-Fache! Zur besseren Vergleichbarkeit habe ich die wichtigsten Zahlen dieses Abschnitts nochmals zusammengefasst (siehe Tabelle 1.11).

Energieart und Ort	Menge	Stand
PV-Produktion in Deutschland	50 Mrd. kWh/a	2021
Stromverbrauch in Deutschland	570 Mrd. kWh/a	2021
Primärenergiebedarf von Deutschland	3.400 Mrd. kWh/a	2021
PV-Produktion weltweit	1.000 Mrd. kWh/a	2021
Stromverbrauch weltweit	24.000 Mrd. kWh/a	2019
Primärenergiebedarf der Weltbevölkerung	160.000 Mrd. kWh/a	2017
Energie der Sonnenstrahlung auf die Erde	1.500.000.000 Mrd. kWh/a	—

Tabelle 1.11 Riesige Energiemengen (jeweils die neuesten öffentlich verfügbaren Daten)

Die »Dunkelflaute«

Die Umstellung der Energieversorgung unserer Gesellschaft auf regenerative Energie fußt auf zwei Standbeinen: Photovoltaik und Wind. Die Sonne liefert uns derart viel Energie, dass es keineswegs notwendig ist, die ganze Erdoberfläche (und noch weniger die Meere) mit PV-Modulen zuzupflastern. Die gute Nachricht ist also: Technisch ist die schon lange beschworene Energiewende mit vertretbarem Aufwand möglich.

Es gibt allerdings ein Problem: Nehmen wir an, es gelingt uns in 20 Jahren, einen großen Anteil unserer Energie durch Sonne und Wind zu erzeugen – sagen wir einmal 60 Prozent. Was passiert nun, wenn einige Tage weder die Sonne scheint noch der Wind bläst? Gerade im Winter kommen gelegentlich solche Wetterphasen vor.

Deutschland hat auch gleich ein Wort gefunden, um diesen Wetterzustand zu beschreiben – die »Dunkelflaute«. Dieses Wort ist offenbar so eingängig, dass es (wie Kindergarten oder Gemütlichkeit) sogar im Englischen verwendet wird. Die Steigerungsform lautet »kalte Dunkelflaute« und wird von den Skeptikern der erneuerbaren Energie gerne als Kampfbegriff verwendet.

Tatsächlich stellt die Dunkelflaute ein großes Problem dar. Es ist viel einfacher, elektrischen Strom zu erzeugen, als ihn zu speichern. Lösungsansätze gehen in die Richtung, die internationalen Stromnetze besser zu verbinden, mehr Geld in großtechnische Energiespeicher zu investieren (z. B. in Pumpkraftwerke) und schließlich den Energieverbrauch besser situativ zu beeinflussen, beispielsweise durch tagesaktuelle Strompreise.

Lese- und Videoempfehlung

Wenn Sie sich dafür interessieren, wie viel der in Deutschland verbrauchten Primärenergie (also nicht nur Strom) durch Wind- und Wasserkraft, Photovoltaik, Biomasse und Geothermie ersetzt werden kann, lege ich Ihnen das schon erwähnte Buch »Erneuerbare Energien« ans Herz (Bertelsmann 2021). Christian Holler und seine Koautoren kommen darin zum Schluss, dass mit den jetzigen technischen Möglichkeiten rund 80 Prozent des Primärenergiebedarfs regenerativ erzeugt werden können. Wenn es dann noch gelänge, die verbleibenden 20 Prozent einzusparen, hätten wir das fossile Zeitalter verlassen.

Das großartige Video »Renewable Energy Storage« von Sabine Hossenfelder beschäftigt sich mit der Frage der großtechnischen Energiespeicherung. Diese ist ein wichtiges und bislang fehlendes Puzzlestück für den Übergang zu einer regenerativen Energieversorgung (Stichwort »Dunkelflaute«):

https://www.youtube.com/watch?v=Q8xsg9iK5yo

Fazit

Photovoltaik ist ein entscheidender Baustein der seit Jahrzehnten beschworenen Energiewende. Der Charme der Photovoltaik liegt darin, dass Sie nicht darauf warten müssen, bis die Regierung, die Energieversorger, die Industrie etc. den Umstieg forcieren. Sie können schon heute selbst handeln!

Wunderbarerweise sind die Photovoltaikkomponenten so preisgünstig geworden, dass sich Ihre PV-Anlage wirtschaftlich rechnet. Bei korrekter Dimensionierung amortisiert sich Ihre Investition in ca. 10 bis 15 Jahren. Damit liegt eine Win-win-Situation vor: Sie tun der Umwelt etwas Gutes *und* sparen langfristig Geld!

Kapitel 2
Wie Photovoltaik funktioniert

In diesem Kapitel erkläre ich Ihnen, wie Solarzellen (»photovoltaische Zellen«) aus Sonnenlicht Strom erzeugen. Dabei gibt es unterschiedliche Typen (monokristallin, polykristallin) und Herstellungsverfahren. Ein primäres Forschungsziel besteht darin, Solarzellen mit möglichst hohem Wirkungsgrad zu erzeugen. Im Jahr 2022 handelsübliche Zellen erreichen gut 20 Prozent, d. h., rund ein Fünftel der im Sonnenlicht enthaltenen Energie kann in Strom umgewandelt werden.

Ein Photovoltaikmodul verpackt mehrere derartige Zellen unter einer Glasplatte. Die maximale Leistung eines solchen Moduls wird in Wp (Watt Peak) angegeben. Um eine für Einfamilienhäuser übliche Anlagenleistung von 5 bis 15 kWp (Kilowatt Peak) zu erzielen, muss am Dach Platz für 12 bis 40 PV-Module mit einer Größe von je 100 × 170 cm^2 gefunden werden.

Je nachdem, wo Sie wohnen und in welcher Ausrichtung Sie Ihre Module montieren, lässt sich der zu erwartende jährliche Energieertrag berechnen. Eine grobe Faustformel ist, dass Sie für jedes kWp (Kilowatt Peak) etwas weniger als 1000 kWh Strom pro Jahr erzeugen können.

Ein großes Problem von PV-Anlagen ist die Verschattung. Auch wenn nur kleine Bereiche eines PV-Moduls verschattet sind, kann das gravierende Auswirkungen auf die Gesamtanlage haben. Warum das so ist und was Sie bei der Planung Ihrer Anlage dagegen machen können, ist Thema eines eigenen Abschnitts.

PV-Module liefern Gleichstrom, im Haushalt ist aber Wechselstrom erforderlich. Deswegen braucht jede PV-Anlage einen Wechselrichter, also ein Gerät zur Umwandlung von Gleich- in Wechselstrom.

Damit PV-Module eine maximale Leistung liefern, wird durch *Maximum Power Point Tracking* (MPPT) der sogenannte Lastwiderstand angepasst. Das ist notwendig, weil PV-Module ihr Verhalten je nach Sonneneinstrahlung und Temperatur ändern. Wenn Sie Module auf unterschiedlichen Seiten des Dachs montiert haben, brauchen Sie für jedes Modulfeld einen eigenen MPP-Tracker.

Dieses Kapitel endet mit einem Abschnitt, das gängige Photovoltaik-Vorurteile den Fakten gegenüberstellt. Lassen Sie sich Ihre PV-Anlage nicht von Schwarzmalern ausreden, glauben Sie aber auch nicht alles, wenn Ihnen geschickte Verkäuferinnen das Blaue vom Himmel versprechen!

Speichersysteme

Viele PV-Anlagen werden mit einem Stromspeicher kombiniert. Die technischen Grundlagen sowie Vor- und Nachteile derartiger Speicher behandle ich in diesem Buch getrennt in Kapitel 3, »Speichersysteme«. Stromspeicher erhöhen Ihre Autarkie, also das Ausmaß der Unabhängigkeit von Ihrem Stromversorger. Der ökologische und ökonomische Nutzen von Stromspeichern ist allerdings umstritten. Es ist möglich und manchmal auch sinnvoll, PV-Anlagen ohne Speicher zu errichten.

Wie viel Wissen ist notwendig?

Dieses Buch gibt Ihnen die Möglichkeit, Photovoltaik aus technischer Sicht zu verstehen. Natürlich macht die Lektüre dieses Kapitels keine Physikerin, keinen Installateur/Solarteur aus Ihnen; für diese Zielgruppe gibt es bessere Bücher! Aber Sie sollen so weit kommen, dass Sie das Angebot einer Installationsfirma hinterfragen können, dass Sie mit Fachbegriffen und -abkürzungen wie *Wechselrichter* oder *MPPT* umgehen können.

Die Alternative besteht darin, dass Sie sich beraten lassen und dann ohne viele Rückfragen Ihr Balkonkraftwerk installieren oder den Bau einer PV-Anlage am Dach Ihres Hauses beauftragen. Im Zusammenspiel mit einer seriösen Firma funktioniert das gut. Aber über je mehr eigenes Wissen Sie verfügen, desto geringer ist das Risiko, dass Sie eine Anlage erhalten, die nicht zweckmäßig oder ganz einfach zu teuer ist.

2.1   Von der Solarzelle zum Photovoltaikmodul

Die Physik betrachtet Licht gleichzeitig als elektromagnetische Welle und als Teilchenstrahlung (»Welle-Teilchen-Dualismus«). Die Photovoltaik wird gemäß der zweiten Sichtweise erklärt: Wenn Lichtteilchen (Photonen) auf Metalle oder Halbleiter treffen, können die Photonen dort gebundene Elektronen freisetzen (»beweglich machen«). Es fließt Strom.

Der Effekt wurde schon 1839 bemerkt, konnte aber erst viel später schlüssig erklärt werden. Albert Einstein formulierte dazu 1905 die Lichtquantenhypothese. Dafür (und nicht, wie oft fälschlich angenommen wird, für seine Relativitätstheorie) erhielt er 1921 den Physik-Nobelpreis.

In den 1950er-Jahren gelang es den Bell Laboratories, eine photoelektrische Zelle auf der Basis eines Siliziumhalbleiters zu produzieren. Die Zelle war gerade einmal 2 cm² groß und hatte einen Wirkungsgrad von anfänglich nur 4, dann 6 Prozent – d. h., nur ein winziger Bruchteil der in Sonnenstrahlen enthaltenen Energie konnte zu Strom umgewandelt werden. Trotzdem war die Tragweite der Entdeckung sofort klar. Die New York Times berichtete einen Tag nach der Präsentation auf der Titelseite davon.

Variante	Wirkungsgrad
Monokristalline Zellen (c-Si)	25 %
Polykristalline Zellen (poly-Si)	18 %
Dünnschichtzellen	5 % bis 15 %

Tabelle 2.1 Die wichtigsten Typen von Siliziumzellen

Heute gibt es Solarzellen in den unterschiedlichsten Ausprägungen, wobei der Wirkungsgrad wesentlich besser ist als in den 1950er-Jahren. Das bei Weitem häufigste Grundmaterial ist Silizium (siehe Tabelle 2.1). Ein Viertel der Erdhülle besteht aus Silizium – insofern ist zumindest hier kein Engpass zu befürchten.

Anstelle von Silizium werden in Solarzellen auch andere Halbleiter verwendet, z. B. Galliumarsenid. Rund um Solarzellen wird intensivst geforscht. Oberstes Ziel ist es, den Wirkungsgrad zu erhöhen, also möglichst große Teile der Sonnenstrahlung in elektrischen Strom und nicht in Wärme umzuwandeln. Laborprototypen erreichen Wirkungsgrade bis zu 50 Prozent. Allerdings lassen sich solche Zellen noch nicht kostengünstig herstellen. Ein weiteres Problem mancher Versuchszellen besteht in einer zu kurzen Lebensdauer. Deswegen ist zu erwarten, dass die aktuell gebräuchlichen c-Si-Zellen den PV-Markt auch in den nächsten Jahren dominieren werden.

Zur Produktion von Solarzellen für PV-Module wird Silizium gereinigt und geschmolzen. Der resultierende Stab wird in sehr dünne Scheiben (*Wafer*) zerschnitten und an der Oberfläche chemisch behandelt (»dotiert«). Die resultierenden Scheiben werden rechteckig oder quadratisch zugeschnitten. Eine gängige Größe für Halbzellen beträgt 166×83 mm². (Die Bezeichnung »Halbzelle« ergibt sich, wenn aus einem runden Wafer zwei Zellen geschnitten werden.) Die charakteristisch dunkelblaue bzw. fast schwarze Farbe kommt durch eine Antireflexschicht zustande: Das Licht soll, so gut es geht, von der Solarzelle absorbiert und nicht zurückgestrahlt werden.

In einem PV-Modul werden mehrere Solarzellen kombiniert (siehe Abbildung 2.1). Ein Modul mit 20×6 Halbzellen hat dann ein Gesamtmaß von ca. 170×100 cm². Zusammen mit einer Glasplatte und einem Aluminiumrahmen wiegt ein derartiges PV-Modul rund 20 kg. Je nach Hersteller gibt es natürlich auch andere Zell- und Modulgrößen.

Abbildung 2.1 Photovoltaikmodule setzen sich aus vielen kleinen Solarzellen zusammen.

Wie viele Halbleiterprodukte werden auch Solarzellen und die daraus resultierenden PV-Module überwiegend in Asien produziert – und da wiederum vor allem in China (Weltmarktanteil ca. 75 Prozent!).

Ein Blick in das Datenblatt

Das Angebot für eine PV-Anlage sollte die genaue Bezeichnung des PV-Moduls (Hersteller und Modellbezeichnung) enthalten. Machen Sie sich die Mühe, und suchen Sie im Internet das Datenblatt des PV-Moduls heraus! Sie finden dort neben Größe und Gewicht eine Menge weiterer Werte, von denen ich Ihnen hier einige erläutern möchte. Sie lernen eine Menge darüber, wie sich PV-Module im Alltag verhalten.

▶ **Wirkungsgrad (Moduleffizienz):** Der Wirkungsgrad des gesamten PV-Moduls ist etwas kleiner als der einer Solarzelle. Das liegt unter anderem daran, dass es unmöglich ist, 100 Prozent der Fläche eines Moduls mit Solarzellen zu füllen. Gute Module erreichten 2022 einen Wirkungsgrad von 20 bis 22 Prozent. Knapp ein Viertel der eintreffenden Strahlung kann also in Strom umgewandelt werden.

Vielleicht fragen Sie sich, was mit der restlichen Energie geschieht: Soweit das einfallende Licht nicht reflektiert wird, entsteht Wärme.

▶ **Nennleistung unter Laborbedingungen (Standard Test Conditions, STC):** Das ist die Zahl, mit der das Modul beworben wird – z. B. 380 Wp. Im Idealfall, also bei einer rechtwinklig eintreffenden Sonnenstrahlung von 1000 Watt pro m^2 und einer Temperatur von 25 °C, liefert das Modul eine elektrische Leistung von 380 Watt. (Hinweis: Das Beispielmodul hat übrigens keineswegs 38 Prozent Wirkungsgrad. Sie müssen auch die Fläche des Moduls beachten, die beim Beispielkandidaten 177 × 105 cm^2 beträgt.)

▶ **Nennleistung im Betrieb:** Im realen Betrieb wird das Modul die maximale Leistung selten erreichen. Manche Hersteller sind so fair und geben eine zweite Leistungszahl an, die unter »echten« Bedingungen gilt. Bei einem Hersteller habe ich z. B. die Angabe gefunden, dass das Modul bei einer Einstrahlung von 800 W pro Quadratmeter und einer Temperatur von 45 °C nur mehr 280 Watt Leistung produziert. Das ist insofern eine wichtige Information, als der Wirkungsgrad von PV-Modulen mit der Temperatur leider abnimmt. Dann, wenn die Sonne am intensivsten scheint, wird das Modul natürlich auch am heißesten!

▶ **Temperaturkoeffizient Pmax:** Auch wenn der Hersteller keinen Richtwert für die Betriebsnennleistung angibt, sollte er zumindest einen Temperaturkoeffizienten für die Leistung *P* (*Power*) angeben. Ein üblicher Wert ist −0,4. Das bedeutet, dass die Leistung mit jedem Grad über der Nenntemperatur 25 °C um 0,4 Prozent weniger Leistung liefert.

Wie Sie sich sicher vorstellen können, werden PV-Module im Sommer ziemlich heiß – das können durchaus 70 °C sein. 0,4 % × 45 ergibt 18 Prozent weniger Leistung! Module mit einem kleineren Koeffizienten (z. B. −0,33) sind daher vorzuziehen. Die Temperaturabhängigkeit von Solarzellen ist auch der Grund, warum PV-Module immer hinterlüftet montiert werden sollten, also mit ein wenig Abstand zur Dachoberfläche.

Im Winter bzw. in der Übergangszeit dreht sich der Effekt übrigens um. Wenn sich das Modul wegen der geringen Außentemperatur trotz Sonneneinstrahlung nur auf 5 °C erwärmt, liefert es um 0,4 % × 20 = 8 Prozent *mehr* Leistung. (Allerdings ist im Winter der Lichteinfallwinkel zumeist ungünstig.)

▶ **Leistungsgarantie bzw. Alterungskoeffizient:** PV-Module bzw. genauer gesagt die darin enthaltenen Solarzellen altern, d. h., im Laufe der Zeit liefert das Modul bei gleichen Bedingungen weniger Leistung. Die meisten Hersteller geben eine Garantie ab, wie viel Prozent der Nennleistung das Modul nach einer bestimmten Zeit mindestens erreicht – z. B. 90 % nach 20 Jahren oder 85 % nach 25 Jahren. Manche Hersteller geben auch für die Alterung einen Koeffizienten an, z. B. 0,5 % pro Jahr (ergibt wiederum 90 % nach 20 Jahren).

Die langen Garantiezeiten machen auch schon klar: PV-Module erreichen normalerweise ein hohes Alter. 20 bis 30 Jahre sind durchaus üblich.

▶ **Mechanische Belastbarkeit:** Das Datenblatt sollte schließlich auch Informationen zur mechanischen Belastbarkeit enthalten, z. B. zur maximalen Schnee- oder Windlast. Auch die Glasdicke ist ein Qualitätskriterium, stärkere Gläser (4 mm) überstehen einen schweren Hagel eher als dünne Gläser (oft 3,2 mm).

Daneben enthält das Datenblatt eine Menge elektrischer Eigenschaften (Betriebsspannung, maximale Spannung bei Serienschaltung usw.) sowie eventuell Daten zur Verschattung. In diesem Buch kann ich zwar nicht alle Eckdaten erläutern, aber einige weitere technische Details folgen in den weiteren Abschnitten noch.

2.2 Ertrag je nach Lage und Ausrichtung

Es ist eine einfache Frage: »Wenn ich PV-Module mit 10 kWp auf mein Dach montieren lasse – wie viel Strom werde ich dann pro Jahr produzieren?« Oder analog: »Wenn ich zwei mittelgroße Module mit einer maximalen Leistung von 600 Watt auf meinem nach Südwesten orientierten Balkon befestige, wie viel Strom wird dieses Balkonkraftwerk produzieren?« Nach der Lektüre des vorigen Abschnitts werden Sie die Antwort schon ahnen: »Es kommt darauf an … «

Bekannt ist, dass die Sonne die Erde mit einer Leistung von 1361 Watt pro m^2 anstrahlt. Dieser Wert wird Solarkonstante genannt. Damit diese Leistung erreicht wird, muss die angestrahlte Fläche exakt im rechten Winkel zur Sonnenstrahlung stehen (siehe Abbildung 2.2). Der leistungsmindernde Effekt durch die Atmosphäre wird dabei allerdings nicht berücksichtigt, Bewölkung, Nebel oder Luftverschmutzung auch nicht. In den Genuss der vollen Strahlung kommen Sie also nur, wenn Sie PV-Module auf einen Satelliten montieren.

Auf der Erdoberfläche wird die Strahlung durch die Atmosphäre gemindert, und zwar umso mehr, je flacher die Sonnenstrahlen eintreffen (weil der Weg durch die Atmosphäre dann länger ist). Außerdem stehen bekanntermaßen oft Wolken im Weg. Selbst dann bleibt eine diffuse Reststrahlung übrig (sonst wäre es ja dunkel). PV-Module produzieren deswegen auch an einem nebligen oder regnerischen Tag Strom – aber leider nicht sehr viel.

Die Effizienz des PV-Moduls hängt von diversen weiteren Faktoren ab, unter anderem von der Temperatur (je heißer, desto schlechter), vom Alter und von der Sauberkeit der Oberfläche (staubige Module liefern weniger Leistung).

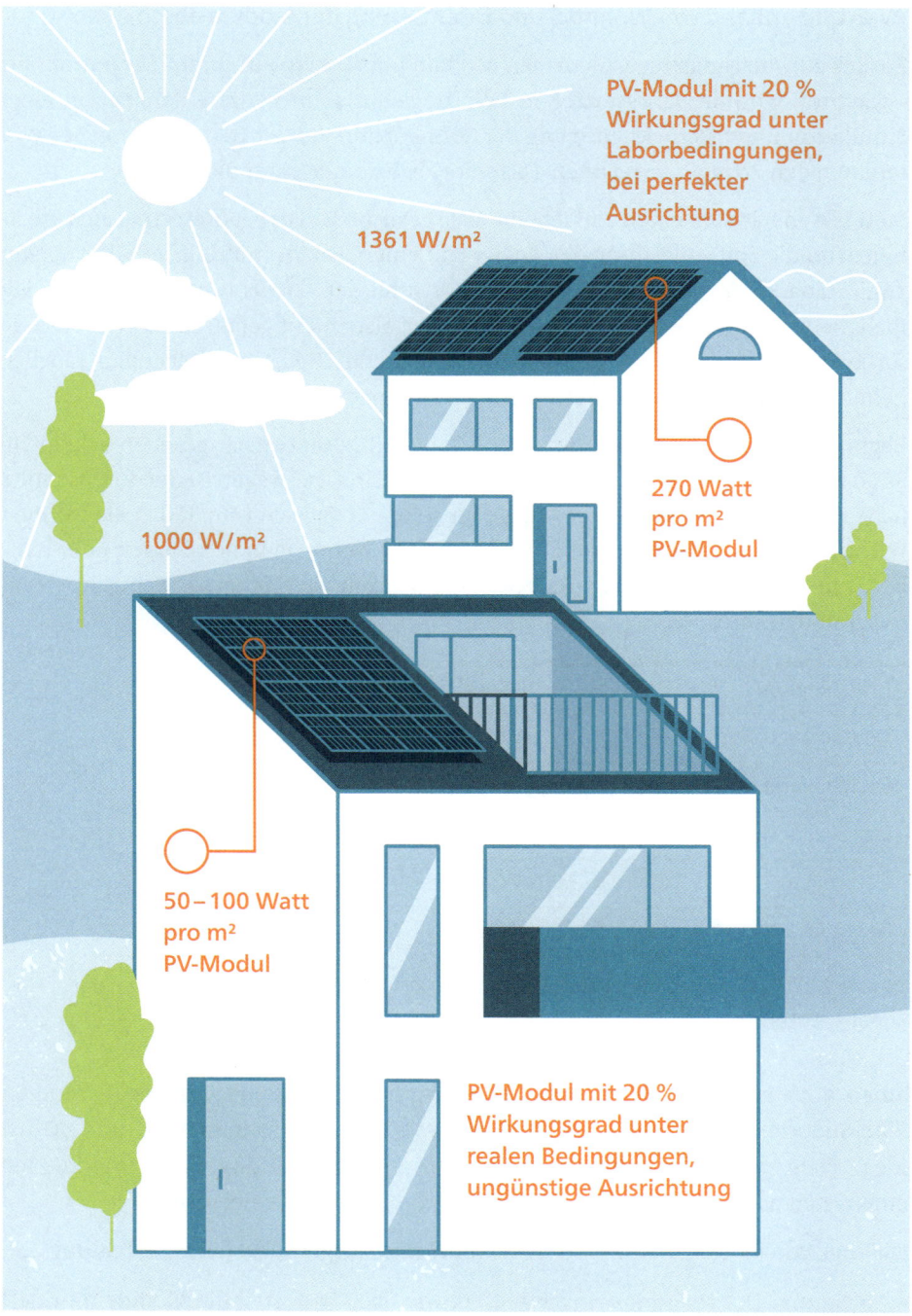

PV-Modul mit 20 % Wirkungsgrad unter Laborbedingungen, bei perfekter Ausrichtung

1361 W/m²

270 Watt pro m² PV-Modul

1000 W/m²

50 – 100 Watt pro m² PV-Modul

PV-Modul mit 20 % Wirkungsgrad unter realen Bedingungen, ungünstige Ausrichtung

Abbildung 2.2 Leistung von PV-Modulen pro m²: Rechts oben der Idealfall ohne Berücksichtigung der Atmosphäre, links unten die Realität. Bei starker Bewölkung sinkt der Ertrag nahezu auf 0.

PV-Ertrag anhand von Wohnort und Orientierung der Module abschätzen

Zurück zur Ausgangsfrage: Sie haben Module mit 10 kWp auf Ihrem Dach montiert – wie groß wird der Jahresertrag in kWh ungefähr sein? Es wäre denkbar, in einer Simulation unter Berücksichtigung der Sonnenbahn auf der Basis vergangener Wetterdaten den Ertrag zu errechnen. Das wäre aber ziemlich kompliziert.

Stattdessen hat man einen einfacheren Weg gesucht. Um den Jahresertrag auszurechnen, wird die Spitzenleistung der Anlage mit einem Faktor multipliziert, der aus nur zwei Eckdaten ermittelt wird, dem Wohnort und der Ausrichtung der Module. Ein Richtwert für diesen Faktor ist 1000: Sie können also mit ungefähr 1000 kWh/a Ertrag für jedes Kilowatt Peak (kWp) Ihrer Anlage rechnen. Die beiden folgenden Tabellen helfen dabei, diese Schätzung etwas genauer zu machen.

Beginnen wir mit dem Wohnort (siehe Tabelle 2.2). Statistisch gesehen scheint in Südbayern häufiger die Sonne als in Norddeutschland. Deswegen ist der durchschnittliche Ertrag für jedes kWp Ihrer Anlage umso höher, je weiter im Süden Sie wohnen. Wichtig ist auch die Anzahl der Sonnenstunden: Wenn Sie in den Bergen oder nahe bei Seen wohnen, wird Ihre PV-Anlage wegen Wolken oder Nebel auf weniger produktive Stunden kommen.

Land/Region	Ertrag
Deutschland Nord	810 bis 1030 kWh/a
Deutschland Mitte	810 bis 1040 kWh/a
Deutschland Süd	900 bis 1080 kWh/a
Österreich	880 bis 1160 kWh/a
Schweiz	950 bis 1200 kWh/a

Tabelle 2.2 Zu erwartender Ertrag in kWh/a pro kWp Anlagenleistung bei optimaler Südausrichtung

Einen noch größeren Einfluss auf den Ertrag hat die Orientierung der PV-Module: Eine Südorientierung mit einer Neigung der PV-Module zwischen 30° und 40° ist ideal. Viele andere Ausrichtungen sind aber auch in Ordnung. Einzig Module auf einem steil nach Norden orientierten Dach wären verlorene Liebesmüh'.

Die Lage von PV-Modulen wird durch zwei Winkel ausgedrückt (siehe Abbildung 2.3):

▶ **Neigung:** Der Neigungswinkel gibt an, wie flach bzw. steil die Module montiert werden. 0° bedeutet flach am Boden liegend, 90° bedeutet vertikal aufgestellt (z. B. bei einem Balkonkraftwerk). Optimal sind 30° bis 40°.

- **Azimut:** Dieser Winkel gibt an, wie stark die Ausrichtung der PV-Module von Süden abweicht. 0° bedeutet also Süden, 90° bedeutet Westen, −90° bedeutet Osten. Wenn Sie die Ausrichtung Ihres Hauses nicht kennen, verwenden Sie einen Kompass, oder werfen Sie einen Blick auf ein Satellitenbild in Google Maps.

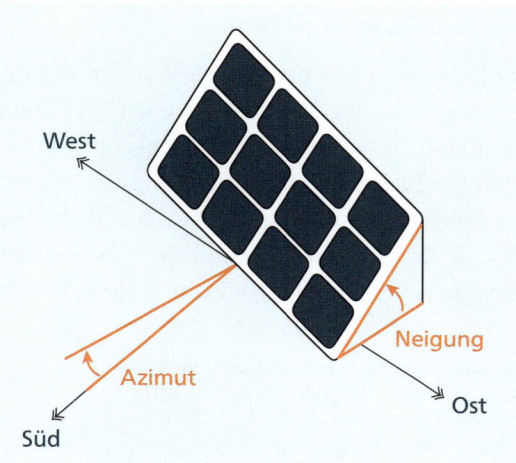

Abbildung 2.3 Neigungswinkel und Azimut

Tabelle 2.3 wurde für den Standort Bonn berechnet. Der optimale Azimutwinkel beträgt dort −2° (also eine winzige Drehung von Süd nach Ost), der perfekte Neigungswinkel ist 39°. Je nachdem, wo in der DACH-Region Sie Ihre PV-Anlage aufstellen, werden die Werte minimal variieren. Die optimale Orientierung der Anlage an Ihrem Wohnort können Sie auf der PVGIS-Webseite ermitteln (siehe den nächsten Abschnitt).

Sie können die Tabelle verwenden, um eine erste Beurteilung der Tauglichkeit Ihres Dachs vorzunehmen. Angenommen, Sie haben ein 30° nach Westen geneigtes Dach und wollen dort Ihre PV-Module montieren. In diesem Fall können Sie mit einem Ertrag von rund 80 % im Vergleich zu einem steileren Süddach rechnen. Das ist nicht perfekt, aber durchaus noch akzeptabel.

Generell werden Ost-West-Anlagen, wenn es das Dach zulässt, immer beliebter. Sie haben zwar – bezogen auf die Anzahl der PV-Module – etwas weniger Ertrag als bei einer Südmontage. Dafür ist der Ertrag gleichmäßiger über den ganzen Tag verteilt.

Aus der Tabelle lassen sich weitere Rückschlüsse ziehen:

- Der Azimut- und Neigungsbereich, innerhalb dessen Sie einen Ertrag von bis zu 90 % erzielen können, ist erstaunlich groß.

- Selbst wenn Sie PV-Module einfach auf ein Flachdach legen, erzielen Sie überraschenderweise rund 84 % des maximalen Ertrags. Dennoch ist diese Montageform unüblich. Besser ist es, die PV-Module abwechselnd mit einer geringen Neigung (12 bis 15 %) nach Osten und nach Westen auszurichten. Das hat den Vorteil, dass Regenwasser bzw. Schnee gut abrinnen und so die Module reinigen. Die Neigung darf aber nicht zu groß sein, sonst schatten sich die Module gegenseitig ab (siehe auch Abschnitt 4.1, »Montage von PV-Modulen«)! Ein weiterer Vorteil einer geneigten Montage auf einem Flachdach ist die bessere Hinterlüftung.

▸ Für vertikal montierte Module ist die letzte Spalte am wichtigsten. Ein Modul, das am Geländer eines Südbalkons montiert oder in die nach Süden gerichtete Fassade integriert ist, erzielt immerhin gut 70 % des maximal möglichen Jahresertrags. Gleichzeitig schneidet so ein Modul im Winter sogar besser ab als ein Modul auf einem Flachdach. Ist das Balkongeländer oder die Fassade allerdings nach Osten oder Westen gerichtet, sinkt der Ertrag auf magere 50 %. Wenn der Aufstellungsort jetzt auch noch teilweise abgeschattet ist, wird sich die Montage an dieser Stelle kaum lohnen.

Azimut / Neigung	0°	15°	30°	45°	60°	75°	90°
−105°	84 %	80 %	76 %	71 %	63 %	54 %	44 %
−90° (Ost)	84 %	83 %	81 %	77 %	71 %	62 %	51 %
−75°	84 %	86 %	86 %	84 %	78 %	69 %	58 %
−60°	84 %	88 %	91 %	89 %	84 %	75 %	63 %
−45° (Südost)	84 %	91 %	94 %	94 %	89 %	80 %	68 %
−30°	84 %	92 %	97 %	97 %	93 %	84 %	70 %
−15°	84 %	93 %	99 %	99 %	95 %	86 %	72 %
0° (Süd)	84 %	93 %	99 %	100 %	95 %	86 %	72 %
15°	84 %	93 %	98 %	99 %	94 %	85 %	71 %
30°	84 %	92 %	96 %	96 %	91 %	82 %	69 %
45° (Südwest)	84 %	91 %	93 %	92 %	87 %	78 %	66 %
60°	84 %	88 %	89 %	87 %	82 %	73 %	61 %
75°	84 %	86 %	85 %	81 %	76 %	67 %	56 %
90° (West)	84 %	83 %	80 %	76 %	69 %	60 %	50 %
105°	84 %	80 %	75 %	69 %	62 %	53 %	43 %

Tabelle 2.3 Zu erwartender Jahresertrag je nach Ost/Süd/West-Orientierung (Azimut) und je nach Neigung (0° = flach, 90° = senkrecht) relativ zur optimalen Positionierung. Werte ab 90 Prozent sind hervorgehoben.

Maximaler Jahresertrag versus maximaler Winterertrag

Tabelle 2.3 bezieht sich ebenso wie viele Online-Rechner auf den *Jahresertrag*. Tatsächlich spielt für diesen die Neigung und Ausrichtung der Module eine überraschend geringe Rolle.

Für die Stromversorgung durch Photovoltaik stellt allerdings der Winter das größte Problem dar. Die Sonne scheint nur wenige Stunden aus südlicher Richtung. Die Sonnenstrahlen treffen sehr flach ein. Um den Ertrag im Winter zu optimieren, brauchen Sie Module, die nach Süden orientiert und steil aufgerichtet sind.

Weil in Mitteleuropa die Sonne im Winter oft gar nicht scheint (Wolken, Nebel etc.) und weil das eintreffende Licht auch bei klarem Wetter durch den längeren Weg durch die Atmosphäre abgeschwächt wird, ist es aus ökonomischer Sicht sinnvoller, den Jahresertrag im Auge zu behalten. Sie müssen sich aber darauf verlassen, dass Ihr Stromanbieter Sie im Winter schon mit ausreichend Strom versorgen wird.

Verwendung der PVGIS-Webseite

Die vorhin präsentierten Tabellen sind hilfreich für eine erste Abschätzung, aber natürlich nur mäßig genau. Maßgeblichen Einfluss auf den Ertrag hat die Anzahl der Sonnenstunden, und die kann kleinräumig stark variieren (z. B. wenn Sie über oder unter der Nebelgrenze wohnen). Es geht noch viel genauer: Das *Photovoltaik Geographical Information System* (PVGIS) ist eine von der EU initiierte Datenbank, die für jeden Ort in Europa, Afrika und Teilen Asiens Durchschnittswerte für die jährlich eintreffende Sonnenstrahlung enthält.

Auf der PVGIS-Seite können Sie mit ein paar Handgriffen ausrechnen, mit welchem Ertrag Sie bei einer gegebenen Ausrichtung der Module an Ihrem Wohnort rechnen können. Für Abbildung 2.4 habe ich meinen Wohnort verwendet und bin von einer ziemlich idealen Ausrichtung der Module auf einem Süddach mit 30° ausgegangen.

https://re.jrc.ec.europa.eu/pvg_tools/de/

Die Bedienung der Webseite ist einfach. Sie müssen die folgenden Daten angeben:

▸ **Wohnort:** Sie können Ihren Wohnort auf einer Karte auswählen, die Suchfunktion verwenden oder (falls bekannt) den exakten Breiten- und Längengrad angeben.

▸ **PV-Technologie:** Hier geben Sie die Art Ihrer PV-Module an. Für marktübliche PV-Module belassen Sie die Voreinstellung KRISTALLINES SILIZIUM.

▸ **Maximale PV-Leistung:** Hier geben die Nennleistung Ihrer PV-Anlage an (also Anzahl der Module multipliziert mit deren kWp-Wert).

▸ **Systemverlust:** Das ist ein Schätzwert, wie viel Verluste im System auftreten. Derartige Verluste entstehen durch gealterte oder schmutzige Module, durch elek-

trische Widerstände in Kabeln, durch den Wechselrichter usw. Wenn Sie sich Ihre
Anlage nicht schönrechnen wollen, belassen Sie die Voreinstellung bei 14 Prozent.

▶ **Montageposition:** Hier haben Sie die Optionen AUF DACH/GEBÄUDE INTEGRIERT
oder FREISTEHEND. Die richtige Einstellung ist wichtig, weil freistehende Module
nicht so heiß werden und deswegen effizienter sind.

▶ **Azimut und Neigung:** Die Bedeutung der beiden Winkel kennen Sie schon (siehe
Abbildung 2.3). Mit der Option NEIGUNG OPTIMIEREN bzw. NEIGUNG UND AZIMUT
OPTIMIEREN stellt die PVGIS-Seite Neigung und Azimut auf die für Ihren Wohnort besten Werte. Falls Sie den Bau eines neuen Hauses planen, könnten Sie diese
Information in die Dachgestaltung einfließen lassen. Dabei sollten Sie aber die Kir-
che im Dorf lassen! Ein paar Grad auf oder ab haben keinen dramatischen Einfluss
auf das Ergebnis (siehe Tabelle 2.3).

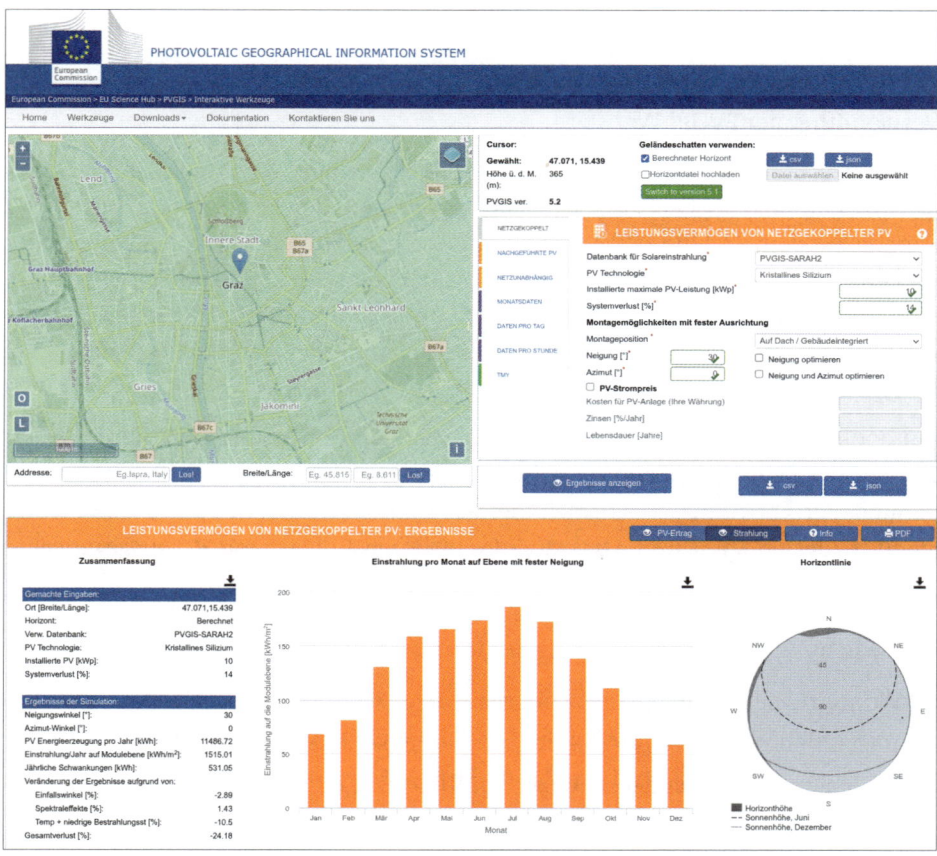

Abbildung 2.4 Beispielanwendung der PVGIS-Webseite für den Wohnort Graz, Anlagenleistung 10 kWp, Südausrichtung bei 30° Neigung

Mehrere Dachflächen, mehr Details

Je nach Dach kann es zweckmäßig oder sogar notwendig sein, die PV-Module über mehrere Dachseiten zu verteilen. Der PVGIS-Rechner kann diesen Sonderfall leider nicht berücksichtigen. Das macht aber nichts: Führen Sie einfach zwei oder drei Berechnungen durch, und geben Sie die Eckdaten für jede Dachfläche an. Zum Schluss addieren Sie den so erzielten Ertrag.

Es gibt im Internet unzählige PV-Rechner, die auf die PVGIS-Daten zurückgreifen, aber unter Umständen weitere Faktoren mit in die Berechnung einbeziehen – z. B. die Verwendung eines Stromspeichers. Eine Übersicht über derartige Seiten finden Sie in Abschnitt 3.2, »Speicherdimensionierung«.

Beachten Sie, dass weder die PVGIS-Seite noch andere Online-Rechner Verschattungsprobleme berücksichtigen können. Wenn also vor Ihrem Haus ein großer Baum steht, wird der Ertrag spürbar sinken (siehe auch den folgenden Abschnitt »Das Verschattungsproblem«).

2.3   Das Verschattungsproblem

Es liegt auf der Hand, dass Ihre PV-Anlage nur einen sehr mäßigen Ertrag liefern wird, wenn die PV-Module stundenlang durch andere Gebäude oder Bäume abgeschattet werden. Der Begriff »Verschattungsproblem« bezieht sich allerdings auf einen (leider häufigen) Spezialfall: Selbst winzige Schatten, z. B. von einem Kamin, können den Ertrag einer PV-Anlage nachhaltig stören.

Sie wissen ja schon, dass PV-Module aus vielen kleinen Solarzellen bestehen. Jede Zelle liefert für sich eine Spannung von ca. 0,6 bis 0,7 V (Volt) – also sehr wenig. Für den Transport größerer Energiemengen ist eine höhere Spannung günstiger. Deswegen sind die Solarzellen eines PV-Moduls in Reihe geschaltet (siehe Abbildung 2.5). Üblich sind 6 × 10 Zellen. Wenn die Sonne auf das ganze Modul scheint, ergibt sich eine Spannung von 60 × 0,6 V = 36 V. (Die schematischen Abbildungen in diesem Buch verwenden nur 4 × 7 Zellen.)

Wenn nun einige Zellen verschattet sind, produzieren diese keinen Strom. Das wäre nicht weiter schlimm. Allerdings ist die betreffende Zelle jetzt elektrisch nicht mehr leitend. Sie blockiert also weitestgehend den Strom aller anderen Zellen. (Es gibt hierfür den klassischen Vergleich mit einem Gartenschlauch: Ist dieser auch nur an einer Stelle geknickt, fließt gar kein Wasser mehr.)

Es kommt noch schlimmer: Die verschattete Zelle wirkt wie ein Widerstand. Wenn die anderen Zellen oder zumindest benachbarte PV-Module von der Sonne angestrahlt werden und Strom produzieren, wird die verschattete Zelle immer heißer (»Hotspot«)

und kann auf Dauer sogar zerstört werden. (Für Hotspots kann es aber auch andere Ursachen geben, z. B. Produktionsfehler.)

Abbildung 2.5 Ein winziger Schatten blockiert den Stromfluss von drei PV-Modulen.

Elektrotechnische Hintergründe

Vielleicht fragen Sie sich, warum innerhalb eines PV-Moduls die Zellen in einer Reihe miteinander verbunden sind und warum auch die ganzen Module wiederum per Reihenschaltung verbunden werden.

Die elektrische Leistung ist das Produkt aus Spannung mal Strom. Ein modernes PV-Modul hat eine maximale Leistung von 400 Wp. Würden im Modul alle Solarzellen parallel geschaltet, ergäbe sich eine Spannung von nur 0,6 V (Volt), aber ein extrem hoher Strom von 667 A (Ampere). Durch die Reihenschaltung addieren sich dagegen die Spannungen aller Zellen, dafür ist der Strom deutlich kleiner: 36 V × 11,1 A.

Die resultierende Leistung ist in beiden Fällen die gleiche, dennoch hat die Reihenschaltung zwei wesentliche Vorteile:

▸ Die erzeugte Energie muss vom PV-Modul zum Wechselrichter transportiert werden. Auch hochwertige Kabel haben einen kleinen Widerstand. Deswegen treten Verluste in Form von Wärme auf. Die Leitungsverluste sind aber proportional zum Quadrat des Stroms. (Beispielsweise kommt es bei einem Drittel Spannung, aber dem dreifachen Strom zu einer Verneunfachung der Verluste!) Eine höhere Spannung bei gleichzeitig niedrigerem Strom ergibt somit viel geringere Verluste. Oder, umgekehrt gerechnet: Bei einer höheren Spannung reichen viel dünnere Kabel aus, um einen vorgegebenen Verlust nicht zu überschreiten. Dieses Prinzip gilt auch für den Energietransport über große Strecken, der in *Hochspannungs*leitungen erfolgt.

▶   Der Verdrahtungsaufwand im Modul ist minimal. Es reicht aus, immer eine Zelle mit der nächsten zu verbinden. Das senkt die Produktionskosten und macht Defekte unwahrscheinlich.

Ein erster Ausweg aus dem Verschattungsdilemma sind sogenannte Bypass-Dioden, die zwischen die Module geschaltet werden. Diese elektrischen Bauteile geben dem Strom quasi eine Umleitungsmöglichkeit: Wenn ein Modul durch die Verschattung blockiert ist, fließt der Strom durch die Diode. Das verschattete Modul liefert zwar keine Energie, blockiert aber zumindest die restlichen Module nicht mehr (siehe Abbildung 2.6).

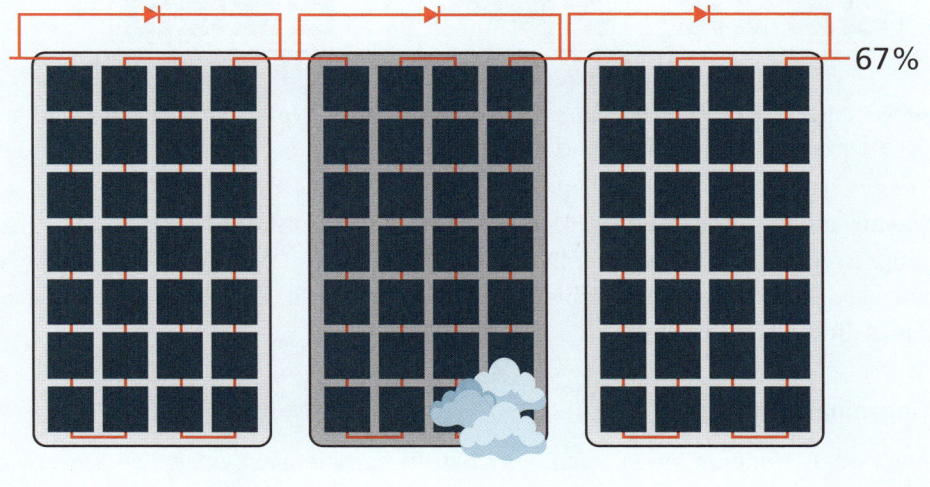

Abbildung 2.6 Bypass-Dioden zwischen den Modulen heben die Schattenblockade durch ein einzelnes Modul auf.

Moderne Halbzellenmodule verwenden anstelle von quadratischen Solarzellen halbierte Zellen (Half-Cut-Technologie). Auf einem Modul haben damit doppelt so viele Zellen Platz wie bisher. Damit können am Modul zwei Bereiche gebildet und parallel geschaltet werden, die jeweils die gleiche Schaltung wie bisher liefern. Durch in das Modul integrierte Bypass-Dioden wird der Verschattungseffekt nun auf einen Bereich des Moduls reduziert (siehe Abbildung 2.7).

Marktübliche Halbzellenmodule bestehen aus 120 Zellen, die in sechs Felder zu je 20 Zellen gruppiert sind. Anstelle von zwei Bypass-Dioden wie in Abbildung 2.7 kommen dann drei zum Einsatz. Je nach Modell und Platzierung der Bypass-Dioden kann das Modul in voneinander unabhängige vertikale oder horizontale Streifen gegliedert werden. Vereinzelt gibt es sogar schon Drittelzellenmodule.

Abbildung 2.7 Moderne Halbzellenmodule mit integrierten Bypass-Dioden begrenzen den Schattenverlust auf einen Teilbereich des Moduls.

Module mit integrierten Bypass-Dioden werden oft als *Hotspot-free* vermarktet. Allerdings ist die Produktion solcher PV-Module etwas teurer. Deswegen gibt es nach wie vor viele PV-Module ohne die hier beschriebenen Maßnahmen, um den Verschattungseffekt zu reduzieren!

Gegenmaßnahmen

Auch wenn moderne Module dem Verschattungsproblem ein wenig den Schrecken genommen haben, führt die teilweise Verschattung von Modulen nach wie vor zu Leistungsabfällen. Diese sind gravierend, je nachdem, welche Module eingesetzt und wie diese miteinander verbunden sind.

▶ Montieren Sie keine Module, wo eine regelmäßige, dauerhafte Verschattung zu erwarten ist (nördlich von Kaminen oder Entlüftungsrohren, unmittelbar neben Dachgauben etc.).

▶ Bei der Montage von Modulen auf Ständern muss der Abstand groß genug sein, damit nicht eine Modulreihe die nächste abschattet.

▶ Wenn eine Verschattung nicht zu verhindern ist, müssen parallel zu den Modulen Bypass-Dioden eingebaut bzw. Hotspot-free-Module verwendet werden.

▶ Wenn es Bereiche gibt, wo mit Verschattung zu rechnen ist, und andere Bereiche ohne Verschattung, dann sollten die Module in zwei voneinander unabhängigen Strängen gesammelt werden, sodass zumindest die unverschatteten Module mit maximaler Leistung laufen. Was »Stränge« sind, erkläre ich Ihnen in Abschnitt 2.5, »Maximum Power Point Tracking (MPPT)«.

▶ Die individuelle Einzelansteuerung von Modulen über sogenannte »Leistungs-optimierer« kann den Ertrag von teilweise verschatteten PV-Anlagen steigern. Auf dieses Thema gehe ich ebenfalls in Abschnitt 2.5 ein.

2.4 Wechselrichter

PV-Module erzeugen Gleichstrom (*Direct Current*, kurz DC). Das bedeutet, dass der Strom immer in die gleiche Richtung fließt. (Genau genommen bewegen sich in der Leitung Elektronen vom negativen zum positiven Pol.)

Aus den Steckdosen im Haushalt fließt allerdings Wechselstrom (*Alternating Current*, kurz *AC*). Bei Wechselstrom fließen die Elektronen für einige Millisekunden in die eine Richtung. Danach dreht sich die Spannung, und die Elektronen fließen zurück in die andere Richtung. Auf den ersten Blick scheint das ein absurdes Verhalten zu sein. Tatsächlich hat Wechselstrom aber im Vergleich zu Gleichstrom diverse technische Vorteile, weswegen sich diese Art des Stroms im Hochvoltbereich durchgesetzt hat. (Elektronische Geräte wie Smartphones oder Computer arbeiten intern dagegen mit Gleichstrom.)

Die Aufgabe des Wechselrichters ist es, den Gleichstrom der PV-Module kompatibel zum Wechselstrom im Haus zu machen (siehe Abbildung 2.8). »Kompatibel« heißt, dass der Wechselstrom die gleiche Spannung (230 Volt) wie der Strom Ihres Energie-versorgungsunternehmens (EVU) ausweist. Außerdem muss der PV-Strom exakt die gleiche Frequenz (50 Hertz) wie der EVU-Strom haben und zu diesem vollkommen synchron sein.

Das ist nicht nur wichtig, damit alle Ihre Elektrogeräte mit Solarstrom funktionieren, sondern auch, damit beim Einspeisen von Strom in das Netz des EVU keine Netz-schwankungen auftreten.

Schließlich muss der Wechselrichter mit einer *Einrichtung zur Netzüberwachung mit zugeordneten Schaltorganen* (ENS, wem fallen solche Begriffe ein?) ausgestattet sein. Das bedeutet, dass sich der Wechselrichter bei einem Stromausfall im Netz sofort mit allen Leitungen (»allpolig«) vom Netz trennt. Das garantiert, dass der Wechselrichter keinen Strom in das ausgeschaltete bzw. ausgefallene Netz einleitet. Eine Ausnahme von dieser Regel sind Notstromfunktionen, auf die ich in Abschnitt 3.4, »Notstrom-funktion und Inselanlagen«, näher eingehe.

Aus Sicherheitsgründen erlauben Netzbetreiber ausschließlich Wechselrichter mit einer nationalen oder EU-weiten Konformitätserklärung. Außerdem muss der An-schluss der PV-Anlage an das öffentliche Netz zwingend durch eine Elektrofachfirma erfolgen. (Eine Ausnahme sind diesbezüglich Balkonkraftwerke – siehe Kapitel 5.)

Wechselrichter sind auch außerhalb der Photovoltaik wichtige elektrische Komponenten. In diesem Buch beziehe ich mich aber ausschließlich auf PV-Wechselrichter, ohne dass ich dies immer wieder betone. PV-Wechselrichter erfüllen außer ihrer Grundaufgabe diverse Zusatzfunktionen, auf die ich in den folgenden Abschnitten noch eingehen werde. Die in Abbildung 2.8 eingezeichneten MPPT-Komponenten dienen zur Optimierung des PV-Ertrags (siehe Abschnitt 2.5, »Maximum Power Point Tracking (MPPT)«).

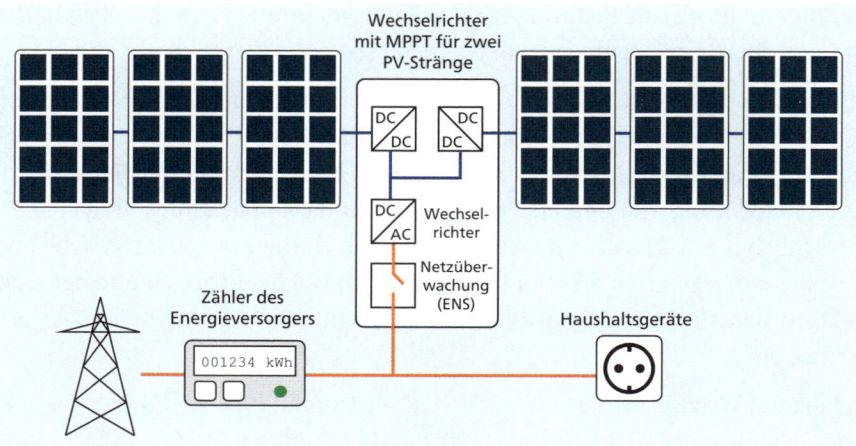

Abbildung 2.8 Schematischer Schaltplan eines Wechselrichters in einer PV-Anlage (Gleichstrom: blau; Wechselstrom: orange)

Dreiphasenwechselstrom

Der Spannungsverlauf von Wechselstrom entspricht einer Sinuskurve. In Ein- oder Mehrfamilienhäuser wird allerdings ein dreiphasiger Wechselstrom eingespeist (in der Regel durch ein vieradriges Kabel, einen Null- oder PEN-Leiter plus drei Phasen). Die sinusförmigen Spannungsverläufe sind dabei um jeweils 120 Grad gegeneinander versetzt. Die Spannung zwischen zwei derartigen Phasen beträgt nicht 230 V, sondern ca. 400 V.

An gewöhnliche Steckdosen wird immer nur eine Phase geleitet, wobei unterschiedliche Räume im Haus jeweils unterschiedliche Phasen bekommen, damit eine möglichst gleichmäßige Gesamtbelastung entsteht. Einige wenige Elektrogeräte (»Starkstromgeräte«) verwenden hingegen alle drei Phasen: Dazu zählen der Herd, die Wärmepumpe sowie manche Warmwasserboiler, Wallboxen oder Werkzeugmaschinen (Mischmaschinen, starke Sägen etc.).

Um kompatibel mit dem dem Stromnetz zu sein, müssen leistungsstarke PV-Wechselrichter dreiphasigen Wechselstrom erzeugen. Bei Modulwechselrichtern, die z. B. für Balkonkraftwerke zum Einsatz kommen, reicht dagegen eine Phase.

Die Größe eines Wechselrichters hängt von seiner Leistung ab. Ein 10-kW-Gerät ist etwa $50 \times 50 \times 25$ cm³ groß. Es wird meist im Keller oder im Technikraum in der Nähe des Hauptsicherungskastens montiert. Die Verkabelung der PV-Module endet beim Wechselrichter.

Leistungsstarke Wechselrichter werden im Betrieb warm und müssen mit einem eingebauten Lüfter gekühlt werden. Damit ist auch schon klar: Wechselrichter sind nicht völlig lautlos und sollten nicht in einem Wohnraum montiert werden.

Wo wir schon bei den negativen Eigenschaften sind: Ein Wechselrichter läuft nicht ewig. Die Lebensdauer beträgt typischerweise nur 10 bis 15 Jahre. Während der normalerweise 25- bis 30-jährigen Laufzeit einer PV-Anlage werden Sie den Wechselrichter voraussichtlich einmal austauschen müssen. Wählen Sie nach Möglichkeit ein Modell mit einer langjährigen Garantie!

Funktionsweise

Es gibt zwei prinzipielle Funktionsverfahren von Wechselrichtern: In der Vergangenheit enthielten Wechselrichter immer einen Transformator (kurz Trafo). Das ist ein Eisenkern, um den zwei oder mehr Spulen gewickelt sind. Die Energieübertragung vom DC-Stromkreis zum AC-Stromkreis erfolgt über ein elektromagnetisches Feld. Sicherheitstechnisch hat das den Vorteil, dass die beiden Kreisläufe vollständig (»galvanisch«) voneinander getrennt sind. Besonders wichtig ist das bei PV-Modulen in Dünnschichttechnik, die früher manchmal verwendet wurden.

Aktuelle Modelle sind dagegen oft transformatorlos aufgebaut. Derartige Geräte lassen sich kostengünstiger herstellen und sind deutlich leichter. Ihr größter Vorteil liegt aber im etwas höheren Wirkungsgrad (ca. 98 bis 96 Prozent gegenüber ca. 96 bis 94 Prozent). Das klingt nach einem winzigen Unterschied, aber das ist ein Irrtum: Der Wechselrichter verarbeitet den gesamten Strom, den Ihre PV-Anlage produziert. Wenn Sie Module mit einer Spitzenleistung von 10 kWp haben, dann fließen im Jahr ca. 10.000 kWh durch den Wechselrichter. Jedes Prozent Verlust sind dann 100 kWh/a. Das ist nicht nur Strom, der Ihnen verloren geht, sondern daraus resultiert auch Wärme! Ein Wechselrichter mit Trafo wird wesentlich heißer, muss deswegen durch einen leistungsstarken Lüfter gekühlt werden (der verbraucht wieder Strom!) und ist somit deutlich lauter.

Manche transformatorlosen Geräte setzen voraus, dass die Eingangsspannung der PV-Module höher ist als die maximal mögliche Ausgangsspannung. Daraus ergibt sich eine Mindestanzahl von Modulen, die in Reihe geschaltet werden. Diese Einschränkung kann durch sogenannte »Hochsetzsteller« umgangen werden, die in den Wechselrichter integriert werden.

Europäischer Wirkungsgrad

Der Wirkungsgrad gibt an, wie viel Prozent der Eingangsleistung (Gleichstrom) ausgangsseitig als Wechselstrom zur Verfügung gestellt werden können. Gute Geräte werben mit einem Wirkungsgrad von bis zu 98 Prozent. Der maximale Wirkungsgrad eignet sich zwar gut für das technische Datenblatt, spiegelt aber die Realität nicht wider: Im alltäglichen Betrieb schwankt die durch die PV-Module gelieferte Leistung aufgrund von Wetter, Sonneneinstrahlwinkel usw. stark. Ein guter Wechselrichter zeichnet sich auch bei geringer Leistung durch einen hohen Wirkungsgrad aus.

Um Wechselrichter für das europäische Wetter objektiv vergleichbar zu machen, werden bei der Messung des europäischen Wirkungsgrads mehrere Teillastbereiche berücksichtigt (siehe Tabelle 2.4). Dem europäischen Wirkungsgrad liegt die Annahme zugrunde, dass die PV-Anlage nur zu 20 % der Zeit unter Volllast läuft (erste Zeile), aber zu 48 % der Zeit mit halber Last (zweite Zeile) usw. Gute Wechselrichter erreichen einen europäischen Wirkungsgrad von über 95 %.

PV-Leistung	Gewichtung
100 %	20 %
50 %	48 %
30 %	10 %
20 %	13 %
10 %	6 %
5 %	3 %

Tabelle 2.4 Ermittlung des europäischen Wirkungsgrads

Sollten Sie in Südeuropa oder einer anderen Region mit überdurchschnittlich viel Sonnenschein wohnen, können Sie bei der Wechselrichterauswahl alternativ auch den kalifornischen Wirkungsgrad berücksichtigen (CEC-Wirkungsgrad der *California Energy Commission*). Dessen Gewichtung geht von einem größeren Volllastanteil aus.

Varianten

Im Photovoltaik-Umfeld kommen unterschiedliche Arten von Wechselrichtern zum Einsatz:

▶ **Stringwechselrichter:** Ein Stringwechselrichter verarbeitet am Eingang den Strom eines Strangs (englisch *String*) von in Reihe geschalteten PV-Modulen (siehe Abbildung 2.8). Diese Art von Wechselrichter ist in Ein- und Zweifamilienhäusern am gängigsten. Je nach Modell darf eine bestimmte Mindest- bzw. Maximalspannung nicht unter- bzw. überschritten werden. Daraus ergibt sich die Anzahl der PV-Module, die zumindest bzw. maximal in einem Strang in Reihe kombiniert werden können. (Ich habe es schon erwähnt: Bei der Reihenspannung addiert sich die Spannung der Module.)

▶ **Hybridwechselrichter:** Hybridwechselrichter sind eine Variante zu Stringwechselrichtern, die zusätzlich einen Stromspeicher integrieren, diesen mit Überschussstrom laden bzw. von diesem am Abend Strom entnehmen können. Diese Art von Wechselrichtern steht im Mittelpunkt von Kapitel 3, »Speichersysteme«.

▶ **Modulwechselrichter/Mikrowechselrichter:** Modul- bzw. Mikrowechselrichter sind kleine Wechselrichter, die für ein einziges PV-Modul oder für nur zwei Module zuständig sind. Solche Wechselrichter arbeiten immer einphasig und kommen bei Balkonkraftwerken zum Einsatz. Modulwechselrichter können auch bei größeren Anlagen zweckmäßig sein, wenn mit stark wechselnder Verschattung zu rechnen ist.

▶ **Inselwechselrichter:** Bisher bin ich davon ausgegangen, dass Sie den Wechselrichter mit dem Stromnetz Ihres Energieversorgers verbinden. Wenn das nicht möglich ist (z. B. auf einer Almhütte ohne Stromversorgung), benötigen Sie einen Inselwechselrichter. Dessen Besonderheit besteht darin, dass er die Frequenz der Wechselspannung selbst generiert und sich dabei nicht an der vorgegebenen Netzspannung orientieren kann.

Auch Hybridwechselrichter mit einer Notstromversorgung agieren wie Inselsysteme. Dabei muss unbedingt sichergestellt sein, dass während des Stromausfalls das Netz des Energieversorgers vom hausinternen Netz durch eine Umschaltbox getrennt ist (siehe Abschnitt 3.4, »Notstromfunktion und Inselanlagen«).

Zusatzfunktionen

Marktübliche String- und Hybridwechselrichter differenzieren sich durch diverse Zusatzfunktionen von der Konkurrenz:

▶ **Mehrere Stränge:** Viele Stringwechselrichter weisen zwei oder sogar drei Eingänge auf. Es können also mehrere voneinander unabhängige Stränge von PV-Modulen angeschlossen werden. Das ist zweckmäßig, wenn aufgrund der hohen Anzahl der Module die maximale Eingangsspannung überschritten würde oder wenn die Module unterschiedlich ausgerichtet sind (z. B. ein Strang für 12 Module südseitig, ein weiterer für 10 Module westseitig). Eine Reihenschaltung von unterschiedlich orientierten Modulen wäre nicht zweckmäßig, weil die gerade schwächer beschienenen Module dann die Leistung limitieren würden (wie beim Verschattungsproblem).

▶ **Integriertes MPPT:** Das *Maximum Power Point Tracking* ist ein Verfahren, die Leistung von PV-Modulen durch die Beeinflussung der Spannung zu optimieren.

Die technischen Details erläutere ich im Abschnitt 2.5, »Maximum Power Point Tracking (MPPT)«. Wechselrichter enthalten für jeden Strang einen MPP-Tracker.

▶ **Bedienung per Webbrowser oder App:** Moderne Wechselrichter verfügen über eine WLAN- oder Netzwerkschnittstelle und stellen zur Visualisierung der Daten (täglicher und jährlicher Ertrag usw.) sowie zur Einstellung der Funktionen eine Webschnittstelle zur Verfügung. Je nach Modell kann die Bedienung des Wechselrichters auch über eine App erfolgen.

Bei neuen Modellen setzen diese Funktionen zunehmend voraus, dass der Wechselrichter über eine Internetverbindung verfügt und Daten in die Cloud-Anwendung des jeweiligen Herstellers hochlädt (siehe Abbildung 2.9). Ärgerlicherweise erfordern fortgeschrittene Analysefunktionen (z. B. der Zugriff auf lange zurückliegende Ertragsdaten) außerdem ein kostenpflichtiges Abo beim Cloud-Dienst.

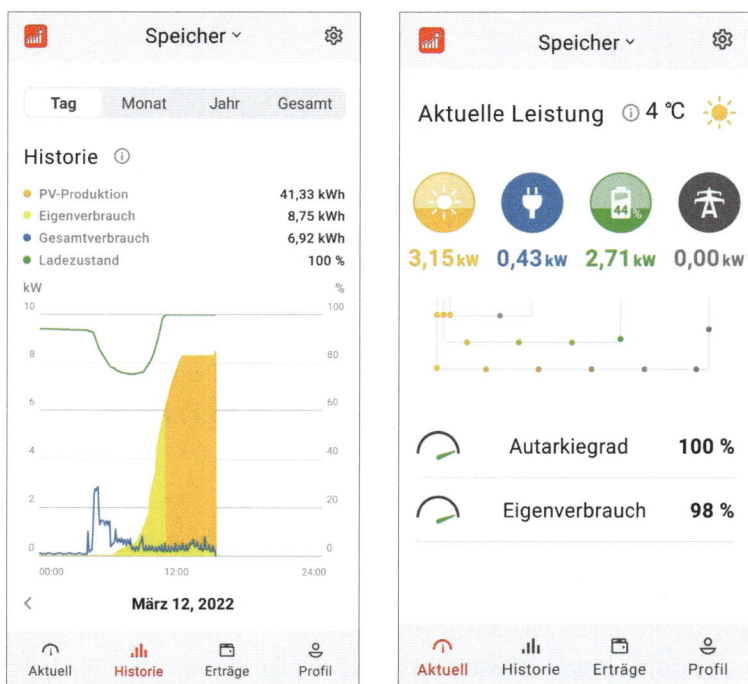

Abbildung 2.9 Zugriff auf den Zustand der PV-Anlage über eine App des Wechselrichter-Herstellers

▶ **Mess- und Steuerungsfunktionen:** Hybridwechselrichter messen die verarbeitete PV-Leistung und vergleichen diese über ein vom Wechselrichter getrenntes Messgerät mit der aktuell im Haushalt benötigten Leistung (siehe Abschnitt 2.6, »PV-Strom messen und steuern«). Ausgehend von diesen Informationen entscheiden sie, wann der mit der PV-Anlage verbundene Stromspeicher ge- bzw. entladen wird.

Bei komplexeren Set-ups können Wechselrichter weitere Steuerungsaufgaben übernehmen, z. B. entscheiden, wann elektrisch Brauchwasser erwärmt oder das Elektroauto geladen wird.

Kosten

Neben den PV-Modulen zählt der Wechselrichter zu den teuersten Komponenten einer PV-Anlage. Er trägt meist 10 bis 15 Prozent zu den Kosten (ohne Speicher) bei. Es gibt unzählige Modelle am Markt, insofern ist es unmöglich, hier genaue Zahlen anzugeben. Tabelle 2.5 dient also nur dazu, Ihnen zumindest eine grobe Vorstellung zu vermitteln. Je nach Anzahl der Zusatzfunktionen gibt es auch deutlich teurere Geräte. Generell war der Markt 2022 sehr angespannt: Weil viele Hersteller nicht in ausreichenden Stückzahlen liefern können, haben sich die Preise stark nach oben entwickelt.

Ausführung	Leistung	Preis
Modulwechselrichter	0,6 kW	300 €
Einphasiger Wechselrichter	3 kW	1.000 €
Mehrphasiger Hybridwechselrichter	5 kW	1.500 €
Mehrphasiger Hybridwechselrichter	10 kW	2.500 €

Tabelle 2.5   Kosten für Wechselrichter (Richtwerte)

2.5   Maximum Power Point Tracking (MPPT)

In Abschnitt 2.3, »Das Verschattungsproblem«, habe ich es in einem anderen Zusammenhang schon erwähnt: Die elektrische Leistung ergibt sich als Produkt von Spannung mal Strom. Das gilt für alle elektrischen Geräte, aber eben auch für PV-Module: Jedes Modul hat eine bei normierten Bedingungen angegebene »Leerlaufspannung«, die je nach Modell variiert. (Im Datenblatt des Moduls wird diese Spannung oft *Open Circuit Voltage*, V_{oc} oder U_{oc} genannt.) Diese Leerlaufspannung ergibt sich, wenn das Modul von der Sonne beschienen wird, aber kein Verbraucher (auch nicht der Wechselrichter) angeschlossen ist. Es fließt also gar kein Strom.

Sobald das Modul elektrisch belastet wird, der produzierte Strom also vom Wechselrichter verarbeitet und dann in den Haushalt eingeleitet wird, sinkt die Modulspannung. Im Datenblatt ist oft die Spannung bei Nennleistung angegeben (Nennspannung oder *Voltage at Pmax*, V_{mp} oder V_{mpp}). Für das folgende Beispiel beträgt diese Spannung 35 V.

Je stärker das Modul belastet wird, desto mehr sinkt die Spannung. Der Extremfall wäre ein Kurzschluss, dann sinkt die Spannung auf 0. Der Zusammenhang zwischen Spannung und Strom wird in einer sogenannten I-V-Kurve (*Current-voltage Curve*) dargestellt (siehe Abbildung 2.10). Sie finden derartige Kurven oft im Datenblatt des PV-Moduls.

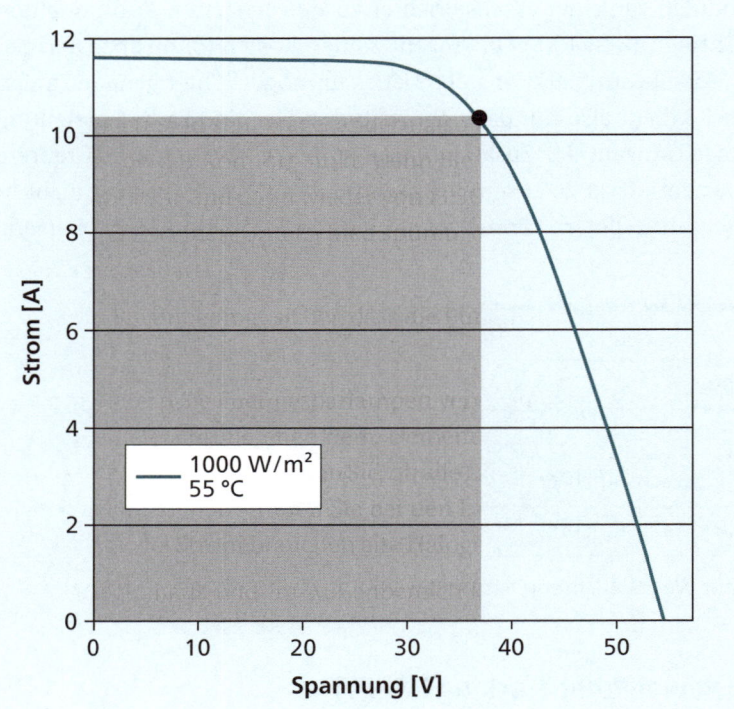

Abbildung 2.10 Zusammenhang zwischen Spannung und Strom eines PV-Moduls bei Nennleistung. Die Fläche des Rechtecks entspricht der maximalen elektrischen Leistung dieses Moduls.

Die Aufgabe eines *Maximum Power Point Trackers* besteht nun darin, das PV-Modul bzw. einen ganzen Strang von in Reihe geschalteten Modulen genau so zu belasten, dass die aus Strom und Spannung aufgespannte Fläche im Diagramm (also die elektrische Leistung) maximal ist. Der MMP-Tracker kann sich dabei allerdings nicht an irgendwelchen unveränderlichen Eckdaten orientieren. Die ideale Spannung variiert in Abhängigkeit davon, wie stark das Modul von der Sonne beschienen wird und wie warm es ist (siehe Abbildung 2.11).

Intern besteht ein MPPT aus einem Mikrocontroller, der durch iteratives Ausprobieren ständig auf der Suche nach dem Punkt mit der maximalen Leistung ist, und einem Gleichspannungswandler, der aus der variierenden Eingangsspannung eine einheitliche Ausgangsspannung für den Wechselrichter macht.

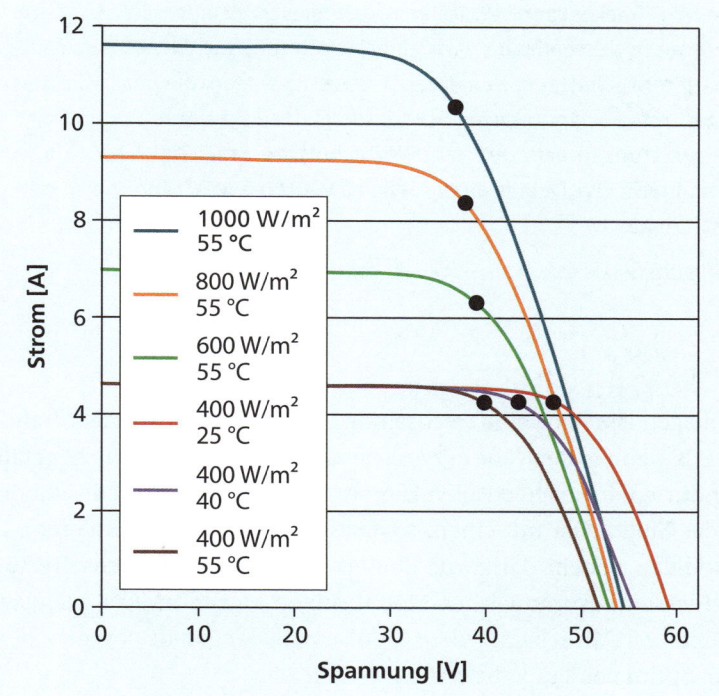

Abbildung 2.11 Die Spannung für den optimalen Ertrag variiert je nach Sonnenstrahlung und Temperatur.

Es ist Ihnen mittlerweile sicher klar, dass die optimale Modulspannung stark von der individuellen Situation abhängt. Deswegen ist es wichtig, dass unterschiedlich ausgerichtete Module (z. B. Ost, Süd, West) unbedingt jeweils in einem eigenen Strang verbunden werden. Viele Wechselrichter sind deswegen mit zwei oder drei MPPT ausgestattet und haben entsprechend viele Strangeingänge.

Schattenmanagement

Das Beschattungsproblem kann einfache MPP-Tracker aus dem Takt bringen. Wenn ein Modul eines Strangs aufgrund eines Schattens keine oder nur ganz wenig Leistung liefert, können in der IV-Kurve zwei Maxima entstehen!

▶ Das erste Maximum tritt bei einer sehr niedrigen Spannung auf, bei der die Bypass-Diode noch gar nicht anspricht.

▶ Bei einer deutlich höheren Spannung kommt es zu einem zweiten Maximum. Die Bypass-Diode funktioniert. Das verschattete Modul wird überbrückt, aber dafür können alle anderen Module optimal arbeiten.

Bei einem simplen MPP-Tracker kann es passieren, dass dieser bei einem lokalen Minimum verharrt und nur in dessen Nähe nach einem Optimum sucht. Moderne MPP-Tracker mit sogenanntem *Schattenmanagement* tasten deswegen alle paar Minuten einmal kurz den gesamten Spannungsbereich ab und setzen ihre Arbeit dann beim aktuellen globalen Leistungsmaximum fort. Die technische Bezeichnung für diese Funktion lautet *Voltage Sweep*. Details dazu sowie zu weiteren MPPT-Interna sind in der Wikipedia beschrieben:

https://de.wikipedia.org/wiki/Maximum_Power_Point_Tracking

Leistungsoptimierer

Bei manchen PV-Anlagen lässt sich eine wechselnde Verschattung einzelner Module nicht verhindern – z. B. wenn in der Nähe der Anlage Bäume wachsen, die nicht gefällt werden sollen oder dürfen. In solchen Fällen kann es zweckmäßig sein, jedes Modul oder zumindest jedes Modulpaar mit einem sogenannten Leistungsoptimierer auszustatten. Die Grundidee besteht darin, die Einheit aus MPPT und Wechselrichter aufzutrennen. Stattdessen bekommt jedes Modul seinen eigenen MPPT inklusive eines Spannungswandlers! Damit kann jedes Modul gemäß der gerade vorherrschenden Bestrahlung am optimalen Punkt betrieben werden.

Die mit Leistungsoptimieren ausgestatteten Module werden weiterhin in Reihe geschaltet. Der gesamte Strang wird dann direkt zu einem zentralen Wechselrichter geleitet, der keinen eigenen MPPT mehr braucht.

Der wesentliche Nachteil von Leistungsoptimieren besteht darin, dass diese die Anlage deutlich teurer machen: Ein oder wenige zentrale MPPTs samt Bypass-Dioden zwischen den Modulen sind viel billiger als ein Leistungsoptimierer für jedes Modul. Deswegen ist die Verwendung von Leistungsoptimieren nur zweckmäßig, wenn eine sehr ungleichmäßige Sonnenbestrahlung der Module unvermeidlich ist.

Der Vorteil von Leistungsoptimieren im Vergleich zu Bypass-Dioden besteht darin, dass teilweise angestrahlte Module zumindest eine reduzierte Leistung beitragen. Außerdem ist es nun möglich, jedes Modul für sich zu überwachen und damit rasch und eindeutig Defekte zu erkennen. Es hängt allerdings stark von den Eckdaten der jeweiligen Anlage ab, in welchem Zeitraum sich die durch Leistungsoptimierer verursachten Mehrkosten amortisieren bzw. ob dies überhaupt je der Fall sein wird.

2.6 PV-Strom messen und steuern

In einer einfachen Welt würden Sie tagsüber mit Ihrer PV-Anlage Strom produzieren und den Überschuss in das öffentliche Netz zu einem bestimmten Preis einspeisen. Abends und in der Nacht würden Sie den Strom zum gleichen Preis wieder »zurückkaufen«. Dann könnten wir uns diesen Abschnitt ersparen, denn es wäre egal, wann Sie Strom produzieren und wann Sie ihn verbrauchen – nur die Mengen wären entscheidend.

Unsere Welt ist aber nicht einfach (und das gilt nicht nur für PV-Anlagen): Die Vergütung, die Sie für den eingespeisten Strom erhalten, beträgt nur einen Bruchteil dessen, was Sie für den von Ihrem Energieanbieter bezogenen Strom zahlen müssen. Grundsätzlich ist das in Ordnung und unvermeidbar, auch wenn man sich fragen kann, wie groß eine faire Preisdifferenz ist.

Weil eigener Strom so viel billiger ist als extern bezogener Strom, werden Sie sich bemühen, energieintensive Geräte möglichst dann zu betreiben, wenn gerade die Sonne scheint. Mit einem optionalen, aber leider recht teuren Batteriespeicher können Sie eigenen Strom zudem zwischenspeichern (siehe Kapitel 3, »Speichersysteme«).

Losgelöst davon, ob Sie einen Speicher verwenden oder nicht, müssen Sie zuerst einmal wissen, ob Sie gerade mehr Strom erzeugen oder verbrauchen. Außerdem brauchen Sie Steuermöglichkeiten, um energieintensive Vorgänge nach Möglichkeit dann durchzuführen, wenn die Sonne scheint. Darum geht es in diesem Abschnitt.

Schaltzentrale Wechselrichter

Als zentrale Schaltstelle einer privaten PV-Anlage agiert der Wechselrichter. Er wandelt nicht nur den Solarstrom in haushaltsüblichen Wechselstrom um, sondern entscheidet darüber, wann ein eventuell vorhandener Batteriespeicher geladen wird und wann optionale Verbraucher (z. B. ein Warmwasserboiler) in Betrieb gehen.

Dazu muss der Wechselrichter wissen, wie viel Strom aktuell im Haushalt verbraucht wird. Außerdem braucht der Wechselrichter die Möglichkeit, externe Geräte ein- und auszuschalten. Im Folgenden erkläre ich Ihnen zuerst die gängigen Kommunikationsmechanismen und gehe dann auf einige Geräte ein, deren Steuerung Sinn macht.

Kommunikation per Netzwerk oder Modbus

Marktübliche Wechselrichter sehen die folgenden Kommunikationswege vor (bisweilen alle drei parallel):

▶ **WLAN/Ethernet:** Für die Steuerung des Wechselrichters per Webbrowser oder App ist bei modernen Geräten ohnedies eine Netzwerkschnittstelle notwendig. Da ist es naheliegend, über diesen Weg auch mit anderen im lokalen Netzwerk befindlichen Geräten zu kommunizieren.

▶ **Modbus/RS-485:** Die gängigste Alternative zum lokalen Netzwerk nennt sich *Modbus*. Dabei handelt es sich um ein Kommunikationsprotokoll, das vor allem in der Industrie große Verbreitung gefunden hat. Der Informationstransport erfolgt über ein simples Leitungspaar gemäß dem Standard EIA-485 (bekannter als RS-485). In der Technik ist dieser Standard als eine Sonderform einer seriellen Schnittstelle bekannt, die für längere Leitungen optimiert ist.

Für Modbus spricht die Unabhängigkeit vom lokalen Netzwerk. Zwar gibt es in nahezu jedem Haus WLAN und Internetzugang – aber nicht immer reicht das Netzwerk bis in den Keller oder den Technikraum. Zudem muss die PV-Anlage auch dann weiterarbeiten, wenn das lokale Netzwerk aus irgendeinem Grund gerade nicht funktioniert. (Die Stromversorgung stellen alle Wechselrichter sicher, auch wenn sie gerade nicht mit dem lokalen Netzwerk verbunden sind. Aber wenn der Kontakt zu externen Geräten verloren geht, können Mess- und Steueraufgaben nicht mehr erfüllt werden.)

▶ **Schaltbare Ausgänge:** Einige Wechselrichter haben per Software schaltbare Ausgänge. Wenn von Ihnen definierte Bedingungen erfüllt sind, werden diese Ausgänge auf *High* oder *Low* gestellt und können so ein anderes Gerät ein- oder ausschalten.

Kompatibilitätsprobleme

Auch wenn der Kommunikationsmechanismus gängigen Standards folgt, heißt das noch lange nicht, dass ein Gerät vom Hersteller A mit einem zweiten Gerät vom Hersteller B kompatibel ist. Vielmehr bemühen sich viele Wechselrichterhersteller, eine ganze Kollektion von Zusatzprodukten zu verkaufen, die nur zur eigenen Produktlinie kompatibel sind.

Bei der Erstanschaffung ist das nicht so schlimm – da ist es ohnedies naheliegend, den Wechselrichter, das Messgerät für den Verbrauch und vielleicht ein Steuerungsgerät aus einer Hand zu erwerben. Aber was ist, wenn nach zehn Jahren ein Gerät ausfällt? Mangelnde Standards machen den Austausch von Einzelkomponenten dann zur Herausforderung.

Strommessgerät (Hausverbrauch messen)

Der Wechselrichter speist den gesamten produzierten Strom in das Haushaltsnetz ein. Er weiß nicht, wie viel Strom tatsächlich im Haushalt verbraucht wird. Der nicht lokal verbrauchte Strom fließt ja weiter in das Netz Ihres Energieversorgers. Aus Sicht des Wechselrichters wird also immer der ganze produzierte Strom genutzt.

Natürlich *gibt* es schon einen Stromzähler – den Ihres Energieversorgungsunternehmens (EVU). Damit Sie Ihre PV-Anlage überhaupt anschließen dürfen, muss es sich beim EVU-Zähler um einen modernen »Smart Meter« handeln, der Strom in beide Richtungen messen kann.

Leider hat der Wechselrichter keinen Zugriff auf die Messdaten des EVU-Zählers. Deswegen wird zusammen mit dem Wechselrichter in aller Regel ein vom gleichen Hersteller stammendes Strommessgerät installiert, das aus Sicht des Energieversorgers *hinter* dem EVU-Messgerät montiert wird (siehe Abbildung 2.12). Es misst alle drei Phasen des Stroms, zeigt diese Werte auf einem Display an und leitet die Daten via Modbus oder über das lokale Netzwerk an den Wechselrichter weiter.

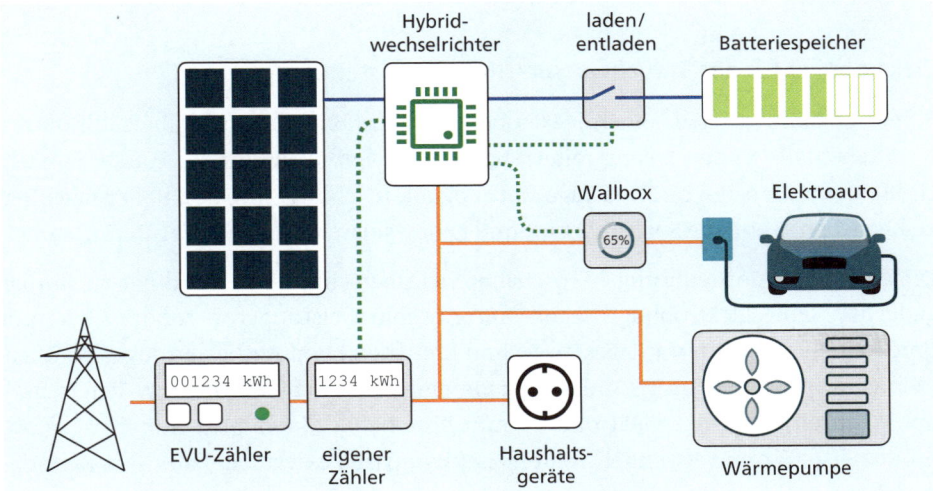

Abbildung 2.12 Komplexe PV-Anlage: Der Wechselrichter steuert die Be- und Endladung des Batteriespeichers und des Elektroautos.
Gleichstrom: blau; Wechselstrom: orange; Steuerung (Modbus/Netzwerk): grün strichliert

Batteriespeicher laden

Sobald ein Hybridwechselrichter den tatsächlichen Stromverbrauch im Haus kennt, kann er bei Leistungsüberschüssen den Batteriespeicher laden. Wenn am Abend mehr Strom verbraucht als produziert wird, entlädt der Wechselrichter zuerst den Speicher. Erst wenn dieser leer ist, fließt Strom des Energieversorgers in das Haus.

Die Integration eines Batteriespeichers in die PV-Anlage beschreibe ich detailliert in Kapitel 3, »Speichersysteme«. Alle notwendigen Funktionen zur Steuerung der Ladung bzw. Entladung sind in einem Hybridwechselrichter schon integriert. Im Idealfall gibt das Batteriesystem zudem seinen Ladezustand an den Wechselrichter weiter.

Wärmepumpe für Heizung

Wenn Sie Ihr Haus mit einer Wärmepumpe heizen und damit auch das Brauchwasser erwärmen, ist die Wärmepumpe höchstwahrscheinlich der größte Energieverbraucher im Haushalt. Das Steuerungspotenzial hält sich allerdings in Grenzen: Soweit wie möglich werden Sie die Wärmepumpe natürlich tagsüber laufen lassen. Aber natürlich soll es in Ihrem Haus auch in der Früh warm sein, wenn die Sonne noch nicht scheint. Das Gleiche gilt für einen grauen Wintertag. Außerdem können Sie eine Wärmepumpe nicht nach Belieben ein- und ausschalten, wenn gerade ein wenig PV-Überschussstrom zur Verfügung steht: Bei allzu vielen Schaltvorgängen laufen Wärmepumpen ineffizient und altern vorzeitig.

Elektroboiler für das Brauchwasser (Überschusssteuerung)

Sofern es in Ihrem Haus einen Elektroboiler für das Brauchwasser gibt, zählt dieses Gerät ebenfalls zu den Spitzenreitern beim Stromverbrauch. Da das Wasser je nach Größe des Boilers ein bis zwei Tage warm bleibt, macht es Sinn, den Boiler tagsüber zu betreiben, wenn die Sonne scheint und genug solarer Strom zur Verfügung steht.

Die nahe liegende Steuerung – Einschalten bei Überschuss – ist allerdings zu simpel gedacht: Kleine Elektroboiler haben eine Anschlussleistung von rund 3,7 kW, größere Modelle arbeiten mit Starkstrom und brauchen beim Aufheizen sogar deutlich mehr Strom. Wenn Ihre PV-Anlage gerade einen Überschuss von 1 kW liefert und der Wechselrichter den Elektroboiler nun einschaltet, dann wird nur 1 kW selbst produzierter Strom verwendet. Weitere 2,7 kW müssen extern oder aus dem Batteriespeicher bezogen werden. Es wäre denkbar, den Boiler erst dann einzuschalten, wenn der Überschuss größer ist als die Nennleistung des Boilers – aber dann würde das Gerät bei kleinen PV-Anlagen nur selten laufen.

Besser ist es, den Boiler über ein Vorschaltgerät mit genau so viel Strom zu versorgen, wie die PV-Anlage gerade liefern kann (siehe Abbildung 2.13). Dass eine Limitierung des Heizstroms überhaupt möglich ist, liegt am Aufbau eines Elektroboilers: Der Strom wird durch einen Heizstab geleitet. Dieser Stab wird heiß und erwärmt so das Wasser. Das funktioniert selbst dann, wenn weniger Strom zur Verfügung steht; das Aufwärmen dauert dann eben länger.

Allerdings muss noch ein Punkt beachtet werden: Wenn es an einem regnerischen Tag bis zum frühen Abend nicht gelingt, das Wasser per Solarstrom aufzuwärmen, dann muss die Steuerung den Aufwärmprozess dennoch starten und eben in Kauf nehmen, dass Strom des Energieversorgers verwendet wird; andernfalls werden das abendliche Bad der Kinder oder die morgendliche Dusche am nächsten Tag keinen Spaß machen.

Für das Gerät zur Überschusssteuerung hat der Wechselrichterhersteller Fronius mit »Ohmpilot« einen besonders treffenden Namen gefunden. (Der Heizstab eines Elektroboilers ist ein ohmscher Widerstand.) Aber natürlich gibt es auch von anderen Herstellern äquivalente Produkte. Allen gemeinsam ist leider ein relativ hoher Preis. Nicht immer amortisieren sich solche Geräte überhaupt.

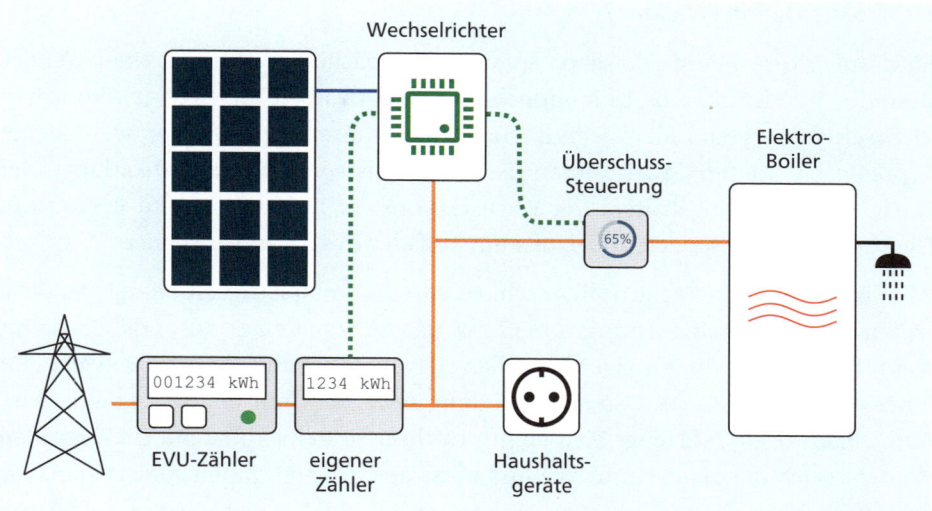

Abbildung 2.13 Einfache PV-Anlage ohne Batteriespeicher. Der Elektroboiler wird mit Überschussstrom erwärmt.

Brauchwasserwärmepumpe

Wenn Sie mit Gas, Öl oder Pellets heizen, kann es speziell im Sommer zweckmäßig sein, das Brauchwasser mit einer eigenen Brauchwasserwärmepumpe zu erhitzen (siehe auch Abschnitt 7.4, »Brauchwasserwärmepumpen«). Ein derartiges Gerät braucht nur ca. ein Drittel des Stroms eines Elektroboilers. Komplizierte und teure Steuerungsmaßnahmen werden damit überflüssig.

Allerdings entzieht die Wärmepumpe dem Raum, in dem sie aufgestellt ist, Wärme. Insofern ist eine Brauchwasserwärmepumpe nur sinnvoll, wenn es einen Technikraum gibt, der aufgrund der Abwärme anderer Geräte (Heizung, Gefrierschrank, Wäschetrockner etc.) sowieso warm ist.

Warmwasser per Solarthermie?

Bevor PV-Anlagen populär wurden, war es üblich, Warmwasser mit Solarkollektoren zu erzeugen. Dabei wärmt das Sonnenlicht über einen Kreislauf zum Wärmeaustausch das Brauchwasser auf. Die Solarkollektoren sehen ähnlich aus wie PV-Module, der erzielte Wirkungsgrad ist sogar wesentlich höher. Das liegt daran, dass es einfacher ist, die Sonnenstrahlung in Wärme als in Strom umzuwandeln.

Gegen die Kombination einer PV-Anlage mit Solarthermie spricht nur die Komplexität: Jede zusätzliche Haustechnikkomponente macht die Gesamtanlage unübersichtlicher und störungsanfälliger.

Elektroauto laden (Wallbox)

Eine *Wallbox* ist die im deutschen Sprachraum übliche Bezeichnung einer Wandladestation für Elektroautos. Ladestationen für den Privatbereich leiten gewöhnlichen Wechselstrom an ein Ladekabel mit einem sogenannten Typ-2-Stecker oder an eine Typ-2-Buchse weiter. Dabei werden die Sicherheitsregeln und Spezifikationen der Norm IEC 62196 eingehalten. Der Wechselstrom der Ladestation wird im Auto in Gleichstrom umgewandelt und dann zum Aufladen des Akkus verwendet.

Wandladegeräte arbeiten je nach Anschluss ein- oder dreiphasig. Einphasige Modelle haben eine maximale Leistung von 3,7 kW. Das Aufladen eines Autos dauert damit ziemlich lange. Bei dreiphasigen Modellen steigt die Leistung auf rund 11 kW. Es gibt auch Modelle mit 22 kW. Deren Verwendung setzt nicht nur ein dazu kompatibles Auto voraus (viele Fahrzeuge können mit Wechselstrom maximal mit 11 kW geladen werden), auch der Hausstromanschluss muss ausreichend dimensioniert sein. Die Inbetriebnahme einer dreiphasigen Wallbox muss beim Netzbetreiber gemeldet werden. 22-kW-Modelle sind außerdem genehmigungspflichtig, d. h., der Netzbetreiber muss explizit zustimmen.

Viele Elektroautos können über das *Combined Charging System* (CCS) besonders schnell mit Gleichstrom geladen werden. Die CCS-Ladedose des Autos ist kompatibel zu den schon erwähnten Typ-2-Steckern, weist aber zwei zusätzliche Gleichstromkontakte auf. Gleichstromladestationen (»DC-Ladestationen«) sind im Privatbereich unüblich, weil ein Hausanschluss mit den erforderlichen Stromstärken überfordert ist.

Grundsätzlich hat eine Wallbox nichts mit Photovoltaik zu tun. »Intelligente« Wallboxen können aber über eine App oder über den Wechselrichter ferngesteuert werden, damit der Ladevorgang dann stattfindet, wenn die PV-Anlage gerade mehr Strom erzeugt, als im Haushalt verbraucht wird.

Zur Steuerung des Ladevorgangs gibt es verschiedene Möglichkeiten: Am einfachsten ist es, den Ladevorgang dann zu starten, wenn mehr Strom zur Verfügung steht, als gerade gebraucht wird. Wie ich vorhin beim Elektroboiler schon erklärt habe, ist dieses Alles-oder-nichts-Prinzip nicht ideal: Sobald die Wallbox eingeschaltet ist, arbeitet sie mit maximaler Leistung. Strom, den die PV-Anlage gerade nicht produziert, muss vom Energieversorger (oder, falls vorhanden, aus Ihrem Batteriespeicher) beigesteuert werden.

Zielführender ist das sogenannte »Überschussladen«: Der Wechselrichter kommuniziert mit der Wallbox und teilt dieser mit, wie viel Leistung (also PV-Ertrag minus Hausverbrauch) gerade zur Verfügung steht. Die Wallbox hält sich an diese Vorgaben und lädt Ihr Auto entsprechend nicht mit voller Geschwindigkeit, dafür aber zu 100 Prozent mit Solarstrom (siehe Abbildung 2.12).

Das Problem ist hier die Kommunikation zwischen Wallbox und Wechselrichter: Es gibt aktuell nur wenige Wandladegeräte, bei denen die Ladeleistung durch den Wechselrichter oder ein anderes externes Gerät gesteuert werden kann. Zu den positiven Ausnahmen zählen diesbezüglich Geräte der Firma *openWB*. Der Wechselrichterhersteller Fronius hat das Problem dahingehend gelöst, dass er einfach selbst eine Wallbox anbietet (den »Wattpilot«). Der Nachteil: Das Überschussladen funktioniert nur im Zusammenspiel mit einem Fronius-Wechselrichter.

Beachten Sie, dass es anders als beim Elektroboiler nicht möglich ist, den Strom durch ein der Wallbox vorgelagertes Gerät zu limitieren! Die Steuerung muss *in* der Wallbox erfolgen.

Das Auto als Stromspeicher für die PV-Anlage?

Die Idee ist nahe liegend: Jedes Elektroauto verfügt über einen großen Akku. Dieser Akku könnte anstelle eines hauseigenen Stromspeichers mit der PV-Anlage verbunden werden. Warum das in der Praxis leider (noch) nicht funktioniert, erläutere ich Ihnen in Abschnitt 3.1, »Speichertechnologien«.

Keep it Simple, Stupid! (KISS-Prinzip)

Je mehr Komponenten ins Spiel kommen (Batteriespeicher, Brauchwassererzeugung, Elektroauto), desto vielfältiger werden die Steuerungsmöglichkeiten. Vermeiden Sie ein Übermaß an Perfektionismus, suchen Sie lieber nach pragmatischen Lösungen! Machen Sie Ihr Haus nicht so kompliziert wie ein Weltraumschiff!

Beispielsweise kann eine simple Zeitsteuerung fast genauso gut funktionieren wie eine teure Überschusssteuerung, also: »Brauchwasserboiler zwischen 14:00 und 17:00 Uhr erwärmen.« Irgendwann muss das Brauchwasser sowieso erwärmt werden. Mit großer Wahrscheinlichkeit produziert eine ausreichend große PV-Anlage an sonnigen Tagen zu genau diesen Zeiten sowieso einen Überschuss.

2.7 Photovoltaik-Anlagen erweitern

Es lohnt sich, die eigene PV-Anlage gründlich und in Ruhe zu planen. Zwei Jahre später einfach mal ein paar PV-Module dazuzuschrauben, funktioniert in aller Regel nicht. Es gibt mehrere Gründe, warum spätere Umbauten der PV-Anlage schwierig sind:

▶ **Der Wechselrichter:** Wechselrichter sind umso teurer, je mehr elektrische Leistung sie verarbeiten können. Deswegen gibt es relativ fein abgestuft Modelle für jede Leistungsklasse, also z. B. 4 kW, 6 kW, 8 kW, 10 kW usw.

Wenn Sie die Leistung Ihrer PV-Anlage erhöhen möchten, ist der vorhandene Wechselrichter womöglich zu schwach. Abhilfe schafft der Austausch gegen ein leistungsstärkeres Modell oder die parallele Montage eines zweiten Wechselrichters. Letztere Variante hat jedoch den Nachteil, dass die im vorigen Abschnitt beschriebene Koordination aller Komponenten noch schwieriger wird.

▶ **Die PV-Module:** Jeder Strang sollte sich aus elektrisch gleichwertigen Modulen zusammensetzen. In ein paar Jahren wird es voraussichtlich (hoffentlich) bessere Module geben als heute. Das Zusammenspiel von Modulen mit unterschiedlichen Leistungsdaten ist aber problematisch. Das schwächste Glied bremst den Stromfluss und erschwert das MPP-Tracking.

Das gleiche Problem tritt auf, wenn Sie ein defektes Modul ersetzen müssen. Auch dann müssen Sie sich auf die Suche nach einem elektrisch möglichst gleichwertigen Modul machen.

▶ **Der Batteriespeicher:** Einige Hersteller (unter anderem BYD) bieten stapelbare Batterien an. Das erweckt den Anschein, als könnten Sie die Kapazität Ihres Speichersystems jederzeit erweitern.

Das Problem hierbei ist die Alterung. Wenn Sie ein Speichersystem aus drei Modulen fünf Jahre lang verwenden und dieses dann um zwei weitere Module erweitern möchten, müssen drei gealterte Module mit zwei neuwertigen Modulen zusammenspielen. BYD empfiehlt deswegen, Erweiterungen innerhalb der ersten 12 Monate durchzuführen.

Die Dimensionierung der PV-Anlage ist daher eine schwierige Gratwanderung zwischen vorausschauender Planung (wie viel Strom werden wir in drei Jahren brauchen?) und teurer Überdimensionierung.

2.8   Photovoltaik-Vorurteile und -Fakten

Bei der Diskussion über Photovoltaik werden Sie auf die unterschiedlichsten Meinungen stoßen. In diesem kurzen Abschnitt möchte ich auf ein paar gängige Vorurteile eingehen. Diesbezüglich noch viel mehr Lesestoff enthält die 100-seitige Veröffentlichung »Aktuelle Fakten zur Photovoltaik in Deutschland« des Fraunhofer-Instituts für Solare Energiesysteme (ISE), dem größten Solarforschungsinstitut Europas:

https://www.ise.fraunhofer.de/content/dam/ise/de/documents/publications/
studies/aktuelle-fakten-zur-photovoltaik-in-deutschland.pdf

Photovoltaik kostet mehr, als sie bringt

Nein. Eine vernünftig geplante PV-Anlage für den Privatbereich amortisiert sich in 10 bis 15 Jahren, bei den aktuell stark steigenden Stromkosten eher früher. Eine Beispielrechnung mit/ohne Batteriespeicher finden Sie in Abschnitt 3.3, »Ökologische und ökonomische Kosten-Nutzen-Rechnung«.

Großtechnische Anlagen lohnen sich sogar noch mehr, weil der Anteil des Kosten-Overheads sinkt. In großen Freiflächenanlagen ist Photovoltaik aktuell die klar kostengünstigste Technik, um elektrischen Strom zu gewinnen!

Photovoltaik ist nur deswegen kostengünstig, weil sie subventioniert wird

Ja und nein. Richtig ist, dass PV-Strom in den meisten europäischen Ländern staatlich subventioniert wird. In Deutschland garantiert das Erneuerbare-Energien-Gesetz (EEG) eine fixe Einspeisevergütung. In anderen Ländern gibt es andere Fördermaßnahmen.

Aber: Viele Formen der Stromgewinnung sind subventioniert (am stärksten die Kernkraft!). Wenn man jetzt noch die durch die Stromgewinnung verursachten Schäden mitberücksichtigt, dreht sich das Bild vollends. Die durch den Ausstoß von CO_2 verursachten Klimaänderungen, deren Kosten von der gesamten Gesellschaft getragen werden müssen, übersteigen alle Subventionen um ein Vielfaches.

Photovoltaik belastet die europäischen Stromnetze

Richtig. Photovoltaik produziert Strom bevorzugt im Sommer zur Mittagszeit. Im Winter ist der Ertrag viel geringer, in der Nacht sinkt er auf null. Da es schwierig ist, großtechnisch Strom zu speichern, muss Photovoltaik mit anderen Formen der Stromgewinnung kombiniert werden. Besonders gut geeignet sind Windkraftwerke, die im Winter bzw. bei schlechten Wetter einen besonders hohen Ertrag liefern – also genau dann, wenn die Sonne am wenigsten scheint.

Absurderweise ist die Photovoltaik auch für Kernkraftwerke ein Segen. In den vergangenen Sommern musste deren Produktion regelmäßig gedrosselt werden, weil der geringe Wasserstand in den Flüssen die Kühlung unmöglich machte. PV-Strom hilft bei der Kompensation dieser Leistungsverluste.

Dessen ungeachtet müssen die Energieversorger Leitungen ausbauen, um mit dem schwankenden Ertrag der Stromerzeugung durch erneuerbare Energie besser zurechtzukommen. Gleichzeitig muss durch eine Anpassung der Strompreise der Verbrauch gelenkt werden: Während früher Nachtstrom am billigsten war (da war der Verbrauch am geringsten), wird es in Zukunft vielleicht gerade umgekehrt sein (weil tagsüber mehr produziert wird).

Photovoltaik richtet ökologisch mehr Schaden als Nutzen an

Nein. Die Produktion von PV-Modulen, Wechselrichtern etc. kostet zwar Energie und belastet die Umwelt, während der Laufzeit wird aber ein Vielfaches der anfangs aufgewendeten Energie produziert. Der Betrieb verursacht zudem wesentlich weniger ökologischen Schaden als fossile Kraftwerke.

Am problematischsten sind aus ökologischer Sicht Batteriespeicher in der aktuell gängigsten Technik, also in Form von Lithium-Ionen-Zellen (siehe auch in Abschnitt 3.3, »Ökologische und ökonomische Kosten-Nutzen-Rechnung«). Gleichzeitig helfen gerade Batteriespeicher, die täglichen Schwankungen von Stromproduktion und -verbrauch auszugleichen.

Weitgehend ungelöst ist die Recycling-Frage: Was passiert mit PV-Modulen und Akkumulatoren, wenn deren Lebensdauer erschöpft ist?

Eine kleine Hausanlage bringt nichts bzw. zu wenig

Ja und nein. Richtig ist, dass weder das Balkonkraftwerk noch die private PV-Hausanlage alleine das Klima retten werden. Richtig ist aber auch, dass mit dem Budget einer Hausanlage auf der grünen Wiese deutlich mehr PV-Kapazität aufgebaut werden, also mehr bewirkt werden könnte.

Andererseits summiert sich der Ertrag vieler kleinen Anlagen. Die beiden Ansätze, also private Kleinanlagen versus kommerzielle Großanlagen, schließen sich keineswegs aus. Je dezentraler die Energieerzeugung erfolgt, desto weniger weit muss Strom transportiert werden.

Sicher ist: Zehn Häuser mit privaten PV-Anlagen und/oder hundert Balkonkraftwerke produzieren mehr Strom als eine große Anlage, die aufgrund komplizierter Bestimmungen oder mangelnden politischen Engagements gar nicht zustande kommt!

2021 betrugt der Anteil der Photovoltaik am Stromverbrauch in Deutschland 9 %. Zusammen mit anderen erneuerbaren Energien (vor allem Windkraft) betrug der Anteil 42 %. Laut Koalitionsvertrag (2021) soll der Anteil der erneuerbaren Energie bis 2030 auf 80 % steigen. *Jede* PV-Anlage hilft dabei mit!

Für PV-Großanlagen gibt es zu wenig Platz

Falsch. Um Ihr Haus mit selbst produziertem Strom zu versorgen, reichen in vielen Fällen 50 m^2 Dachfläche aus. PV-Module lassen sich auch in die Balkonüberdachung oder in die Fassade integrieren.

Die Aussage ist aber auch in einem größeren Zusammenhang falsch. In Deutschland bzw. in ganz Europa gibt es noch riesiges Potenzial für den Ausbau der Photovoltaik: auf den Häusern, in den Fassaden, entlang von Straßen, am Wasser (schwimmende Anlagen) und in der Landwirtschaft (teilweise überdachte Wiesen, wo zwischen den auf Ständern montierten Modulen Schafe, Ziegen oder Kühe weiden, siehe Abbildung 2.14).

Abbildung 2.14 PV-Anlagen und die landwirtschaftliche Nutzung schließen sich nicht aus.

Die ganze Wertschöpfung einer PV-Anlage findet in China statt

Teilweise richtig. Tatsächlich werden viele Grundbausteine (Halbleiter, Li-Ion-Zellen), aber auch fertige Produkte (Wechselrichter) in China und in anderen asiatischen Ländern produziert. China hat aktuell einen Weltmarktanteil von ca. 75 Prozent bei Solarzellen.

Gleichzeitig profitieren beim Bau von PV-Anlagen auch diverse europäischen Firmen, beispielsweise Fronius (Ö), FuturaSun (I) oder Kostal (D). Außerdem werden die Anlagen von europäischen Installateurinnen bzw. Solarteuren geplant, gebaut und gewartet – die dabei gutes Geld verdienen.

Zu guter Letzt: Wer Photovoltaik ablehnt, weil viele Komponenten in China produziert werden, darf konsequenterweise so gut wie kein elektronisches Produkt kaufen oder verwenden, vom Smartphone bis zum Auto.

Mit etwas Batteriespeicher kann jeder autark werden

Falsch. Bei den meisten Einfamilienhäusern gelingt es zwar relativ einfach (abhängig vom Dach!), mehr PV-Strom zu erzeugen, als über das Jahr verteilt verbraucht wird. Autark sind Sie deswegen aber noch lange nicht. Selbst wenn Sie viel Geld für einen großen Speicher investieren, wird es im Winter Schlechtwetterperioden geben, in denen Sie auf Strom aus dem öffentlichen Netz angewiesen sind. Eine echte Insellösung ist für Privathaushalte in praktisch allen Fällen ökonomisch wie ökologisch unsinnig.

PV-Anlagen sind sowieso nicht lieferbar

Na ja. Seit die Strompreise 2022 explodieren, hat ein neuer PV-Boom eingesetzt. Daher sind momentan manche Komponenten nicht lieferbar. Installateurbetriebe kämpfen damit, bereits abgeschlossene Aufträge abzuarbeiten. Die Lage wird sich aber wieder beruhigen. Beginnen Sie jetzt zu planen, und haben Sie etwas Geduld.

Photovoltaik scheitert an den gesetzlichen Hürden

Teilweise zutreffend. Grundsätzlich wird Photovoltaik vom Gesetzgeber mehr denn je gefördert. Dennoch gibt es noch viel Luft nach oben. Besonders trist ist die Lage bei Wohnanlagen, wo die Errichtung von PV-Anlagen oft schlicht an der Komplexität des Wohn- und Baurechts scheitert. Auch bei Balkonkraftwerken wären einfachere rechtliche Rahmenbedingungen hilfreich.

Photovoltaik scheitert an den Energieversorgern und Netzbetreibern

Leider teilweise auch zutreffend. Bevor Sie eine PV-Anlage bauen und Strom in das Netz des Energieversorgers einspeisen können, müssen Sie einen Netzanschluss beantragen (Deutschland) bzw. um eine Netzzusage ansuchen (Österreich). Wenn Sie Pech haben, teil Ihnen der Netzbetreiber mit, dass das örtliche Netz oder der nächste Transformator zu klein dimensioniert ist und dass Sie keinen Strom einspeisen dürfen. Damit ist der Traum von der PV-Anlage vorerst geplatzt. Natürlich bemühen sich die Netzbetreiber, ihre Netze zu verbessern, aber mitunter ist das Tempo zum Verzweifeln.

Kapitel 3
Speichersysteme

Das Grundproblem ist schnell skizziert: Die Sonne scheint nur tagsüber, Sie brauchen den Strom aber auch abends, in der Nacht und morgens (siehe Abbildung 3.1). Die Ertragskurve bildet einen Sommertag ab, die Verbrauchskurve einen typischen Haushaltstag mit Spitzen in der Früh, zu Mittag und am Abend. Naturgemäß werden beide Kurven je nach Wetter, Jahreszeit, PV-Ausrichtung und der Art der Hausnutzung unterschiedlich aussehen. Was bleibt, sind Zeiten mit zu viel und andere Zeiten mit zu wenig PV-Ertrag.

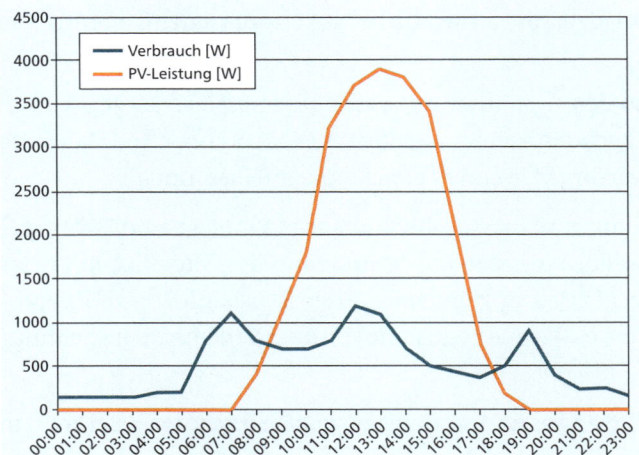

Abbildung 3.1 Obwohl insgesamt mehr Strom produziert als verbraucht wird, passen die Stromproduktion der PV-Anlage und der Stromverbrauch im Haushalt (jeweils in Watt) zeitlich nicht zusammen.

Es gibt zwei Möglichkeiten, mit dieser Situation umzugehen:

▶ **Nutzung an den Ertrag anpassen:** Im einfachsten Fall speisen Sie überschüssigen Strom tagsüber in das Netz Ihres Energieanbieters ein. Dafür werden Sie mit eher mickrigen Beträgen entlohnt. Wenn Ihre PV-Anlage abends oder morgens weniger Strom produziert, als Sie gerade brauchen, verbrauchen Sie Strom Ihres Energieanbieters, den Sie zu den üblichen Preisen bezahlen müssen.

Bei diesem Szenario ist es zweckmäßig, auf zwei Dinge zu achten: Erstens sollte Ihre PV-Anlage möglichst über den ganzen Tag verteilt Strom produzieren. Eine Anlage mit Ost-West-Ausrichtung ist da im Vorteil gegenüber einer mit rein nach Süden orientierten PV-Modulen.

Zweitens müssen Sie versuchen, möglichst viele energieintensive Vorgänge tagsüber zu erledigen, also z. B. den Geschirrspüler oder die Waschmaschine mittags einschalten oder das Warmwasser tagsüber erwärmen. Auch Ihr Elektroauto – falls vorhanden – sollten Sie tagsüber laden.

► **Energie tagsüber speichern und nachts verbrauchen:** Die Alternative besteht darin, überschüssige PV-Energie zur Tagesmitte zum Laden eines Stromspeichers zu verwenden. Sobald die Sonne untergeht, speisen Sie Ihren Haushalt mit Strom aus dem Speicher.

Bei entsprechender Dimensionierung sind Sie mit einem derartigen System vier Monate nahezu komplett autark. Für weitere zwei bis vier Monate benötigen Sie sehr wenig Strom von Ihrem Energieversorger. Nur im Winter, wenn Ihre PV-Anlage zu wenig Strom liefert, um Ihren Eigenbedarf zu decken und womöglich noch den Speicher aufzuladen, sind Sie wie bisher auf Strom aus dem öffentlichen Netz angewiesen.

Ein Speicher erhöht also den Grad Ihrer Autarkie vom Energieversorger. Je nach Ausführung haben Sie auch ein kleines Notstromsystem, können Ihr Haus also selbst dann mit Strom versorgen, wenn es einen (kurzen!) Blackout gibt.

In der extremsten Ausprägung wird die Kombination aus PV-Anlage und Stromspeicher zur sogenannten »Insellösung«, die auf die Nutzung des öffentlichen Stromnetzes ganz verzichtet. Für ganzjährig genutzte Häuser ist das nicht zielführend – sehr wohl aber für Almhütten, entlegene Messstationen oder Verkehrsüberwachungsanlagen.

Aktuell gibt es drei Technologien zur Realisierung von Speichersystemen. Bei Weitem am populärsten sind Lithium-Ionen-Speicher, die Sie von Ihrem Smartphone kennen und die auch in Elektroautos zum Einsatz kommen. Nur für Nischenanwendungen sind Blei-Säure-Akkus (traditionelle »Auto-Batterien«) geeignet. Eine ökologisch interessante, aber noch kaum verbreitete und nicht restlos ausgereifte Technik sind Salzwasserspeicher.

Dieses Kapitel beschäftigt sich mit den Vor- und Nachteilen von Speichersystemen. Auch wenn die Kombination aus PV-Anlage und Energiespeicher auf den ersten Blick naheliegend ist, spricht eine ganze Reihe von Gründen dagegen: Speichersysteme sind teuer, ihre Lebensdauer ist begrenzt, sowohl der ökologische Nutzen als auch die wirtschaftliche Rentabilität sind von vielen Faktoren abhängig und durchaus umstritten.

3.1 Speichertechnologien

In diesem Abschnitt erkläre ich Ihnen zuerst den Unterschied zwischen AC- und DC-Speichern und gehe dann auf die drei aktuell gängigen Technologien ein, um Energie in Form von Strom zu speichern: Umgangssprachlich werden diese Lithium-, Blei- und Salzwasser-Speicher genannt. Außerdem greife ich die Idee auf, statt eines hausinternen Speichers einen externen Speicher in Form eines Elektroautos zu verwenden.

AC- oder DC-gekoppelte Speicher

Die Abkürzungen AC und DC stehen für *Alternating Current* (Wechselstrom) und *Direct Current* (Gleichstrom). Wenn Sie Ihr Haus mit einer PV-Anlage ausstatten, dann sind sowohl Gleich- als auch Wechselstrom im Spiel:

▸ Die PV-Module produzieren Gleichstrom.

▸ Die Verbraucher in Ihrem Haus werden aber mit Wechselstrom betrieben, in der Regel mit einer Spannung von 230 Volt. Jede Haushaltssteckdose (»Schuko-Steckdose«) entspricht diesem Standard.

Großverbraucher wie der Herd oder die Wallbox für das Elektroauto werden dagegen oft mit »Starkstrom« betrieben: Dreiphasiger Wechselstrom mit einer Gesamtspannung von 380 Volt ermöglicht hier eine deutlich höhere Leistung.

Sie wissen schon, dass sich wegen der unterschiedlichen Stromarten zwischen der PV-Anlage und dem Stromkreis ein Wechselrichter befinden muss. Er wandelt Gleichstrom in Wechselstrom um.

Alle gängigen Energiespeicher arbeiten ebenfalls mit Gleichstrom. Sie müssen also mit Gleichstrom geladen werden und liefern beim Entladen wiederum Gleichstrom. Die Frage ist nun, wo der Speicher in dieses System integriert wird: Im Gleich- oder im Wechselstromzweig, also vor oder nach dem Wechselrichter:

▸ **DC-Speicher:** Naheliegend und bei Neuinstallationen üblich ist die Integration in den Gleichstromzweig (siehe Abbildung 3.2). Das erfordert einen speziellen Wechselrichter (je nach Hersteller auch »Hybridwechselrichter«). Manche Wechselrichter sind speziell für das Zusammenspiel mit populären Energiespeichern optimiert.

Vorteile von DC-Speichern sind geringere Umwandlungsverluste und bessere Steuerungsmöglichkeiten, insbesondere die Entscheidung darüber, wann (je nach PV-Ertrag und Verbrauch) der Speicher ge- und entladen wird.

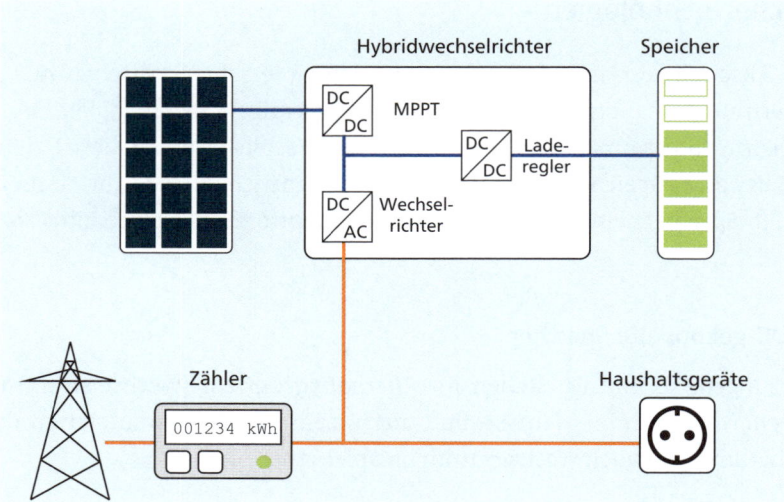

Abbildung 3.2 Schematischer Schaltplan für einen DC-Speicher

▶ **AC-Speicher:** Die Integration des Speichers in den Wechselstromkreis erfordert, dass der Stromspeicher einen eigenen Wechselrichter benötigt (siehe Abbildung 3.3). Effizienztechnisch ist das ein (kleiner) Nachteil, weil der Gleichstrom der PV-Module zuerst über den Wechselrichter der PV-Anlage in Wechselstrom umgewandelt und dann neuerlich zu Gleichstrom gemacht werden muss. Bei manchen Modellen sind der Wechselrichter und der Speicher in ein einziges Gerät integriert.

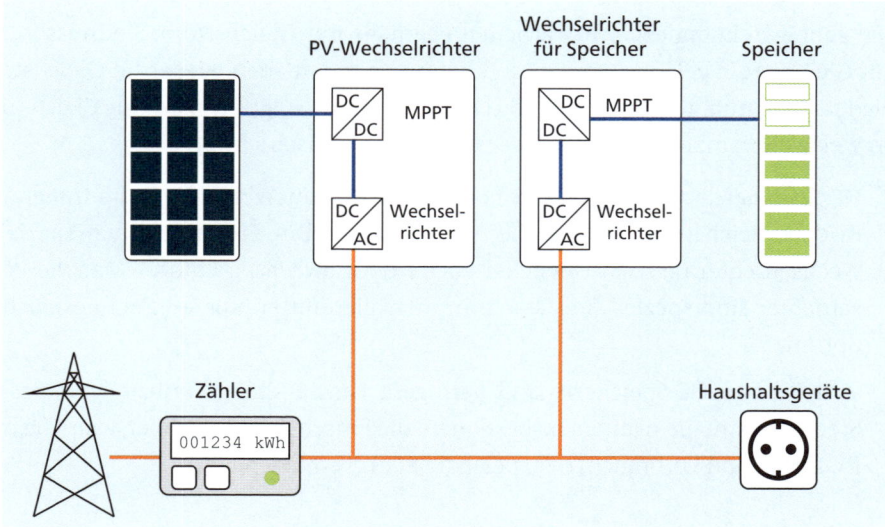

Abbildung 3.3 Schematischer Schaltplan für einen AC-Speicher

Der größte Vorteil von AC-Speichern besteht darin, dass sie relativ unkompliziert in bestehende Anlagen integriert werden können, bei denen der PV-Wechselrichter keine Funktionen zum Laden/Entladen eines Speichers enthält.

Die meisten Energiespeicher funktionieren bei gemäßigter Temperatur am besten. Es soll also weder besonders heiß noch sehr kalt sein (und schon gar nicht unter dem Gefrierpunkt). Aus diesem Grund werden PV-Speicher nach Möglichkeit innen platziert, idealerweise in einem trockenen Technikraum im Keller.

Es gibt keinen »AC-Speicher«

Die Bezeichnungen *AC-* und *DC-Speicher* haben sich zwar in der Photovoltaikwelt als Begriffe etabliert, sind aber irreführend. Alle gängigen Akkumulatortypen arbeiten mit Gleichstrom, sind also DC-Speicher.

Im Kontext dieses Buchs differenzieren die Begriffe *AC-* und *DC-Speicher* nur, an welcher Stelle der Speicher in den Stromkreis integriert ist. Exakter, aber eben auch umständlicher wären die Bezeichnungen *DC-gekoppelter Speicher* bzw. *AC-gekoppelter Speicher*.

Lithium-Ionen-Akkus

Losgelöst davon, wie der Speicher in den Stromkreis integriert wird, gibt es unterschiedliche Speichertechnologien. Bei Weitem am populärsten sind gegenwärtig Lithium-Ionen-Akkumulatoren (kurz Akkus). Der Name leitet sich vom zugrunde liegenden chemischen Prozess ab, bei dem sich Lithium-Ionen innerhalb des Akkumulators frei bewegen können.

Lithium-Ionen-Akkus zeichnen sich durch eine besonders hohe Energiedichte aus. Sie werden deswegen sowohl in Haushaltselektronik (Smartphones, Notebooks) als auch in Elektroautos verwendet – also immer dann, wenn viel Energie auf möglichst kleinem Platz gespeichert werden soll.

Innerhalb der Gruppe der Lithium-Ionen-Akkus gibt es diverse Varianten. Bei Speicher für PV-Anlagen ist die Platz- und Gewichtoptimierung nicht so wichtig wie bei Smartphones oder Autos. Deswegen kommen für PV-Speicher oft Lithium-Eisenphosphat-Akkus zum Einsatz (Abkürzungen: LFP- oder $LiFePO_4$-Akku). Ein moderner LFP-Akku mit 10 kWh Kapazität beansprucht ca. 60 cm × 30 cm × 110 cm Platz und wiegt etwa 160 kg.

Zwar ist die Energiedichte von LFP-Akkus im Vergleich zu klassischen Lithium-Ionen-Zellen nicht ganz so hoch, dafür haben sie aber andere Vorteile: Sie sind chemisch stabiler, weniger anfällig für Brände und frei von Schwermetallen wie Kobalt. Das ändert allerdings nichts daran, dass der Abbau von Lithium und die Erzeugung von

Lithium-Ionen-Akkus – egal, welchen Typs – energieintensiv und nicht besonders umweltfreundlich sind.

Wenn wir schon bei den Nachteilen der Lithium-Ionen-Technik sind: Die Lebensdauer der Akkus ist begrenzt. Manche Hersteller gewähren eine Garantie von zehn Jahren, während der die Speichermenge auf einen bestimmten Prozentsatz sinken darf (typischerweise auf 60 bis 80 Prozent). Wenn Sie einen Speicher mit 10 kWh kaufen, bleiben davon nach zehn Nutzungsjahren womöglich nur noch 7 kWh übrig.

Kopfzerbrechen bereitet auch die von Lithium-Ionen-Akkumulatoren ausgehende Brandgefahr. Zwar kommt es statistisch gesehen äußerst selten zu einem Brand (ausgelöst zumeist durch defekte Batteriezellen), aber wenn ein derartiges Ereignis eintritt, ist der Schaden riesig. Deswegen sollten Sie vor allem ältere Speicher regelmäßig warten lassen.

Bleiakkus

Bei Bleiakkus befinden sich zwei Bleiplatten in einem Elektrolyt aus Schwefelsäure. Das elektrochemische Prinzip ist seit über 200 Jahren bekannt, entsprechend ausgereift und weit verbreitet ist die Technik: Nahezu jedes herkömmliche Auto verwendet einen Bleiakku als Starterbatterie.

Die Zutaten eines Bleiakkus sind giftig und ökologisch bedenklich, lassen sich aber immerhin leichter recyceln als die von Lithium-Ionen-Akkus. Dennoch werden Bleiakkus nur in Ausnahmefällen als PV-Speicher verwendet: Im Vergleich zu Lithium-Ionen-Akkus sind sie schwerer, nehmen mehr Platz ein, altern schneller (weniger Ladezyklen), müssen belüftet werden, haben eine höhere Selbstentladung und können nur zu einem geringeren Ausmaß entladen werden (hohe Differenz zwischen Gesamtkapazität und nutzbarer Kapazität).

Salzwasserspeicher und Natrium-Ionen-Akkus

Salzwasserspeicher (Natrium-Ionen-Akkus, im Englischen *Sodium-ion Batteries*) sind die Zukunftshoffnung all jener, die auf der Suche nach einer ökologisch unbedenklichen Speichertechnologie sind. Die für den Akkutyp erforderlichen Grundmaterialien Wasser und Natrium stehen im Überfluss zur Verfügung und sind ungiftig.

Bisher konnte sich die Technik allerdings nicht in nennenswertem Ausmaß etablieren. Das liegt an dem im Vergleich zu Lithium-Ionen-Akkus viel höheren Platzbedarf, der geringeren Leistungsabgabe (relativ langsames Laden/Entladen) und der geringeren Effizienz (höhere Verluste beim Laden/Entladen). Der Platzbedarf für einen am Markt erhältlichen Salzwasserspeicher mit 10 kWh Kapazität (dreiphasig, inklusive Wechselrichter) beträgt ca. 90 cm × 90 cm × 190 cm. Die Akkublöcke samt Steuerungselektronik haben ein Gewicht von etwa 300 kg.

Aktuell gibt es nur wenige Anbieter für Salzwasserspeicher, die wiederum mit Lieferproblemen kämpfen. Auch wenn Salzwasserspeicher also noch in der Experimentierphase stecken, ist es zu früh, die Technik als solche ganz abzuschreiben: Manche prinzipbedingten Nachteile, z. B. der höhere Platzbedarf und die geringere Lade-/ Entladegeschwindigkeit, sind für den Einsatz als PV-Speicher zweitrangig. Aktuell scheitert der Einsatz primär an der Speichereffizienz sowie an der Produktion und Vermarktung einsatzfähiger Produkte.

Während Salzwasserspeicher ein wässriges Elektrolyt verwenden, werden auch Natrium-Ionen-Akkus mit organischen Elektrolyten intensiv erforscht. Sie haben in ihrer Bauweise und bei der Produktion starke Ähnlichkeiten mit den etablierten Lithium-Ionen-Speicher. Wenn man aktuellen Berichten glauben darf, sind die Chancen auf eine weite Verbreitung deutlich besser als bei Salzwasserspeichern:

https://www.golem.de/news/akkutechnik-die-revolution-der-natrium-akkus-wird-absehbar-2210-168344.html

Beinahe marktreif: Der Wunderakku!

Wenn Sie in Google nach Akku- und Speichertechnologien suchen, stoßen Sie unweigerlich auf Artikel, die über den neuen Wunderakku berichten: Er lässt sich schnell laden, verliert auch bei vielen Ladezyklen kaum an Kapazität, ist unbrennbar und wird umweltfreundlich aus kostengünstigen Materialien hergestellt. Der Akku ist zudem beinahe serienreif.

Leider gilt: Was zu gut ist, um wahr zu sein, ist meistens auch nicht wahr. Natürlich freue ich mich auch auf den nächsten technologischen Durchbruch. Dennoch sollten Sie sich nicht von Zukunftsversprechungen beeinflussen lassen, wenn Sie gerade vor der Entscheidung für den Kauf eines PV-Speichers stehen: Relevant sind nur Speicher(technologien), die ausgereift, erprobt und jetzt verfügbar sind.

Das Elektroauto als PV-Speicher

Vielleicht besitzen Sie schon ein Elektroauto, oder Sie planen, in den nächsten Jahren eines anzuschaffen. Dann verfügen Sie je nach Modell über einen Akku mit einer Kapazität zwischen 20 und 70 kW. Das ist deutlich mehr, als bei einer privaten PV-Anlage üblich (und sinnvoll) ist. Was liegt näher, als den Akku des Autos als Speicher für Ihre PV-Anlage zu verwenden (siehe Abbildung 3.4) – nahezu ohne Zusatzkosten?

Die Idee ist verlockend, aber es gibt ein paar Hürden:

▶ **Zeitliche Verfügbarkeit:** Das Elektroauto als Speicher ist nur zweckmäßig, wenn es die meiste Zeit bei Ihrem Haus steht und über eine Wallbox mit dem Stromnetz verbunden ist – tagsüber zum Laden und nachts als Stromquelle. Wenn Sie oder andere Familienmitglieder täglich mit dem Auto in die Arbeit fahren, funktioniert dieses Konzept nicht (oder nur in einem größeren Maßstab, siehe die folgende Überschrift »Vehicle-to-Grid«).

▶ **Ladeverluste:** Die Integration des Akkus eines Elektroautos funktioniert ähnlich wie ein AC-Speicher (siehe Abbildung 3.4). Beim Laden des Akkus wird Gleichstrom der PV-Anlage zuerst in Wechselstrom umgewandelt, zur Wallbox geleitet und dort oder im Auto wieder zurück in Gleichstrom umgewandelt. Beim Entladen fließt der Strom in die umgekehrte Richtung.

▶ **Kein etablierter Standard:** Aktuell sind nur wenige Elektroautos in der Lage, Strom aus den internen Akkus in größeren Mengen nach außen abzugeben. Der Fachbegriff dafür lautet *Vehicle-to-Home* (V2H). Die ganze Schaltungstechnik des Elektroautos ist zumeist nur dafür optimiert, den Strom *im* Auto zu nutzen (Antrieb, Heizung, Klimaanlage).

Dieses Dilemma spiegelt sich auch bei den Ladesteckern wider: Der internationale Ladestandard *Combined Charging System*, dem aktuell die meisten Elektroautos entsprechen, sieht nur einen unidirektionalen Energietransport vor (sprich: das Laden des Auto-Akkus). Eine Erweiterung des CCS-Standards im Hinblick auf bidirektionale Nutzung ist immerhin in Planung (ISO 15118).

Lediglich der in Japan entwickelte Standard *CHAdeMO* war von Anfang an für den bidirektionalen Transport vorgesehen. Autos mit CHAdeMO-Stecker könnten also in Kombination mit einer (teuren) bidirektionalen Wallbox als PV-Speicher verwendet werden.

Selbst unter diesen Voraussetzungen sind die Akkus von Elektroautos nicht als PV-Speicher ausgelegt. Durch die Zweckentfremdung können sich eine Menge zusätzlicher Lade-/Entlade-Zyklen ergeben, die die Lebensdauer der Akkus und eventuell auch der damit verbundenen Leistungselektronik verkürzen. Bei einer Schadensabwicklung wird der Auto-Hersteller womöglich argumentieren, dass eine vorschnelle Akku-Alterung aufgrund der unüblichen Verwendung nicht durch die Garantie abgedeckt ist.

Dessen ungeachtet ist die Verwendung eines Auto-Akkus als PV-Speicher natürlich ein wichtiges Forschungsthema, an dem sowohl Autohersteller als auch Energieversorgungsunternehmen ein großes Interesse haben. Zuletzt wurden Informationen über ein Pilotprojekt bekannt, das BMW und E.ON in München durchführen – wenn auch nur mit zwei (!) Testfamilien:

https://www.pv-magazine.de/2022/09/07/bmw-und-eon-starten-pilotprojekt-zum-bidirektionalen-laden-in-privathaushalten

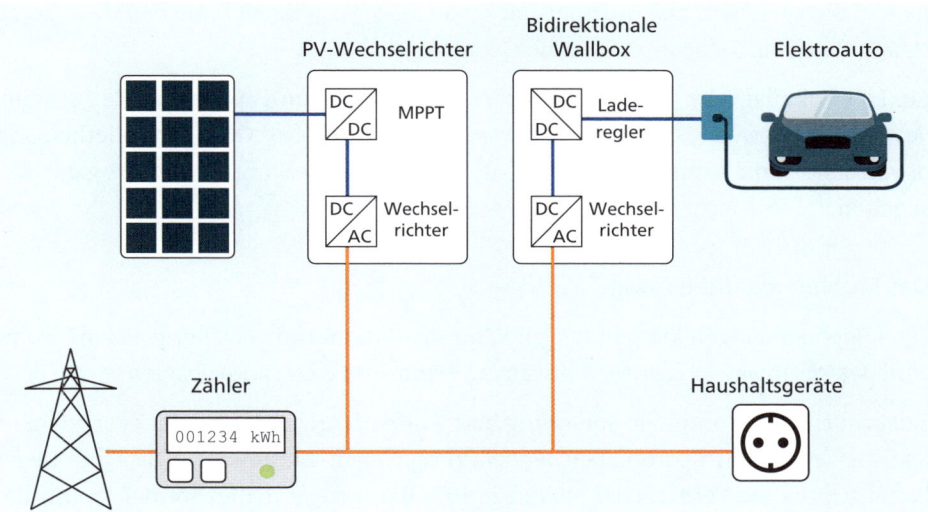

Abbildung 3.4 Das Elektroauto als PV-Speicher

Vehicle-to-Grid (V2G)

Was noch nicht ist, kann vielleicht noch werden. Über das Potenzial von Hunderttausenden Elektroautos zur Stabilisierung von Stromnetzen wird schon seit einem Jahrzehnt nachgedacht. Die gesammelte Akkukapazität aller Elektroautos könnte durchaus helfen, Leistungsschwankungen im Stromnetz auszugleichen – also nicht nur privat bei Ihrer PV-Anlage, sondern volkswirtschaftlich gedacht in ganzen Regionen/Netzen. Für diesen Denkansatz hat sich der Begriff *Vehicle-to-Grid* (V2G) etabliert. Von diesem Konzept könnten alle Beteiligen profitieren, Betreiber von Energieversorgungsunternehmen ebenso wie Autobesitzerinnen.

Bevor es dazu kommt, gilt es einige Hindernisse zu überwinden: Zuerst muss der CCC-Standard um bidirektionale Funktionen ergänzt werden. Dann müssen E-Autos bzw. deren Akkus im Hinblick darauf, bei Bedarf Strom nach außen abzugeben, neu gedacht werden. Zuletzt sind zur Steuerung und Abrechnung der Be- und Entladung noch einmal neue Standards und APIs erforderlich. (Die Komplexität und der Entwicklungsaufwand von Software wurden schon oft unterschätzt.) Kurz und gut: Hier ist noch viel Geduld erforderlich.

Warmes Wasser statt Strom speichern

Bevor Sie Geld in einen Stromspeicher investieren, sollten Sie überdenken, wie Sie Ihr Brauchwasser erwärmen. Wenn Sie dazu einen Elektroboiler oder eine Wärmepumpe verwenden, sollten Sie das Brauchwasser tagsüber erwärmen. Mit einem Pufferspeicher können Sie das Wasser ein, bei großen Modellen sogar zwei Tage lang warm halten. Sie speichern also Wärme statt Strom. Der Vorteil: Sie brauchen dazu keine teuren Batterien (oder zumindest nur kleinere).

Ein Elektroboiler oder eine Warmwasserwärmepumpe kann eine sinnvolle Zusatzinvestition sein, wenn Sie das Brauchwasser mit Ihrer Gas-, Öl- oder Pelletheizung erwärmen: Dann können Sie die Heizung während der Sommermonate ganz ausschalten.

Das Problem der Steuerung

Die folgenden Fragen klingen trivial: Wann wird der Stromspeicher geladen? Wann wird das Warmwasser elektrisch erwärmt? Wann wird das E-Auto geladen?

Tatsächlich ist die optimale Steuerung bzw. Priorisierung umso schwieriger, je mehr Speicher es gibt (PV-Stromspeicher, Wärmespeicher, Auto-Akku). Die Grundregel lautet: Optionale Verbraucher sollten immer dann zugeschaltet werden, wenn die PV-Anlage mehr Strom produziert, als im Haushalt verbraucht wird. Üblicherweise kümmert sich der Wechselrichter um die zentrale Steuerung aller Komponenten (siehe auch Abschnitt 2.6, »PV-Strom messen und steuern«).

3.2 Speicherdimensionierung

Welche PV-Speichergröße ist zweckmäßig? Die Beantwortung dieser Frage hängt natürlich stark davon ab, was Sie bezwecken möchten. Wenn Sie im Notfall tagelang autark sein möchten, brauchen Sie einen riesigen Speicher. Aus ökologischer bzw. ökonomischer Sicht ist das aber nicht zweckmäßig. (Entsprechende Kosten/Nutzen-Rechnungen folgen im nächsten Abschnitt.)

Stromspeicher für private PV-Anlagen haben häufig zwischen 5 und 15 kWh Kapazität. Abbildung 3.5 hilft dabei, die Energiemengen besser einzuordnen. Wie immer handelt es sich um Beispielgrößen: Es gibt natürlich auch Elektroautos mit kleineren oder größeren Akkus etc. Der Akku von einem Smartphone ist mit ca. 15 Wh = 0,015 kWh wiederum so klein, dass er in dem Diagramm gar nicht mehr sinnvoll dargestellt werden kann.

Üblicherweise besteht das Ziel eines Energiespeichers, den Eigenverbrauch zu erhöhen, also das eigene Haus zumindest während der Sommerhälfte des Jahres ganztägig mit PV-Strom zu versorgen. Um dieses Ziel zu erreichen, muss der Speicher ca. so viel Energie fassen, wie Sie zwischen 17 Uhr und 7 Uhr verbrauchen. 50 % des durchschnittlichen Tagesenergiebedarfs sind ein guter erster Richtwert – vorausgesetzt natürlich, dass Ihre PV-Anlage an einem Sonnentag genug Energie erzeugt, um sowohl den aktuellen Bedarf zu decken als auch den Speicher zu füllen.

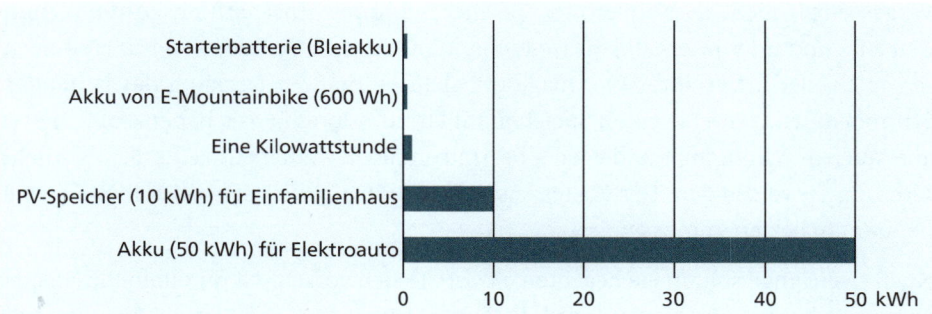

Abbildung 3.5 Einordnung der Kapazität eines PV-Speichers für ein Einfamilienhaus

Dieser Richtwert spiegelt sich auch in Tabelle 3.1 wider. Die hier zusammengefassten Daten wurden von der Hochschule für Technik und Wirtschaft (HTW) Berlin errechnet und in der Studie »Stromspeicher-Inspektion 2022« veröffentlicht. Beispielsweise empfiehlt die HTW bei einem jährlichen Stromverbrauch von 6000 kWh pro Jahr (das sind also ca. 16,5 kWh pro Tag) eine Speichergröße von maximal 9 kWh. Nur wenn die PV-Anlage sehr klein ist (4 kWp), sollte auch der Speicher kleiner dimensioniert werden.

PV-Anlage/Strombedarf	4000 kWh/a	6000 kWh/a	8000 kW/a
4 kWp	6 kWh	6 kWh	6 kWh
6 kWp	6 kWh	9 kWh	9 kWh
8 kWp	6 kWh	9 kWh	12 kWh
10 kWp oder höher	6 kWh	9 kWh	12 kWh

Tabelle 3.1 Sinnvolle Obergrenze des Speichers je nach Leistung der PV-Anlage (linke Spalte) und jährlichem Strombedarf (obere Zeile)

Mehr Speicher brauchen Sie, wenn Sie über Nacht Ihr Elektroauto aufladen möchten, wenn Sie andere große Verbraucher in der Nacht haben oder wenn Sie auch einen sommerlichen Regentag mit möglichst viel »eigener« Energie überbrücken möchten. Mehr Speicher kann auch sinnvoll sein, um für einen zukünftig höheren Verbrauch (Elektroauto, Klimaanlage) gewappnet zu sein oder um die im Laufe der Jahre zu erwartenden Verluste der Speicherkapazität vorausschauend zu kompensieren.

Auch wenn die Ertrags- und die Verbrauchskurven schlecht zueinander passen, können Sie den Speicher ein wenig großzügiger dimensionieren. Das Musterbeispiel dazu: Ihre PV-Module sind ausschließlich nach Süden ausgerichtet. Unter der Woche verlassen aber alle Familienmitglieder das Haus und kommen erst am Nachmittag oder Abend zurück. Sie produzieren also viel Solarstrom zur Mittagszeit, verbrauchen den Strom aber überwiegend in den Morgen- und Abendstunden.

Vergessen Sie nicht, dass ein großer Speicher mit hohen Anschaffungskosten verbunden ist – und im Winterhalbjahr weitgehend nutzlos ist. Gerade rund um Weihnachten reicht der Ertrag Ihrer PV-Anlage oft nicht einmal zur Deckung des laufenden Strombedarfs. Wenn Sie einen Speicher auf Lithium-Ionen-Basis haben, sollte dieser aber auch im Winter hin- und wieder be- und entladen werden, um eine allzu schnelle Alterung zu vermeiden. Das kostet zusätzlichen Strom, den Sie von Ihrem Energielieferanten beziehen müssen.

Noch zwei Dinge sollten Sie beachten, bevor Sie sich vorschnell für einen Riesenspeicher entscheiden: Zum einen wird die Lebensdauer des Speichers (10 bis maximal 15 Jahre) voraussichtlich deutlich geringer sein als die Ihrer Gesamtanlage (20 bis im Idealfall vielleicht 30 Jahre). Zum anderen stecken Sie in jeden Speicher mehr Energie hinein, als Sie herausholen können. Die Verluste treten sowohl im Wechselrichter als auch direkt im Akku auf. Im Idealfall beträgt die Energieeffizienz 90 bis 95 Prozent. Wenn Sie also 10 kWh zum Laden verwenden, können Sie 9 bis 9,5 kWh wieder entnehmen. Je nach Alter und Speichertechnik (das gilt speziell für Salzwasserspeicher) kann die Energieeffizienz aber auch deutlich kleiner sein.

Tatsächlich nutzbare Kapazität

Um eine hohe Lebensdauer zu erzielen, sollten Lithium-Ionen-Akkus nie vollständig entleert werden. Deswegen geben manche Hersteller zwei Kapazitäten an, eine Gesamtkapazität und eine oft deutlich geringere nutzbare Kapazität. Berücksichtigen Sie den zweiten Wert bei der Dimensionierung des Speichers!

Beispielrechnung 1

Ausgangspunkt für das erste Beispiel ist ein Einfamilienhaus samt geplanter PV-Anlage mit folgenden Daten:

▶ Jahresenergiebedarf: 4100 kWh (Pelletheizung und -warmwasser, kein Elektroauto)

▶ PV-Anlage: Südsüdwest mit 40 Grad Neigung, 6 kWp Spitzenleistung

Der typische Tagesbedarf beträgt damit 4100 kWh / 365, also gut 11 kWh. Weil kaum Strom für die Heizung benötigt wird, wird der Strombedarf nur wenig zwischen Sommer und Winter variieren. Eine sinnvolle Speichergröße liegt zwischen 5 und 7 kWh. Für die weitere Berechnung habe ich mich am unteren Ende orientiert und gehe von 5 kWh aus.

Jetzt sollten Sie noch kurz kontrollieren, ob es Ihrer PV-Anlage überhaupt gelingt, diesen Speicher aufzuladen: Bei 6 kWp wird Ihre Anlage ca. 6000 kWh produzieren, den Großteil davon natürlich im Sommerhalbjahr. (In Süddeutschland oder Österreich wird der Ertrag höher sein, in Norddeutschland etwas niedriger.) Nehmen wir an, dass Sie 4000 kWh an 180 Tagen rund um den Sommer produzieren – das sind dann durchschnittlich 22 kWh. Das ist mehr als genug, um den Tagesbedarf zu decken und den Speicher zu laden. Im Hochsommer werden Sie einigen Überschussstrom an Ihren Energieversorger abgeben, und selbst im Frühjahr und Herbst wird genug Strom übrig bleiben, um den Speicher wenigstens teilweise zu füllen.

Es gibt im Internet verschiedene Online-Rechner, die bei der Dimensionierung von PV-Anlagen helfen (siehe auch die Links etwas weiter unten). Ich habe die Seite *https://pvaustria.at/sonnenklar_rechner* für den Standort Wien mit den Daten dieses Beispiels gefüttert und so die Daten für Abbildung 3.6 errechnet.

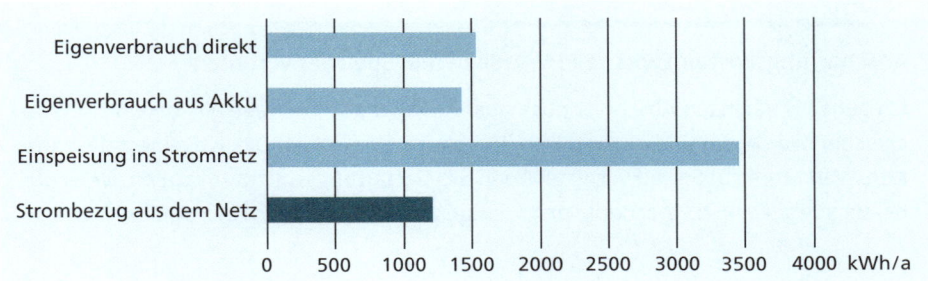

Abbildung 3.6 Eigenverbrauch sowie Einspeisung in das und Strombezug aus dem Netz

Beispielrechnung 2

Ausgangspunkt für das zweite Beispiel sind die folgenden Eckdaten:

▶ Jahresenergiebedarf: 9300 kWh (Heizung mit Wärmepumpe, kein Elektroauto)
▶ PV-Anlage: Ost-West-Anlage mit 20 Grad Neigung, 10 kWp Spitzenleistung

Der durchschnittliche Tagesbedarf beträgt hier etwas über 25 kWh. Wegen der Heizung ist zu erwarten, dass im Winter wesentlich mehr Strom verbraucht wird als im Sommer – vielleicht 34 kWh pro Tag im Winter, aber nur 16 kWh im Sommer. (Idealerweise haben Sie für Ihr Haus genauere Daten, wie der Stromverbrauch über den Jahresverlauf variiert.)

Bei der Dimensionierung des Speichers ist es sinnvoll, das Sommerhalbjahr im Auge zu behalten. Für diese Jahreszeit wird ein Speicher von 8 bis 10 kW ausreichen. Ein größerer Speicher für das Winterhalbjahr wird Ihnen wenig bringen, weil Sie ohnedies nicht genug PV-Strom produzieren, um den Tagesbedarf zu decken *und* den Speicher zu füllen.

Die Daten für Abbildung 3.7 stammen wieder aus dem vorhin erwähnten Online-Rechner. Als Speichergröße habe ich 10 kWh angegeben. Beachten Sie, dass der Rechner die spezifischen Verbrauchseffekte durch die Wärmepumpe nicht modelliert. Im Winter wird der Strombezug aus dem Netz vermutlich höher ausfallen als vom Online-Rechner vorhergesagt.

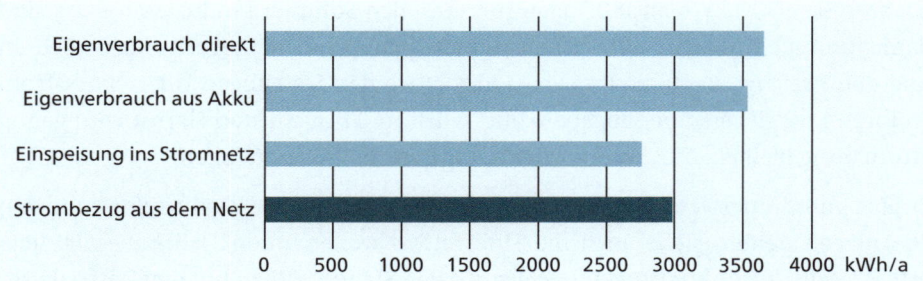

Abbildung 3.7 Eigenverbrauch sowie Einspeisung in das und Strombezug aus dem Netz

---

Anschaffungskosten zwischen PV-Anlage und Speicher verteilen

Ich gehe im nächsten Abschnitt noch ausführlicher auf die Frage ein, ob ein Energie-speicher ökologisch und ökonomisch überhaupt sinnvoll ist. Das ist keinesfalls ganz selbstverständlich! So viel vorweg: Wenn Sie Gestaltungsspielraum haben, ist es oft besser, mehr Geld in PV-Module und weniger in den Speicher zu investieren!

Elektroauto

Wie beeinflusst ein Elektroauto die Speicherdimensionierung? Das hängt vom Nut-zungsverhalten ab. Wenn das Auto viel zu Hause steht, bringt ein größerer Speicher nichts. Vielmehr kann das Auto tagsüber geladen werden, sollte dies erforderlich sein. Ist das Auto aber tagsüber unterwegs und soll in der Nacht geladen werden, dann wird ein größerer Speicher – zumindest in den Sommermonaten – den Autarkiegrad ver-bessern.

Überlegen Sie, wie viel kWh Sie voraussichtlich täglich laden müssen. Wenn Sie bei-spielsweise pro Tag 60 km fahren, wird der tägliche Ladebedarf für das Auto bei rund 10 kWh liegen – abhängig natürlich vom Automodell und Ihrer Nutzungsweise. Eine ausreichend große PV-Anlage vorausgesetzt, müssten Sie den PV-Speicher um gut 10 kWh größer dimensionieren als in den obigen Musterrechnungen. Ob sich das wirt-schaftlich lohnt, ist zweifelhaft.

Doppelte Ladeverluste

Beachten Sie, dass sich die Verluste beim Laden/Entladen/Laden summieren: Tags-über laden Sie Ihren PV-Speicher. Nachts wandeln Sie dessen Energie in Wechselstrom um, machen in der Wallbox oder im Auto daraus wieder Gleichstrom und laden des-sen Akku. Geschätzt brauchen Sie für die 10 kWh, die im Akku Ihres Autos ankommen sollen, rund 12 bis 13 kWh Ertrag von Ihrer PV-Anlage.

PV-Rechner im Internet

Es gibt im Internet diverse Seiten mit Online-Rechnern, die bei der Dimensionierung der ganzen PV-Anlage oder speziell des Speichers helfen. Bei manchen Rechnern können Sie den Anlagenstandort frei wählen, bei anderen ist er auf bestimmte Regionen eingeschränkt. (Der Standort ist wichtig, weil dann die durchschnittliche Anzahl der Sonnenstunden und der Einfallwinkel berücksichtigt werden können.) Die folgenden Links stellen nur eine Auswahl dar. Wenn Sie in Ihrem Webbrowser nach *PV Rechner* suchen, finden Sie diverse weitere Seiten:

https://solar.htw-berlin.de/rechner (diverse Rechner, meist ohne Standort)
https://verbraucherzentrale.nrw/solarrechner (ohne Standort)
https://pvaustria.at/sonnenklar_rechner (Standort Wien)
https://rechner.sonnen.de/sonnenrechner (Deutschland)
https://www.e3dc.com/konfigurator (DACH)
https://creator.fronius.com (weltweit, sehr detailliert)

Nachdem Sie die Eckdaten Ihres geplanten Projekts eingegeben haben, liefern die Rechner zumeist die folgenden Daten (die genauen Bezeichnungen variieren):

▶ **Eigennutzung direkt:** Strom der PV-Anlage, der direkt genutzt wird

▶ **Eigennutzung über den Akku:** Strom aus dem Speicher, der zuvor mit der PV-Anlage geladen wurde

▶ **Netzeinspeisung:** Strom der PV-Anlage, der lokal nicht verwendet werden konnte (Akku bereits voll) und ins Netz eingespeist wurde

▶ **Netzbezug:** Strom aus dem Netz, der bezogen wird, wenn keine Sonne scheint und der Akku leer ist

▶ **Autarkiegrad:** Diese Zahl gibt an, wie viel Prozent des benötigten Stroms Sie selbst erzeugen können (inklusive Strom aus dem Akku). Ein hoher Autarkiegrad ist natürlich gut, ist aber mit einem großen Speicher und hohen Anschaffungskosten verbunden. Wenn das Ergebnis 80 % lautet, müssen Sie 20 % Ihres Strombedarfs vom Netz beziehen (und das überwiegend im Winter, wenn die Strompreise am höchsten sind).

▶ **Eigenverbrauchsquote:** Dieser Wert gibt an, wie viel Prozent des durch die PV-Anlage erzeugten Stroms Sie selbst nutzen. Den Rest speisen Sie ins Netz ein und bekommen dafür ein paar Cent pro kWh.

Auch die Eigenverbrauchsquote sollte möglichst hoch sein – allerdings mit Einschränkungen: Eine Eigenverbrauchsquote von nahezu 100 Prozent erreichen Sie nur, wenn Sie Ihre Anlage sehr klein dimensionieren. Sie nutzen Ihre kleine Anlage zwar optimal aus, müssen darüber hinaus aber viel Strom aus dem Netz beziehen.

Je höher der Autarkiegrad, desto kleiner wird die Eigenverbrauchsquote (weil Sie Ihre Anlage überdimensionieren, wenn Sie auch in der Übergangszeit möglichst wenig Strom aus dem Netz beziehen wollen).

Letztlich sind Sie auf der Suche nach einem Kompromiss, bei dem natürlich auch die Anschaffungskosten und die Rentabilität stimmen müssen.

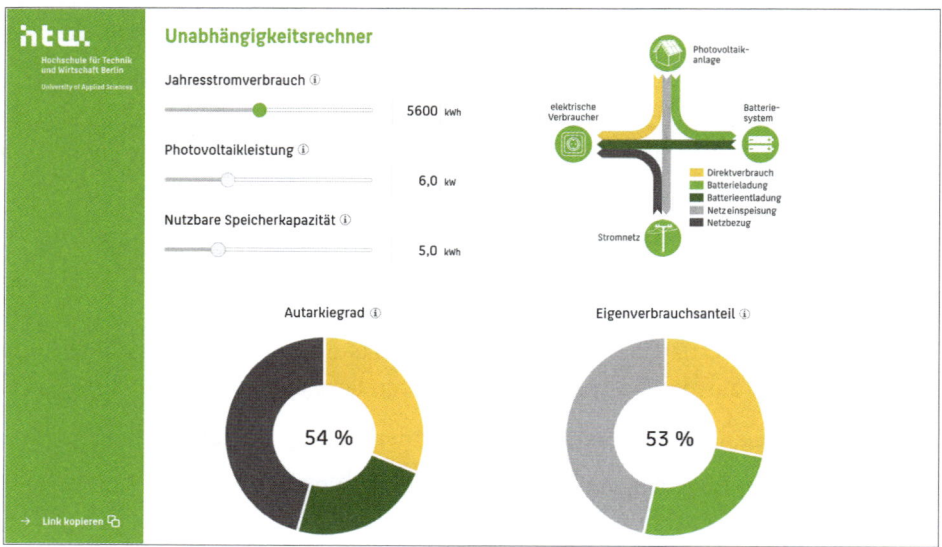

Abbildung 3.8 Der Unabhängigkeitsrechner der HTW Berlin schätzt aus nur drei Parametern (Stromverbrauch, PV-Leistung und Speicherkapazität) den Autarkiegrad und den Eigenverbrauchsanteil ab.

Die Online-Rechner können den Stromverbrauch und -ertrag nur abschätzen. Viel hängt von lokalen Gegebenheiten ab, von der Art Ihrer Heizung, der Verschattung Ihrer PV-Anlage, der Verteilung des Stromverbrauchs tagsüber sowie zwischen den Jahreszeiten. Es ist unmöglich, alle diese Faktoren exakt zu modellieren. Das ist aber nicht schlimm: Die Rechner sind in jedem Fall gut genug, um zumindest die richtige Größenordnung abzuschätzen. Wenn Ihnen Ihr Installateur also einen Speicher mit 10 kWh anbietet, der Online-Rechner aber 5 kWh als optimal ansieht, sollten Sie zumindest nachfragen.

Fronius-Online-Rechner

Manche Online-Rechner werden von PV-Vereinen oder Hochschulen betrieben und sind eine neutrale Hilfestellung zur Dimensionierung von PV-Anlagen. Andere Online-Rechner befinden sich auf den Webseiten von Energieversorgern oder von Herstellern von PV-Produkten. Diese Rechner erfüllen natürlich auch eine Werbefunktion. In die Berechnung fließen dann die Daten eigener Tarife oder Produkte ein, die Ergebnisseite gibt Produktempfehlungen ab etc.

Ein Spezialfall ist die Seite *https://creator.fronius.com* der Firma Fronius, die Wechselrichter für PV-Anlagen herstellt. Der Online-Rechner (siehe Abbildung 3.9) richtet sich explizit an PV-Profis bzw. an Elektrofachbetriebe. In mehreren Schritten müssen Sie die Daten Ihres geplanten Projekts äußerst detailliert angeben. Unter anderem müssen Sie festlegen, wie viele PV-Module welchen Herstellers auf welchem Dach (Ausrichtung, Neigung) montiert werden.

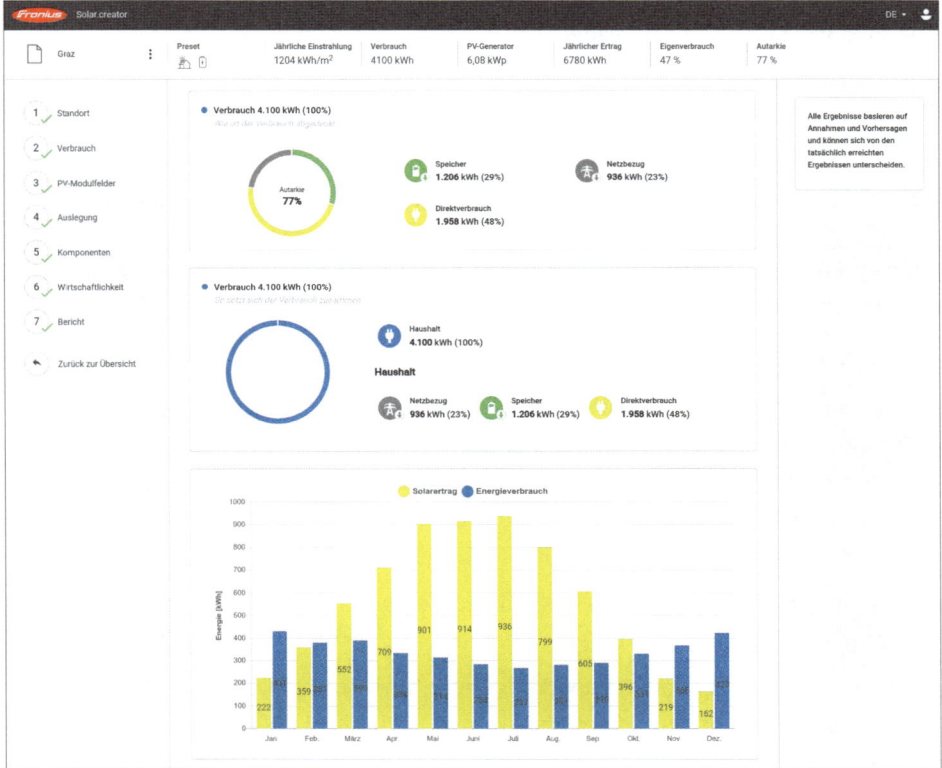

Abbildung 3.9 Ergebnisseite des Fronius-Online-Rechners

Im nächsten Schritt schlägt die Seite passende Fronius-Wechselrichter vor und berechnet dann die erzielbare Leistung der Anlage. Sofern Sie vorher einen kostenlosen Account eingerichtet haben, können Sie Ihre Projekte dauerhaft speichern und vergleichen.

Natürlich ist der Fronius-Online-Rechner dahingehend optimiert, die eigenen Wechselrichter ins rechte Licht zu stellen. Gleichzeitig gibt es aktuell aber keine andere kostenlose Seite bzw. Software, bei der Sie derart umfassend Einfluss auf die Modellierung nehmen können. Für PV-Profis ist die Webseite ein Segen – auch dann, wenn bei der Realisierung der Anlage später andere Komponenten zum Einsatz kommen.

3.3 Ökologische und ökonomische Kosten-Nutzen-Rechnung

Lohnt sich ein Speicher wirtschaftlich? Und ist er auch ökologisch sinnvoll? Beide Fragen führen zu endlosen Diskussionen, wenn nicht zu Glaubenskriegen. Letztlich müssen Sie selbst entscheiden, was *Ihnen* wichtig und sinnvoll erscheint. In diesem Abschnitt versuche ich, die wichtigsten Argumente der Befürworter und Gegnerinnen möglichst objektiv darzustellen.

Ökologische Sicht

Nehmen wir an, es steht ein bestimmtes Budget zur Verfügung, sagen wir 20.000 €. Außerdem ist das Dach groß genug, um das gesamte Budget ausschließlich in eine PV-Anlage ohne Speicher zu investieren. Ist es unter diesem Gesichtspunkt für die Umwelt besser, eine große PV-Anlage ohne Speicher oder eine kleinere Anlage mit Speicher zu bauen?

Die Gegner von Stromspeicher argumentieren so:

▶ Jede solar erzeugte kWh ist gut für die Umwelt, weil damit weniger Gas, Öl oder Kohle verbrannt werden muss. Wenn die eigene PV-Anlage gerade mehr Strom produziert, als im Haus verbraucht wird, speisen Sie Strom ins Netz, Ihr PV-Strom fließt also zu Ihren Nachbarn, und der Energieversorger muss weniger produzieren. (Sie bekommen sogar ein paar Cent für jede kWh.)

▶ Je mehr Geld in den Speicher fließt, desto weniger Budget bleibt für Module, desto weniger Strom kann also erzeugt werden.

▶ Beim Laden und Entladen von Akkus treten Verluste auf. Damit Sie 10 kWh Strom aus dem Akku nutzen können, müssen Sie ca. 11 bis 12 kWh PV-Ertrag zum Laden aufwenden. Besser wäre es, die ganzen 12 kWh in das Netz einspeisen und in den Nachtstunden 10 kWh aus dem Netz zu beziehen.

▶ Die Erzeugung von Lithium-Ionen-Akkus ist ökologisch bedenklich. Für den Lithium-Abbau müssen viel Energie und Wasser aufgewendet werden.

▶ Speichersysteme werden nicht zuletzt deswegen so stark beworben, weil sie sowohl für die Hersteller als auch für die Installateure ein gutes Geschäft sind.

Die wichtigsten Argumente der Befürworterinnen sehen so aus:

▶ Mit einem Speicher erlangen Sie eine höhere Unabhängigkeit vom Energieversorger und je nach Auslegung auch eine Notstromfunktion.

▶ Ein Energiespeicher macht den Alltag bequemer. Sie müssen sich nicht überlegen, zu welcher Zeit Sie den Geschirrspüler idealerweise laufen lassen.

▶ Manche Energieversorger lassen Sie Ihren überschüssigen Strom gar nicht oder nur limitiert einspeisen, weil die lokalen Stromleitungen oder Transformatoren (noch) nicht darauf ausgelegt sind.

▶ Für die Energieversorger ist es extrem schwierig, sich auf einen über den Tagesverlauf stark schwankenden Energiebedarf einzustellen. Auch wenn aufgrund Tausender PV-Anlagen zur Mittagszeit Strom im Überfluss vorhanden ist, müssen große Kraftwerke dennoch weiterlaufen, damit abends und in der Nacht genug Strom zur Verfügung steht.

Ein privater Energiespeicher hilft, den eigenen Strombedarf gleichmäßiger zu verteilen. Zur Lösung beitragen könnten aber auch großtechnische Verfahren zur Speicherung von Energie, z. B. Pumpkraftwerke in den Bergen oder die Produktion von Wasserstoff. (Dabei treten aber wiederum große Effizienzverluste auf.) Eine ideale Lösung zur Speicherung von Strom gibt es aktuell nicht – weder im Kleinen noch im Großen.

Weitere Pro- und Kontra-Argumente finden Sie, wenn Sie ein paar Stunden durch die Beiträge im deutschen Photovoltaik-Forum stöbern. So viel vorweg: Dort haben die Gegner von Speichersystemen die Oberhand!

https://www.photovoltaikforum.com

Umweltbilanz

Wenn Sie die obigen Argumente gelesen haben, ist Ihnen schon klar geworden, dass eine rechnerische Umweltbilanz schwierig ist.

Eine Denkweise besteht darin, den Energiebedarf zur Produktion eines Akkus dem »eingesparten« Strom gegenüberzustellen (also Strom, der über die Lebenszeit des Akkus *nicht* vom Energielieferanten bezogen werden muss). Aktuell wird für die Produktion eines Lithium-Ionen-Akkus pro kW Speicherkapazität ein Energieaufwand von ca. 50 bis 100 kWh veranschlagt. In jedem Betriebsjahr kann der Akku vielleicht an 200 Tagen 0,5 kWh Energie speichern und wieder abgeben, das wären also rund 100 kWh.

Bei einer zehnjährigen Betriebsdauer würde der Akku somit 10 bis 20 Mal mehr Energie einsparen, als bei seiner Produktion erforderlich waren. (Manche Berechnungen oder Studien kommen auf höhere Werte bis zu 30.) Dieses Verhältnis zwischen Energieaufwand bei der Produktion und Energieersparnis durch die Nutzung wird in der Fachliteratur als *Energy Stored On Invested* (ESOI) bezeichnet.

Wird allerdings die Energiebilanz der Gesamtanlage (nicht nur des Speichers) berücksichtigt, kommt eine andere Größe ins Spiel, der *Energy Return on Investment* (EROI). Eine PV-Anlage *ohne* Speicher liefert dann bessere Werte als eine Anlage mit Speicher! Das setzt aber voraus, dass die von Ihrer Anlage ins Netz eingespeiste Energie optimal genutzt werden kann – und das lässt sich nur schwer beweisen.

Wenn Sie sich für noch mehr Details interessieren, lege ich Ihnen als Startpunkt für eigene Recherchen den wissenschaftlichen Text *The energetic implications of introducing lithium-ion batteries into distributed photovoltaic systems* ans Herz. Das Paper wurde 2019 von der Royal Society of Chemistry veröffentlicht und macht die Komplexität des Themas deutlich.

https://pubs.rsc.org/en/content/articlehtml/2019/se/c9se00127a

Wirtschaftliche Sicht (Kosten-/Nutzenrechnung)

Losgelöst von der ökologischen Sicht stellt sich natürlich auch die Frage, ob sich der Einbau eines Stromspeichers wirtschaftlich lohnt. Nach den bisherigen Ausführungen ist Ihnen vermutlich bereits klar, dass es auch hier kein klares »Ja« oder »Nein« als Antwort gibt. Das liegt an zwei Unsicherheitsfaktoren: Wie lange kann der Stromspeicher genutzt werden? Wie entwickeln sich Strompreis und Einspeisevergütung?

Beginnen wir mit der Laufzeit: Von Ihrem Smartphone wissen Sie schon, dass Lithium-Ionen-Akkus nur eine begrenzte Lebensdauer haben. Speichersysteme für PV-Anlagen sind diesbezüglich robuster ausgelegt, unterliegen aber ähnlichen Alterungsprozessen. Manche Hersteller garantieren, dass der Speicher nach 10 Jahren noch eine bestimmte Kapazität aufweist. Selbst wenn das der Fall ist, müssen Sie durch regelmäßige Inspektionen sicherstellen, dass vom Speicher keine Brandgefahr ausgeht.

Mit ebenso großen Unsicherheiten ist der Strompreis verbunden: Nachdem sich dieser über viele Jahre kaum verändert hat, hat der Ukraine-Krieg den gesamten Energiemarkt auf den Kopf gestellt. Plötzlich fehlt billiges Gas, das die EU ja noch vor Kurzem als »nachhaltige« Brückentechnologie bezeichnet hat. Der Strompreis geht seither durch die Decke. Niemand weiß, wie viel eine Kilowattstunde Strom in einem Jahr kosten wird.

Noch schwieriger wird jegliche Kalkulation bei neuen Verträgen mit sogenannten »Flex-Tarifen«: Der Strompreis wird nicht mehr wie bisher üblich einmal jährlich festgelegt, sondern ändert sich monatlich oder sogar täglich (wie an der Tankstelle). Tendenziell wird Strom im Winter (noch) teurer werden. Wenn es Ihnen mit einem Energiespeicher gelingt, den Autarkiegrad von 40 auf 60 Prozent zu erhöhen, klingt das zuerst einmal großartig. Aber wenn Sie jetzt berücksichtigen, dass Ihre Autarkie am höchsten ist, wenn der Strom ohnedies relativ billig ist, aber am niedrigsten, wenn

Sie für den Strom Ihres Energieanbieters am meisten bezahlen müssen, bleibt die Rentabilität Ihres Speichers auf der Strecke.

Beispielrechnung

Um Ihnen zu zeigen, wie Sie zumindest überschlagsmäßig den finanziellen Nutzen einer PV-Anlage mit oder ohne Speicher errechnen können, gehe ich im Folgenden von einigen Beispieldaten aus (siehe Tabelle 3.2).

Musterdaten	Wert
jährlicher Stromverbrauch	5000 kWh/a
geplante PV-Leistung	6 kWp
geplante Speicherkapazität	6 kWh
effektiver Strompreis	0,38 €/kWh
effektive Einspeisevergütung	0,086 €/kWh
Kosten PV-Anlage ohne Speicher	11.000 €
Kosten PV-Anlage mit Speicher	18.000 €

Tabelle 3.2 Ausgangsdaten für die Beispielrechnung

Anstelle der Musterdaten müssen Sie natürlich eigene Zahlen einsetzen. Dazu sollten Sie über ein konkretes Angebot Ihres Installationsbetriebs verfügen. Lassen Sie sich unbedingt zwei Varianten berechnen, mit und ohne Speicher! Die im Internet verfügbaren Überschlagsrechnungen, wie viel eine PV-Anlage pro kWp Leistung bzw. pro kWh Speicher ca. kosten wird, sind zu ungenau. Viel hängt von den konkreten Gegebenheiten ab (Montage am Dach, Verfügbarkeit von Komponenten usw.).

Im nächsten Schritt verwenden Sie einen Online-Rechner, um den zu erwartenden PV-Eigenverbrauch, die Einspeisung ins Netz und den weiterhin erforderlichen Strombezug auszurechnen (siehe Tabelle 3.3).

PV-Anlage ...	ohne Speicher	mit Speicher
Eigenverbrauch PV direkt	1800 kWh/a	1800 kWh/a
Eigenverbrauch PV via Akku	—	1650 kWh/a
Einspeisung beim Energieversorger	4700 kWh/a	3000 kWh/a
Strombezug vom Energieversorger	3200 kWh/a	1550 kWh/a

Tabelle 3.3 Per Online-Rechner geschätzter Ertrag durch die PV-Anlage

Berücksichtigen Sie unbedingt Ihren Standort sowie die Ausrichtung der PV-Module! Für die Beispielrechnung habe ich als Standort Wien verwendet und eine weitgehend ideale Ausrichtung der Module angenommen (40 Grad Neigung, Südausrichtung).

Ohne PV-Anlage ergeben sich Stromkosten von 5000 × 0,38 = 1900 € pro Jahr.

Wenn Sie sich für eine PV-Anlage ohne Speicher entscheiden, sinken die Stromkosten schon erheblich auf 3200 × 0,38 – 4.700 × 0,086 = 810 € pro Jahr. Ihre Ersparnis beträgt also 1090 € pro Jahr. Bei Investitionskosten von 11.000 € amortisiert sich die Anlage nach 11.000 / 1090 = 10 Jahren.

Bei der Variante mit Stromspeicher müssen Sie noch weniger Strom von Ihrem Stromlieferanten beziehen, Sie können aber auch weniger dort einspeisen. Die jährlichen Stromkosten errechnen sich mit 1550 × 0,38 – 3000 × 0,086 = 331 €. Sie ersparen sich also 1569 € pro Jahr. Wegen der wesentlich höheren Anschaffungskosten ist der Amortisierungszeitraum aber ein wenig länger: Er beträgt jetzt 18.000 / 1569 = 11,5 Jahre. Dieser Zeitraum ist bedenklich nahe an der erwartbaren Lebensdauer des Speichers. Nach gut 12 Jahren ist voraussichtlich schon die nächste Investition zur Erneuerung des Speichers fällig. (Es ist aber zu hoffen, dass der Speicher dann günstiger ist als heute.)

Jede PV-Anlage ist anders. Nicht immer verlängert ein Speicher die Amortisationszeit! Ein richtig dimensionierter (nicht zu großer) Speicher kann durchaus den gegenteiligen Effekt haben.

Vereinfachungen

Ich habe diese Berechnungen unter der Annahme einiger Vereinfachungen durchgeführt:

▶ **Effektiver Strompreis:** Zum Strompreis, den Ihr Energieversorger verrechnet, kommen alle möglichen Zusatzkosten hinzu (Leitungskosten, Stromzählerpauschale usw.). Die Energieanbieter sind diesbezüglich sehr erfinderisch!

Ich rechne hier mit den *effektiven* Kosten pro kWh. Werfen Sie einen Blick auf Ihre letzte Stromabrechnung, und dividieren Sie den Gesamtpreis durch die verbrauchten kWh. Sie werden überrascht sein!

Analog gilt das auch für die Einspeisevergütung. Vielleicht verspricht Ihnen Ihr Energieversorger sogar 12 Cent pro Monat, verlangt dafür aber eine monatliche Pauschale. (In Deutschland ist die Vergütung gesetzlich durch das Erneuerbare-Energien-Gesetz, kurz EEG, fixiert.)

▶ **Konstante Strom- und Einspeisetarife:** In der Beispielrechnung bin ich davon ausgegangen, dass sowohl die Einspeisevergütung als auch der Strompreis während des ganzen Nutzungszeitraums konstant bleiben. Auf jeden Fall gilt: Je höher der Strompreis, desto schneller rentiert sich die PV-Anlage!

Generell ist seit Beginn des Ukraine-Kriegs jede seriöse Kalkulation schwierig geworden: Nicht nur die Strompreise schwanken enorm, auch die Komponenten für PV-Anlagen sind schlagartig knapp und teuer geworden.

► **Inflation:** Die Effekte durch die Inflation werden nicht berücksichtigt.

► **Mehrwertsteuer, steuerliche Abschreibung:** Sämtliche Kosten und Vergütungen inkludieren die Mehrwertsteuer, die Privatpersonen ja zahlen müssen. Ganz anders sieht die Lage aus, wenn Sie eine PV-Anlage für ein Unternehmen errichten. Dann können Sie einen Vorsteuerabzug und andere steuerliche Sparmöglichkeiten geltend machen, z. B. die Abschreibung der Investition über mehrere Jahre.

► **Keine Wartungskosten:** Auch der Betrieb der PV-Anlage kostet Geld. Vielleicht fällt nach ein paar Jahren eine kleinere Reparatur an. Außerdem sollten Sie die Anlage, speziell den Stromspeicher, regelmäßig warten und die PV-Module hin und wieder reinigen. Die dafür notwendigen Kosten habe ich nicht berücksichtigt.

Es ist empfehlenswert, die Berechnung in einer Excel-Tabelle durchzuführen – dann können Sie einzelne Parameter rasch verändern und sich die Auswirkungen auf die Kalkulation ansehen. Idealerweise haben Sie ein Angebot einer zweiten PV-Firma, das Sie vergleichen können.

Berücksichtigen Sie auch die voraussichtliche Lebensdauer der Komponenten einer PV-Anlage (siehe Tabelle 3.4). Während PV-Module normalerweise zwei bis drei Jahrzehnte überdauern, sieht es für den Wechselrichter und den Stromspeicher nicht so rosig aus. Beachten Sie bei der Montage der PV-Module aber auch den Zustand Ihres Dachs! Es wäre ärgerlich, wenn die PV-Module noch in gutem Zustand sind, Sie die Anlage aber demontieren müssen, um das darunter befindliche Dach zu sanieren!

Komponente	Lebensdauer
PV-Module	25 bis 30 Jahre
Wechselrichter	10 bis 15 Jahre
Stromspeicher	10 bis 15 Jahre

Tabelle 3.4   Grobe Richtwerte für die Lebensdauer von PV-Komponenten

Renditerechner der Stiftung Warentest

Wenn Sie keine Lust zum Rechnen haben, können Sie den Renditerechner für PV-Anlagen der *Stiftung Warentest* ausprobieren. In den Online-Rechner fließen mehr Faktoren als bei dieser Beispielrechnung ein, allerdings ist die Webseite nicht besonders intuitiv zu bedienen.

https://www.test.de/Photovoltaik-Rechner-1391893-0

3.4 Notstromfunktion und Inselanlagen

Es ist absurd: Wenn bei Ihrem Stromversorger eine Störung auftritt und Sie eine PV-Anlage ohne Speicher verwenden, fällt auch bei Ihnen zu Hause der Strom aus – sogar dann, wenn die Sonne scheint!

Warum ist das so? Standardmäßig überwacht der Wechselrichter den vom Energieversorger kommenden Strom und synchronisiert Ihren durch die PV-Module selbst produzierten Strom mit dem Netzstrom. Wenn das Netz ausfällt, schaltet sich ein gewöhnlicher Wechselrichter aus – sowohl aus Sicherheitsgründen, aber auch, weil Sie mit Ihrer Anlage ja nicht die Aufgabe des Netzanbieters übernehmen können. (Sie können mit Ihrem PV-Strom nicht alle Ihre Nachbarn versorgen.)

Um doch eine Notstromversorgung zur realisieren, bieten manche Wechselrichtermodelle Zusatzfunktionen, wobei man prinzipbedingt zwischen zwei Varianten unterscheiden kann:

► Im einfachsten Fall trennt der Wechselrichter bei einem Stromausfall die Verbindung zum Haushaltnetz. (Im Haus wird es also dunkel. Die Netzstromversorgung fehlt ebenso wie die durch die PV-Anlage.) Über eine eigene Steckdose kann der Wechselrichter aber ein Gerät – getrennt vom Haushaltnetz! – direkt mit Strom versorgen.

► Bei einer »richtigen« Notstromversorgung (»Full Backup«) wird das Haushaltnetz bei einem Stromausfall vollständig vom externen Netz getrennt. Im Idealfall passiert das automatisch, es gibt aber auch manuelle Umschaltboxen. Anschließend übernimmt der Wechselrichter die gesamte lokale Stromversorgung.

Im Folgenden erläutere ich diese beiden Varianten näher. Die Abbildungen beziehen sich dabei auf DC-Wechselrichter, Notstromfunktionen lassen sich aber ebenso mit AC-Wechselrichtern realisieren.

Eingeschränkte Notstromversorgung

Eine eingeschränkte Notstromversorgung ist technisch vergleichsweise einfach zu realisieren (siehe Abbildung 3.10). Je nach Anbieter gibt es Wechselrichter, die diese Funktion sogar dann zur Verfügung stellen, wenn Sie keinen Stromspeicher haben. Strom gibt es dann nur, solange die Sonne scheint.

Bei einem Stromausfall verfügen Sie allerdings nur über eine einzige Steckdose, und die befindet sich im Keller (oder wo immer die PV-Elektroinstallationen samt Wechselrichter montiert wurden). Natürlich können Sie über ein Verlängerungskabel Strom in ein anderes Zimmer leiten und dort mit einer Mehrfachsteckdose eine Stehlampe und ein Radio betreiben, eventuell sogar den Kühl- oder Gefrierschrank. Allerdings sind die Strommengen begrenzt, dreiphasige Starkstromgeräte können nicht verwendet werden.

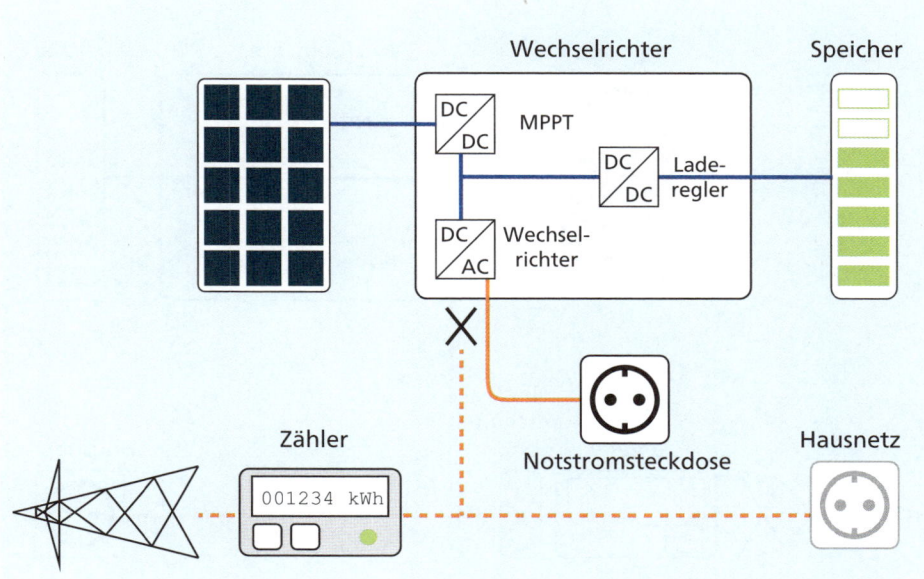

Abbildung 3.10 Eingeschränkter Notstromanschluss direkt beim Wechselrichter

Je nach Modell funktioniert die Notstromsteckdose *nur* während des Stromausfalls. Sie können über diese Steckdose also nicht dauerhaft Geräte betreiben. Insofern ist nur eine manuelle Nutzung dieser Steckdose möglich. Eine automatische Versorgung des Gefrierschranks, während Sie im Urlaub sind, ist unmöglich.

Vollständige Notstromversorgung (Full Backup)

Grundvoraussetzung für eine vollständige Notstromversorgung ist die Möglichkeit, das Hausnetz vom externen Stromnetz zu trennen (siehe Abbildung 3.11). Aus Sicherheitsgründen darf es auf keinen Fall passieren, dass die Notstromanlage Strom in das gerade ausgeschaltete oder defekte öffentliche Netz einspeist.

Je nach Ausführung wird die Umschaltbox automatisch vom Wechselrichter gesteuert; alternativ erfolgt die Umschaltung manuell:

▶ Eine automatische Umschaltung hat den Vorteil, dass der Gefrierschrank weiterläuft, wenn während des Urlaubs für ein paar Stunden der Strom ausfällt. Außerdem erkennt die Schaltung, wenn der Strom zurückkehrt, und stellt dann die Notstromversorgung wieder ab.

▶ Für die manuelle Variante spricht, dass die Aktivierung bzw. Deaktivierung der Notstromversorgung nur ganz selten erforderlich ist und dass es in diesem Fall zweckmäßig ist, wenn ein Mensch eingreift und sicherstellt, dass alles so funktioniert, wie es soll. Außerdem ist eine automatische Umschaltung technisch aufwendig und daher teuer.

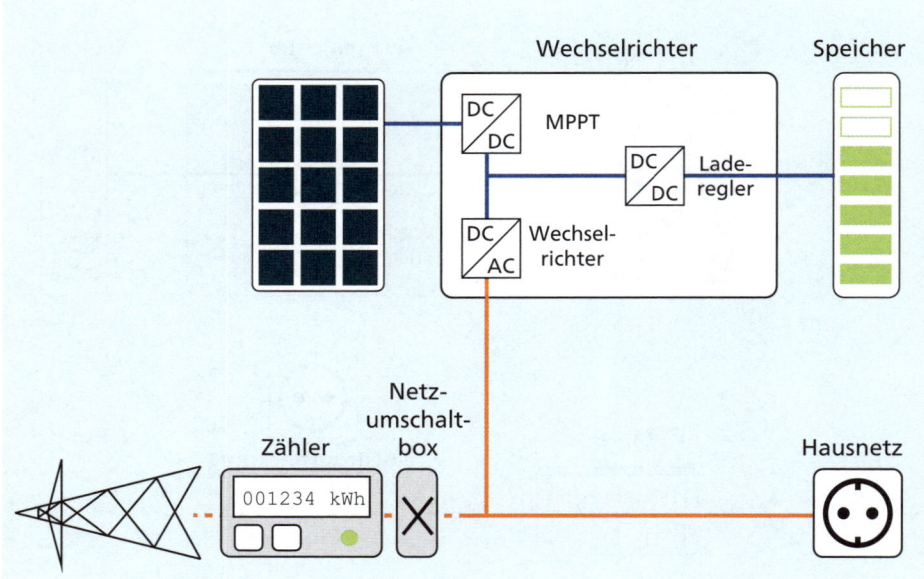

Abbildung 3.11 Vollständiger Notstromanschluss mit Trennung vom öffentlichen Netz

Netzumschaltbox

Die Trennung des Hausnetzes vom öffentlichen Stromnetz klingt trivialer, als sie tatsächlich ist. In Deutschland, Österreich und der Schweiz gibt es unterschiedliche Varianten, wie die Erdung der dreiphasigen Stromversorgung erfolgt. Daraus folgen unterschiedliche Vorschriften und entsprechend angepasste Modelle der Umschaltbox. Auf diesen Nischenmarkt konzentriert sich unter anderem die Firma *Enwitec*, die in Kooperation mit einigen Wechselrichterherstellern passende Umschaltboxen anbietet:

https://de.wikipedia.org/wiki/TN-System
https://enwitec.eu/netzumschaltboxen

Eine Full-Backup-Lösung erfordert eine entsprechende Dimensionierung des Energiespeichers. Dabei geht es nicht nur um dessen Kapazität, sondern auch um die Ausgangsspannung sowie um die Strommengen, die der Speicher kurzfristig zur Verfügung stellen kann. Solange Ihr Haus mit dem öffentlichen Netz verbunden ist, kann dieses Verbrauchsspitzen abdecken, die den Speicher überfordern. Bei einem Stromausfall ist das nicht mehr möglich. Viele Wechselrichterhersteller schreiben daher für die Notfallfunktion eine Mindestgröße des Akkus vor (bzw. bei stapelbaren Batteriesystemen eine Mindestmenge von Modulen).

Abbildung 3.12 Großzügig dimensionierter Batteriespeicher, Wechselrichter und Netzumschaltbox

Probleme mit der Wechselstromfrequenz

Um zu vermeiden, dass andere, eventuell im lokalen Netz befindliche Wechselrichter versuchen, sich mit der Notstromversorgung zu synchronisieren, verwenden manche Wechselrichterhersteller für den Notstrom eine vom Standard (50 Hz) abweichende Frequenz. So produziert die Notstromfunktion von Fronius-Geräten einen Wechselstrom mit 53 Hz.

Für die meisten elektrischen bzw. elektronischen Geräte ist das egal – die kommen mit jeder Frequenz zwischen 50 und 60 Hertz zurecht. In den Diskussionsforen im Internet gibt es aber auch Berichte über Ausnahmen: Einige Pumpen und Motoren laufen bei 53 Hz deutlich lauter, manche Geschirrspüler sowie diverse Jalousienmotoren funktionieren gar nicht.

Überbrückungszeit

Normalerweise wird der Speicher für eine PV-Anlage so ausgelegt, dass er den halben bis ganzen Tagesbedarf decken kann. Bei einem Stromausfall während einer Schlechtwetterphase können Sie sich also selbst mit einem vollen Akku nur einige Stunden selbst versorgen. In so einem Fall ist es natürlich zweckmäßig, sämtliche nicht unbedingt erforderlichen Geräte auszuschalten bzw. abzustecken; andererseits ist nicht immer gleich klar, ob es ein längerer Stromausfall wird.

In der Praxis ist die Überbrückungszeit womöglich noch viel kürzer, als die Speicherkapazität erlauben würde. Nehmen wir an, es ist Winter, und die letzten Tage war das Wetter schlecht. Ihre PV-Anlage konnte also schon Ihren Haushalt nicht mit ausreichend Strom versorgen, geschweige denn den Speicher laden. Wenn der Strom jetzt ausfällt, ist der Speicher leer, und die Notstromversorgung funktioniert gar nicht.

Zu einem gewissen Grad können Sie hier schaltungstechnisch gegensteuern, also z. B. den Speicher im Winter nie über einen bestimmten Grad entladen und zur Not sogar mit externem Strom aufladen. Das erhöht Ihre Sicherheit, macht den alltäglichen Betrieb allerdings teurer und ineffizienter.

Sie sehen schon: Ein höheres Maß an Versorgungssicherheit führt zu Zusatzkosten und zu Kompromissen im Betrieb der PV-Anlage. Auch wenn Sie dem fossilen Zeitalter gerne den Rücken zukehren würden: Eine Notstromversorgung über einen längeren Zeitraum lässt sich am einfachsten und billigsten mit einem zusätzlichen Dieselaggregat realisieren. Damit handeln Sie sich aber neuen Ärger ein: So ein Aggregat sollte jährlich gewartet und zumindest vierteljährlich kurz getestet werden; Sie müssen sich überlegen, wo Sie die Dieselkanister möglichst brandschutzsicher lagern etc.

Inselanlagen

Der Begriff »Inselanlage« wird für PV-Anlagen verwendet, die nicht an das öffentliche Stromnetz angeschlossen sind (*Off-Grid-System*). Inselanlagen sind zumeist nur in Fällen zweckmäßig, in denen kein öffentlicher Stromanschluss besteht, also auf Jagd- oder Berghütten, in entlegenen Ferienhäusern usw. Inselanlagen werden auch zur Versorgung von Messstationen oder Webcams verwendet (siehe Abbildung 3.13). Inselanlagen bieten sich vor allem dann an, wenn der Stromverbrauch niedrig ist und die Kosten eines Netzanschlusses sehr hoch sind oder ein Netzanschluss ganz unmöglich ist.

Off-Grid-Systeme erfordern spezielle Wechselrichter! Gewöhnliche Wechselrichter setzen eine Verbindung zum Stromnetz voraus und synchronisieren sich damit. Wechselrichter für Inselsysteme verwenden dagegen einen eigenen Frequenzgenerator.

Für ein ganzjährig bewohntes Haus ist eine Inselanlage nicht zweckmäßig. Sie müssten die PV-Anlage so dimensionieren, dass diese selbst an Wintertagen ein Mehrfaches des Tagesstrombedarfs produziert. Damit laden Sie dann einen riesigen Speicher auf, der so groß sein muss, dass er Sie auch eine Woche lang mit Regen, Schnee und Nebel mit Strom versorgen kann.

Selbst wenn Sie bereit sind, so viel Geld auszugeben, kann es Ihnen bei einer noch längeren Schlechtwetterphase passieren, dass Sie doch ohne Strom dastehen. (Eine pragmatische Lösung besteht darin, für solche Tage auf ein Dieselaggregat zurückzugreifen.) Finanziell nachteilhaft ist zudem, dass Sie keine Einspeisevergütung lukrieren können, weil Sie ja nicht mit dem Netz verbunden sind. Die total überdimensionierte PV-Anlage kann im Sommer gar nicht richtig genutzt werden.

Abbildung 3.13 Autarke Webcam auf einem Berggipfel mit PV-Stromversorgung

Rechenbeispiel für eine Inselanlage

Die folgende Rechnung illustriert die Unsinnigkeit einer rein auf Photovoltaik basierenden Inselanlage für ein Einfamilienhaus. Unser Beispielhaus wird mit Pellets beheizt und geht sparsam mit Strom um. Der Jahresenergiebedarf beträgt 3650 kWh, das sind 10 kWh pro Tag.

Eine zu diesem Energiebedarf passende PV-Anlage hätte eine Spitzenleistung von ca. 5 kWp. Für unser Beispiel rechnen wir aber mit großzügigen 10 kWp. Dazu brauchen wir 25 Module mit je 400 W. Der Platzbedarf auf dem Dach beträgt rund 45 m². Für die Abschätzung des Ertrags mit PVGIS nehmen wir einen Standort in der Mitte Deutschlands an. Das Dach sei optimal geneigt (40°) und nach Süden ausgerichtet – besser geht es nicht. PVGIS schätzt den zu erwartenden Jahresertrag auf knapp über 10.000 kWh, also auf das Dreifache des tatsächlichen Bedarfs.

Das Problem ist aber der Winter: Für den Dezember prognostiziert PVGIS einen Ertrag von nur 330 kWh. Statistisch gesehen würde das ausreichen. Allerdings ist das Wetter im Dezember oft sehr ungleich verteilt: Nehmen wir an, dass auf fünf sonnige Tage mit hohem Ertrag (30 kWh pro Tag) zehn weitere Tage mit Nebel, Regen und Schnee folgen (Ertrag pro Tag nur 2 kWh). Damit wir während der zehntägigen Dezembertristesse nicht auch noch im Dunkeln sitzen, brauchen wir einen Energiespeicher von 10 × 8 = 80 kWh! Es ist Ihnen sicherlich klar, wie teuer so eine Anlage wäre.

Überlegen Sie selbst, an welcher Stelle Sie jetzt noch optimieren können: Am sinnvollsten wäre es, nach Wegen zu suchen, an dunklen Tagen Strom zu sparen, damit der Verbrauch deutlich unter den durchschnittlichen 10 kWh pro Tag bleibt. Sie können auch überlegen, die Anlagenleistung zu erhöhen (z. B. auf 15 kWp) und dafür den Speicher zu reduzieren. Rein rechnerisch lässt sich die preisgünstigste Kombination aus Anlagenleistung und Speicher ermitteln. Oder Sie akzeptieren, dass Sie für ein paar Tage pro Winter Strom mit einem Dieselaggregat erzeugen.

Wesentlich gescheiter ist es, sich damit abzufinden, dass ein Inselsystem für Einfamilienhäuser beim jetzigen Stand der Technik ökonomisch und ökologisch nicht zielführend ist. Ein Stromnetz kann, wozu Sie alleine nicht in der Lage sind: Strom aus unterschiedlichen Quellen nutzen (Photovoltaik, Wind, aber in den nächsten Jahren sicher auch Gas- und Atomkraftwerke) und verteilen.

3.5 Zusammenfassung

▶ Wenn neue PV-Anlagen mit einem Energiespeicher ausgestattet wird, dann kommt aktuell am häufigsten ein DC-gekoppelter Speicher auf Lithium-Ionen-Basis zum Einsatz. Der Wechselrichter muss im Hinblick auf den eingesetzten Energiespeicher ausgewählt werden.

▶ Aus ökologischer Sicht sind Speicher umstritten. Gegner argumentieren damit, dass es vernünftiger wäre, das Geld in PV-Module zu investieren und so indirekt (also über das öffentliche Stromnetz) auch die Nachbarschaft mit Strom aus erneuerbaren Quellen zu versorgen. Allerdings sind die Stromnetze bzw. deren Trafostationen mit mittäglichen Einspeisungsspitzen oft überfordert. Außerdem sind starke Tag/Nacht-Bedarfsschwankung eine riesige Herausforderung für die Energieversorger.

▶ Ob sich ein Energiespeicher wirtschaftlich lohnt, hängt stark von dessen Lebensdauer und von der Entwicklung des Strompreises ab. Beide Faktoren sind schwer vorherzusehen. Aus ökonomischer Sicht sollte der Speicher eher knapp dimensioniert werden. Ein Richtwert sind 50 bis 75 Prozent des Tagesenergiebedarfs.

▶ Dessen ungeachtet werden oft größere Speicher verbaut. Ein Argument dafür ist die Möglichkeit, den Speicher auch als Notstromversorgung einzusetzen. Oft wird beim Bau der PV-Anlage auch ein zukünftig steigender Strombedarf mit einberechnet (etwa durch ein noch anzuschaffendes Elektroauto oder eine Wärmepumpe). Des Weiteren sinkt die nutzbare Speichermenge im Laufe der Zeit. Zu guter Letzt ist der Verkauf eines großen Speichers für den Speicherhersteller und für den Installationsbetrieb lohnender.

▶ Im Speichermarkt ist sehr viel Bewegung. Steigende Strompreise und sinkende Kosten für den Energiespeicher machen diesen zunehmend attraktiver. Gleichzeitig leidet der Markt für Energiespeicher unter Produktionsengpässen und langen Lieferzeiten.

▶ Ob bzw. welche neue Speichertechnologien sich in Zukunft durchsetzen können, lässt sich noch nicht abschätzen.

▶ PV-Anlagen haben nicht automatisch eine Notstromfunktion. Die Realisierung einer »echten« Notstromfunktion für das gesamte Haus ist technisch aufwendig, teuer und dennoch mit erheblichen Einschränkungen verbunden: Bei ungünstigen Voraussetzungen kann das System nur wenige Stunden Strom liefern.

▶ Vollständige Autarkie ist für ein ganzjährig bewohntes Haus nur mit riesigem Aufwand zu erreichen. Das ist weder ökologisch noch ökonomisch sinnvoll. Inselanlagen bieten sich aber für Spezialfälle an (Almhütten, autarke Messstationen etc.)

Technisch interessierte Leserinnen und Leser sollten unbedingt die gerade aktuelle »Stromspeicher-Inspektion« studieren. In diesem von der Hochschule für Technik und Wirtschaft in Berlin durchgeführten Test werden einmal jährlich verschiedene Energiespeicher samt Wechselrichtern umfassend getestet. Als dieses Buch fertiggestellt wurde, waren die Testergebnisse 2022 aktuell:

https://solar.htw-berlin.de/themen/stromspeicher-inspektion

Kapitel 4
PV-Anlagen für Einfamilienhäuser

Die Planung einer PV-Anlage für ein Einfamilienhaus beginnt mit einer Bestandsaufnahme:

▶ Wie groß ist der jährliche Stromverbrauch?

▶ Ist zu erwarten, dass sich der Verbrauch in den nächsten Jahren ändert? (Elektroauto, Umstellung der Heizung)

▶ Welche Voraussetzungen bietet das Dach? (Ausrichtung, Neigung, Größe, Verschattung)

▶ Welches Ziel hat die PV-Anlage? (Eigenbedarf, Einspeisevergütung, Autarkie)

Dieses Kapitel beginnt mit einem Überblick über die Montage von PV-Modulen. Es beschreibt die Vor- und Nachteile verschiedener Montagesysteme für Schräg- und Flachdächer und geht kurz auf mögliche Gefahrenquellen ein (Schneelast, Windlast, Blitzschlag, Brand- und Stromschlaggefahr bei der Verkabelung). Im Anschluss gebe ich Ihnen drei konkrete Planungsbeispiele für PV-Anlagen für unterschiedliche Einfamilienhäuser.

Grundsätzlich gelten die in diesem Kapitel zusammengefassten Informationen natürlich auch für ein Zweifamilienhaus. Allerdings ist zu beachten, dass beide Hausteile häufig über getrennte Stromanschlüsse samt Zähler verfügen. Die Eigentümerinnen müssen sich einigen, wie der PV-Strom aufgeteilt und wie die Einspeiseerträge verrechnet werden. Am einfachsten, aber auch am teuersten ist die Realisierung von zwei voneinander unabhängigen PV-Anlagen mit jeweils eigenem Wechselrichter und eigener Einspeisung. In diesem Fall wird nur das Dach gemeinsam genutzt.

Groß- und Gemeinschaftsanlagen

Nicht Thema dieses Kapitels sind gewerbliche Großanlagen, PV-Anlagen auf Freiflächen sowie Gemeinschaftsanlagen für Mehrparteienhäuser oder Wohnblöcke. Gewerbliche PV-Projekte unterliegen ganz anderen Regeln (steuerliche Abschreibmöglichkeiten etc.) und Zielsetzungen: Wenn der Betrieb nicht selbst viel Energie braucht, muss sich die Anlage durch die erzielten Einspeisevergütungen rechnen und ist insofern eine »gewöhnliche« Investition, die nach betriebswirtschaftlichen Kriterien bewertet wird.

Auf technischer Ebene kommen viel leistungsstärkere Wechselrichter zum Einsatz. Im Vergleich zur privaten Nutzung stehen dabei Steuerfunktionen im Hintergrund. Vielmehr geht es darum, bei Sonnenschein möglichst große Mengen Strom störungsfrei zu produzieren und daraus Einnahmen zu lukrieren. Wenn überhaupt Speichersysteme integriert werden, dann zumeist durch getrennte Komponenten (also nicht wie im Privatbereich über einen Hybridwechselrichter).

Bei Gemeinschaftsanlagen kommen zu den technischen Herausforderungen große legistische und soziale Hürden hinzu: Kann sich die Hausgemeinschaft überhaupt auf ein Projekt einigen? Wer zahlt mit, wer bezieht günstigen PV-Strom, wer erhält Einspeisevergütungen? Normalerweise hat jede Hauspartei einen eigenen Stromzähler, was eine gemeinschaftliche Nutzung des PV-Stroms sehr erschwert. Auf diese Thema gehe ich in Abschnitt 6.7, »Gemeinschaftsanlagen«, näher ein.

4.1 Montage von PV-Modulen

Dieser Abschnitt beschreibt kurz die wichtigsten Möglichkeiten zur Montage von PV-Modulen.

Schrägdach

Sofern ein Schrägdach in geeigneter Neigung und Ausrichtung vorliegt, ist die Aufdachmontage naheliegend (siehe Abbildung 4.1). Dabei werden auf dem Hausdach Aluschienen befestigt. Die Module werden dann in diesen Schienen verankert. Die einzige Schwierigkeit besteht darin, die Aluschienen gut zu befestigen, z. B. durch Metallwinkel oder -haken, die unter den Dachziegeln direkt mit den Dachsparren verbunden sind. Die Montagewinkel müssen kompatibel zur Dacheindeckung (Dachziegel, Blech, Bitumen, Schiefer usw.) sein.

Eine Alternative zur Aufdachmontage ist die Indachmontage, bei der die Module in die restliche Dachoberfläche integriert werden. Das sieht optisch sehr ansprechend aus, ist aber konstruktiv aufwendiger. Da die Module das herkömmliche Dach ersetzen, können hier Kosten gespart werden. Die Indachmontage ist vor allem bei Neubauten eine Option. Leider hat diese Montageform einen funktionellen Nachteil: Die Module sind weniger gut hinterlüftet. Sie werden deswegen im Sommer deutlich heißer und arbeiten weniger effizient.

Eine besonders elegante Form der Indachmontage sind Dachziegel mit integrierten Solarzellen. Rein optisch sind solche Dachziegel nicht von gewöhnlichen Ziegeln zu unterscheiden. Unter anderem hat Tesla derartige Dachziegel vorgestellt, liefert diese aber erst in kleinen Stückzahlen und nur in den USA aus.

Abbildung 4.1 Aufdachmontage mit Schienensystem

Es gibt viele Formen von Schrägdächern. Nicht jede Form ist ideal, aber fast alle Formen sind letztlich geeignet:

▶ **Satteldach mit Südausrichtung einer Dachfläche:** Das ideale Dach aus PV-Sicht ist ein Giebeldach mit einer großen, nach Süden geneigten Fläche ohne Kamine, Gaupen und andere Schatten verursachende Anbauten. Auch eine Süd-Ost- oder Süd-West-Orientierung funktioniert gut.

▶ **Satteldach mit Ost-West-Ausrichtung der Dachflächen:** Wenn die Hauptflächen des Dachs primär in Ost- und Westrichtung weisen, ist es zumeist zweckmäßig, auf beiden Flächen PV-Module zu montieren. Zwar müssen Sie relativ zur installierten Peak-Leistung mit einem etwas niedrigeren Jahresertrag rechnen; dafür ist der Ertrag gleichmäßiger über den ganzen Tag verteilt. Das ist besonders dann vorteilhaft, wenn Sie sich für eine PV-Anlage ohne oder nur mit einem relativ kleinen Stromspeicher entscheiden.

Idealerweise verwenden Sie für Ost-West-Anlagen einen Wechselrichter mit zwei MPP-Trackern, je einem für den Ost- und den West-Strang. Es ist aber auch möglich, zwei Stränge mit exakt gleicher Modulanzahl parallel zu schalten und nur einen MPP-Tracker zu verwenden. Von Fronius gibt es für diesen Sonderfall eine ausführliche Untersuchung:

https://fronius.com/~/downloads/Solar%20Energy/Technical%20Articles/SE_TA_ Efficient_East_West_orientated_PV_systems_with_one_MPP_Tracker_DE.pdf

▶ **Zeltdach:** Bei einem Zeltdach laufen vier Dachflächen in einem Firstpunkt zusammen. Die jeweils dreieckigen Dachflächen erfordern eine versetzte (nicht besonders elegante) Anordnung der Module. Außerdem müssen Sie die Module in zwei oder sogar drei Strängen verkabeln und brauchen dementsprechend einen Wechselrichter mit zwei oder drei MPP-Trackern.

Zustand des Dachs

PV-Module funktionieren 25 Jahre und länger. Hält Ihr Dach so lange? Wenn Sie Bedenken haben, sollten die den Zustand des Dachs überprüfen lassen. Eine schon heute absehbare Sanierung sollten Sie auf jeden Fall durchführen, bevor Sie die PV-Module montieren.

Flachdach

Erheblich mehr Herausforderungen an die Montage von PV-Modulen stellt ein Flachdach. Zum einen gibt es verschiedene Varianten zur Aufständerung der Module, zum anderen müssen Sie sich über die Befestigung Gedanken machen (Dachdurchdringung oder Ballastsystem).

Am einfachsten wäre es, die Module einfach mit Schienen miteinander zu verbinden und auf das Dach zu legen. Aus der Sicht des Wirkungsgrads funktioniert das überraschend gut. Im Vergleich zur Idealausrichtung der Module (ca. 40° Neigung nach Süden) können Sie immerhin etwa 84 % des Jahresertrags erzielen. Dennoch ist diese Art der Montage unüblich: Zum einen werden die Module mangels ausreichender Hinterlüftung sehr heiß und arbeiten dann im Sommer mit einem geringen Wirkungsgrad. Zum anderen lagert sich auf den Modulen Staub und Schmutz ab, was den Wirkungsgrad weiter beeinträchtigt und mit etwas Pech zu Hotspots führt.

Wie flach ist ein Flachdach?

Ein Flachdach ist selten vollkommen flach. Vielmehr ist die Unterkonstruktion oder die Dämmung zumeist leicht in eine Richtung geneigt, damit das Wasser dorthin abrinnt. In diesem Abschnitt gehe ich vereinfachend davon aus, dass das Flachdach wirklich flach ist.

Ab einer Neigung von 5° wird aus dem Flachdach ein Pultdach. Aus Photovoltaiksicht der Idealfall ist ein nach Süden orientiertes Pultdach mit einer Neigung von 12 bis 35°. Auf einem derartigen Dach können die Module ohne Aufständerung wie auf einem Satteldach montiert werden.

In der Vergangenheit war es üblich, PV-Module auf Flachdächern aufzuständern und nach Süden zu orientieren (siehe Abbildung 4.2). Der größte Vorteil dieser Montageform besteht darin, dass der Ertrag pro PV-Modul insbesondere im Winterhalbjahr maximiert wird. Dem stehen allerdings etliche Nachteile gegenüber: Damit sich die

Module nicht gegenseitig abschatten, müssen sie in einem relativ hohen Abstand zueinander montiert werden, d. h., die zur Verfügung stehende Fläche des Dachs wird nicht optimal genutzt. Zudem ist die Konstruktion windanfällig und optisch wenig gefällig.

Der in Abbildung 4.2 skizzierte Reihenabstand in der dreifachen Höhe ist nur ein Richtwert. Der Abstand kann auch so berechnet werden, dass beim Sonnenhöchststand zur Wintersonnenwende gerade keine Verschattung stattfindet. Je größer der Abstand gewählt wird, desto geringer ist die Zeitspanne, während der vordere Module hintere abschatten. Ganz lässt sich eine Verschattung nie verhindern. Aber solange die Sonne recht flach steht und die Module ohnedies wenig Leistung liefern, wird die Verschattung in Kauf genommen.

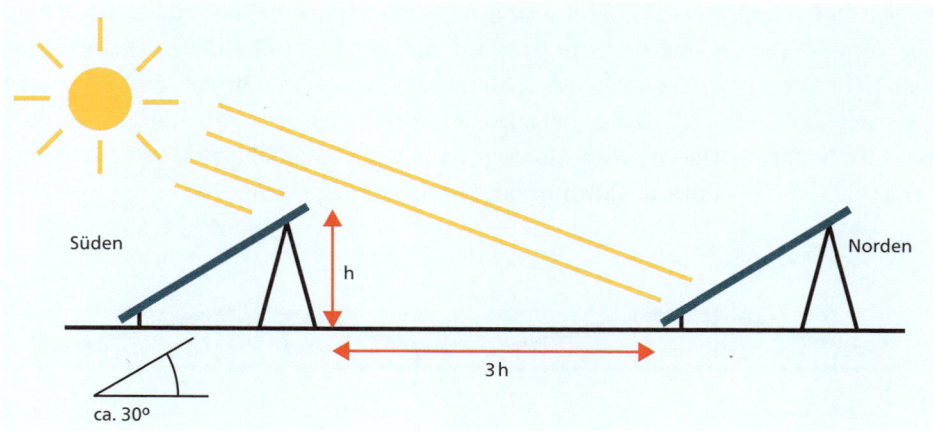

Abbildung 4.2 Aufgeständerte Montage auf einem Flachdach

Bei dieser Montageform müssen unbedingt Hotspot-free-Module mit integrierten Bypass-Dioden verwendet werden (siehe auch Abschnitt 2.3, »Das Verschattungsproblem«). Außerdem müssen die Module richtig gedreht sein. Wenn die Solarzellen im Modul wie in Abbildung 2.7 verdrahtet sind (das ist der Regelfall), dann müssen die Module »liegend« auf der Dachoberfläche montiert werden. Bei einer teilweisen Verschattung sinkt der Ertrag pro Modul dann auf immerhin noch zwei Drittel statt auf null bei einer »stehenden« Montage.

Alternativ können Sie die Module flacher neigen (siehe Abbildung 4.3). Das hat den Vorteil, dass Sie auf einer vorgegebenen Fläche mehr Module unterbringen. Der Wirkungsgrad ist dafür ein wenig geringer (ca. 90 bis 93 % Jahresertrag). Der Neigungswinkel sollte ca. 12° nicht unterschreiten. Ab diesem Winkel reicht das bei Regen abfließende Wasser aus, um die Module einigermaßen sauber zu halten.

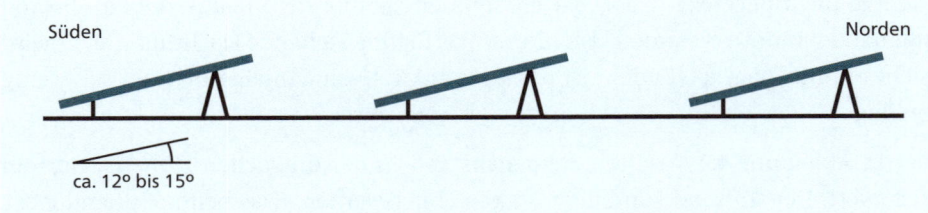

Abbildung 4.3 Flach nach Süden orientierte Module auf einem Flachdach

Immer populärer wird eine dritte Montageform (siehe Abbildung 4.4): Dabei werden die Module abwechselnd nach Ost und West ausgerichtet, wiederum mit ca. 12° Neigung. Im Vergleich zur flachen Südausrichtung sinkt der Wirkungsgrad pro Modul nochmals ein wenig (ca. 83 % Jahresertrag im Vergleich zu einer 30°-Süd-Ausrichtung). Die Vorteile: Die Dachfläche kann jetzt fast zur Gänze mit Modulen abgedeckt werden. In der Regel bleibt zwischen den Modulreihen nur ein schmaler Wartungsgang frei (siehe Abbildung 4.5). Dieser hat auch den Vorteil, dass im Winter der Schnee dorthin rutschen kann. Die Ost-West-Montage ist wenig windanfällig und verspricht eine etwas bessere Verteilung der Stromproduktion über den ganzen Tag.

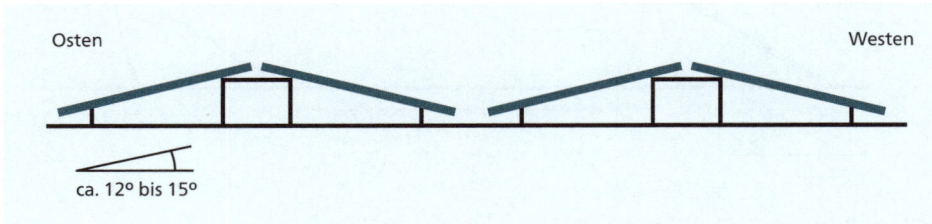

Abbildung 4.4 Abwechselnd nach Osten und nach Westen orientierte Module auf einem Flachdach

Abbildung 4.5 Ost-West-Montage mit schmalen Wartungsgängen zwischen den Modulreihen

Unabhängig davon, für welche Aufständerungsvariante Sie sich zusammen mit Ihrer Photovoltaikfirma entscheiden, bleibt noch eine Frage offen: Wie werden die Module samt Trägersystem auf dem Dach verankert? Dabei haben Sie die Wahl zwischen zwei Systemen:

▶ Beim Ballastsystem legen Sie das Trägersystem auf das Dach und beschweren es, damit die Anlage bei einem Sturm nicht vom Dach fliegt. Das erforderliche Ballast-gewicht pro m² hängt von der Windzone und der Aufständerungsvariante ab.

▶ Oder Sie können das Trägersystem verschrauben. Die zweite Variante ist stabiler, hat aber einen großen Nachteil: Sie müssen dabei die Dachhaut – oft eine Folie – durchdringen. Wenn sich zwischen der Folie und dem Gebäude auch noch eine Dämmung befindet, wird die Montage noch schwieriger.

Flachdächer gelten als »wartungsintensiv«. Das ist eine nette Umschreibung dafür, dass früher oder später Probleme mit der Dichtheit auftreten. Die Photovoltaikan-lage am Flachdach führt dazu, dass sich zwei Firmen gegenseitig den schwarzen Peter zuspielen können: die Dachdeckerin und der PV-Installateur. Nicht immer lässt sich zweifelsfrei entscheiden, wer Schuld am Leck hat. Den Ärger haben aber auf jeden Fall Sie.

Auch vor diesem Hintergrund werden Ballastsysteme immer populärer: Solange die PV-Anlage nur auf dem Dach liegt, ist die Gefahr einer Beschädigung deutlich kleiner. Die Eignung von Ballastsystemen ist umso höher, je flacher die Module montiert und je geringer die Windzone Ihrer Region ist.

Abbildung 4.6 Die leicht nach Süden geneigten Module sind mit Betonballaststeinen befestigt.

Bei der Dimensionierung ist natürlich auch die Gewichtbelastung auf das Dach zu berücksichtigen! Die Verwendung von Betonsteinen als Ballastgewicht (siehe Abbildung 4.6) hat zudem ökologische Nachteile: Die Produktion von Zement ist enorm CO_2-intensiv.

Terrassendach, Balkongeländer

Es muss nicht immer das Hausdach sein – auch die Überdachung einer Terrasse oder das Geländer eines Balkons kann mit PV-Modulen durchgeführt werden. Es gibt Anbieter, die sich auf diese Form der Montage spezialisiert haben und die spezielle Module mit einer aufgeräumten Rückseite verwenden. Eine optisch ansprechende Gestaltung des Terrassendachs aus PV-Modulen ohne Kabelwirrwarr hat allerdings ihren Preis.

Fassade

PV-Module können natürlich auch vertikal an der Hausfassade montiert werden. Bei nach Süden ausgerichteten Wänden lässt sich damit ein relativ guter Wirkungsgrad erzielen. Allerdings sollte eine ausreichende Hinterlüftung sichergestellt werden, damit die Module nicht zu heiß werden.

Gewöhnliche PV-Module entsprechen leider selten den ästhetischen Ansprüchen an das eigene Haus, gerade an der oft zum Garten hingewandten Südseite. Es gibt zwar spezielle Module (oft in Dünnschichttechnik) mit mehr gestalterischen Möglichkeiten und Farben; diese sind aber auch deutlich teurer und kommen bevorzugt in größeren Projekten zum Einsatz, z. B. bei öffentlichen Gebäuden.

Freistehende Montage im Grünland

Eine freistehende Montage kommt vor allem bei Großanlagen zum Einsatz, wobei zwischen den aufgeständerten Modulen oft noch Platz für Schafe oder Kühe bleibt. Große Freilandanlagen sind in den meisten Fällen bzw. Regionen bewilligungspflichtig.

Ein neuer Trend besteht darin, einen Teil der Module vertikal aufzustellen, sodass diese ost- und westseitig beschienen werden. Das erfordert »bifaziale« Module, die Sonnenlicht von beiden Seiten verarbeiten können. Diese Aufstellungsvariante hat zwei Vorteile: Die landwirtschaftliche Nutzfläche bleibt fast vollständig erhalten, und der PV-Ertrag verteilt sich besser über den ganzen Tag.

Auch wenn dies im privaten Bereich mangels ausreichend großer Gärten bislang noch wenig verbreitet ist, so sind sogenannte »Solarzäune« mit vorgefertigten Zaunelementen aus bifazialen Modulen durchaus bei Fachhändlern verfügbar und erfreuen sich zunehmender Beliebtheit.

4

Verkabelung

Mit der Montage ist es nicht getan, die PV-Module müssen auch verkabelt werden. Grundsätzlich ist das keine Hexerei: Es wird jeweils ein Modul mit dem nächsten verbunden, wobei standardisierte Steck- oder Schraubverbindungen verwendet werden. Mehrere so verbundene Module bilden einen »Strang«. Die Zu- und Ableitung zum Strang (also ein Kabelpaar) führt zum Wechselrichter.

Die Anforderungen an PV-Kabel sind allerdings wesentlich höher als an Kabel im Haushaltsbereich: Über die Kabel werden erhebliche Energiemengen transportiert. In einem Modulstrang können Spannungen bis zu 800 V anliegen und Ströme bis zu 30 A fließen. Um Leistungsverluste und eine Erwärmung der Kabel zu verhindern, haben diese einen deutlich stärkeren Umfang als gewöhnliche Haushaltskabel. Die Kabel sind zugleich extremen Witterungsverhältnissen ausgesetzt: Temperaturen zwischen −20 und 100°, Regen, Schnee, UV-Strahlung.

Im Haushalt sorgt ein Schutzschalter für Ihre Sicherheit: Wenn Sie oder ein defektes Gerät einen Kurzschluss auslösen, erkennt der sogenannte Schutzschalter den untypisch hohen Strom. Eine Sicherung schaltet den Stromkreis sofort ab, in aller Regel, bevor Ihnen etwas passieren kann.

Bei einer PV-Anlage fehlen derartige Schutzmechanismen. Zum einen ist es fast unmöglich, einen Kurzschluss überhaupt zu erkennen. Der Strom, der im Idealbetrieb durch eine PV-Anlage fließt, ist praktisch nicht vom nur geringfügig höheren Kurzschlussstrom zu unterscheiden. (Werfen Sie nochmals einen Blick auf Abbildung 2.10 und Abbildung 2.11 in Abschnitt 2.5, »Maximum Power Point Tracking (MPPT)«: Die Höhe des Kurzschlussstroms ist jeweils ganz links in den Kurven zu sehen. Der Kurzschlussstrom ist nur rund 5 bis 15 Prozent höher als der Strom im optimalen Betriebspunkt.)

Zum anderen wäre es selbst beim Erkennen eines Kurzschlusses unmöglich, den Strom einfach auszuschalten: Solange die Sonne scheint, die PV-Module daher unter Spannung stehen und die Verkabelung aufgrund eines Defekts einen Kurzschluss bildet, fließt Strom! Wegen der hohen Energiemengen entsteht dabei eine enorme Hitze, die zu einem Kabelbrand und unter ungünstigen Umständen zu einem Brand des ganzen Dachs führen kann.

Ich hoffe, ich habe Ihnen klar gemacht, wie wichtig eine professionelle Verkabelung ist! Die beste Qualität bei Kabeln und Steckverbindungen ist gerade gut genug. Die Kabel müssen vor mechanischen Einflüssen geschützt werden, dürfen nicht von Montageschienen abgeklemmt oder um scharfe Winkel geführt werden. Sie müssen so gut wie möglich vor UV-Strahlung geschützt werden, die auf lange Sicht jeden Kunststoff zersetzt. Auch wenn Ihre Anlage einmal läuft, sollte die Verkabelung regelmäßig überprüft werden.

PV-Anlage selbst montieren und verkabeln?

Sie werden im Internet auf unzählige Anleitungen und Videos stoßen, deren Grundtenor lautet: Mit etwas handwerklichen Geschick ist es nicht schwierig, eine PV-Anlage selbst zu planen, zu montieren und zu verkabeln. Lediglich der letzte Schritt, der Anschluss des Wechselrichters an den Hausverteilerkasten, muss durch eine zugelassene Elektrikfirma erfolgen. Diese haftet dem Energieversorgungsunternehmen gegenüber, dass die Anlage allen technischen Standards entspricht. Bei Selbstbauprojekten ist es schwierig, eine Firma zu finden, die dazu bereit ist (außer Sie kennen jemanden persönlich).

Dieses Buch vermittelt PV-Grundlagenwissen, erhebt aber nicht den Anspruch, Fachbetriebe überflüssig zu machen! Wenn Sie nicht selbst ein ausgebildeter Installateur oder eine Elektrotechnikerin sind, rate ich dezidiert von Selbstbauprojekten ab! Wenn etwas schief geht, bestehen Brand-, Stromschlag- und Lebensgefahr. Sie haften dafür, dass die Anlage bei einem Sturm nicht vom Dach fliegt und jemanden erschlägt (siehe auch den folgenden Abschnitt). Wenn Sie Geld sparen möchten, können Sie versuchen, mit der Firma Ihrer Wahl eine Mitarbeit bei der Montage zu vereinbaren.

4.2 Gefahrenquellen

Bei der Montage einer PV-Anlage müssen die statischen Voraussetzungen kontrolliert und diverse Gefahrenquellen berücksichtigt werden. Dazu zählen Schnee, Wind/Sturm, Hagel und Blitzschlag.

Statische Voraussetzungen, Schneelast

Bei einer Dachmontage bereitet das eigentliche Gewicht der PV-Module von ca. 25 kg pro m^2 selten Kopfzerbrechen. Im Winter müssen Sie damit rechnen, dass auf den Modulen Schnee liegen bleibt – umso mehr, je flacher diese aufgestellt sind. Aber auch dieses Gewicht sollte für das Dach unproblematisch sein: Bei einem vorhandenen Gebäude musste das Dach schon bisher mit der für Ihr Wohngebiet üblichen Schneelast zurechtkommen; bei einem Neubau wird die Statik des Dachs sowieso entsprechend der ortsüblich zu erwartende Witterung berechnet. Wichtig ist nur, dass auch das Modul und die Montageprofile entsprechend dimensioniert sind.

Kritisch ist nicht das Gewicht an sich, sondern seine Einwirkung! Die Module sind ja nicht flächig mit dem Dach verbunden, sondern nur an relativ wenigen Punkten, an denen die Montageprofile am Dach verankert oder angeschraubt sind. Inklusive Schneelast werden diese Punkte stark belastet, wesentlich stärker als bisher! Im Zweifelsfall muss eine Dachdeckerin oder ein Zimmerer die statischen Voraussetzungen überprüfen. (Hier kann ein Kompetenzenkonflikt vorliegen: Ihre Installateurfirma fühlt sich nur für die korrekte Montage der Module zuständig, kann aber den Zustand des Dachs schwer einschätzen. Sie sollten selbst mit Ihrer Dach- oder Baufirma Rücksprache halten und gegebenenfalls herausfinden, wo stabile Sparren verlaufen, die ein hohes Gewicht aufnehmen können.)

Zu bedenken ist auch, dass der Schnee von PV-Modulen rascher abrutscht als von einem gewöhnlichen Dach. Sobald auch nur ein kleiner Bereich des Moduls von der Sonne bestrahlt wird, erwärmt sich das ganze Modul, der Schnee schmilzt und rutscht ab. Das ist gut für die winterliche Stromproduktion, kann aber Personen gefährden, die sich unterhalb des Dachs aufhalten.

Windlast

Besonders bei einer Montage mit einem Ständersystem (egal ob auf dem Flachdach oder im Grünland) muss die Windlast berücksichtigt werden. Die großen Module bieten dem Wind eine riesige Angriffsfläche. Entsprechend groß werden die Sog- und Druckkräfte, die auf die Module, das Ständersystem und die Verankerung auf dem Boden oder Dach einwirken.

Die zu erwartende Windlast hängt auch vom Wohngebiet ab. Deutschland ist in vier Windzonen eingeteilt, wobei die höchsten Windgeschwindigkeiten im Nordwesten zu erwarten sind:

https://de.wikipedia.org/wiki/Windlast

Hagel

»Normaler« Hagel sollte PV-Modulen nichts anhaben. In der EU verkaufte Module müssen der Norm IEC 61215 entsprechen und Hagelkörner mit 2,5 cm Durchmesser bei einer Geschwindigkeit von 23 m/s (das sind 83 km/h) aushalten. Das entspricht der Hagelwiderstandsklasse 2. Es gibt auch Module, die einem stärkeren Hagel standhalten.

Dessen ungeachtet können Extremwetterereignisse Photovoltaikmodule sehr wohl zerstören. Von der Wahl möglichst widerstandsfähiger Module abgesehen, gibt es montageseitig keine Schutzmaßnahmen gegen Hagel. Sie sollten mit Ihrer Versicherung klären, ob die PV-Anlage von der Hausversicherung erfasst ist und welche Schäden gedeckt werden. Es kann Ihnen allerdings passieren, dass Ihnen das Unternehmen statt einer klaren Antwort den Abschluss einer eigenen PV-Versicherung empfiehlt.

Blitzschlag

Eine Blitzschutzanlage besteht aus technischer Sicht aus einem äußeren und einem inneren Blitzschutz:

▶ Der äußere Blitzschutz ist, umgangssprachlich ausgedrückt, der Blitzableiter. Er soll den Blitzstrom in eine Erdungsanlage leiten, ohne dass das Haus Schaden nimmt.

▶ Der innere Blitzschutz besteht aus Überspannungsschutzgeräten, die verhindern sollen, dass über Stromleitungen eine zu hohe Spannung in das Innere des Hauses gelangt und dort Elektrogeräte beschädigt.

Überspannungsschutzgeräte (*Surge Protective Devices*, kurz SPDs) gibt es wiederum in mehreren Typen: Der Grobschutz (Typ 1) bei der Hauseinspeisung leitet die Blitzenergie ab; die verbleibende Restspannung soll auf 1300 bis 6000 V reduziert werden. Der Mittelschutz (Typ 2) beim Verteilerkasten reduziert die verbleibende Überspannung auf 600 bis 2000 V.

Grundsätzlich ist bei privaten Gebäuden die Montage einer Blitzschutzanlage freiwillig, egal, ob es eine PV-Anlage gibt oder nicht. Eine PV-Anlage verändert das Blitzeinschlagrisiko nicht. Allerdings kann der durch einen Blitzschlag verursachte Schaden größer sein, weil mit etwas Pech auch die PV-Anlage zerstört wird. Losgelöst von den gesetzlichen Vorschriften kann ein Blitzschutz also sinnvoll sein.

Wenn eine äußere Blitzschutzanlage bereits vorhanden ist oder zusammen mit der PV-Anlage errichtet wird, dann muss die PV-Anlage einen Trennungsabstand von 30 bis 50 cm zum Blitzableiter bzw. dessen Drähten einhalten, damit der bei einem Blitzschlag durch den Ableiter fließende Strom nicht auf die PV-Anlage überschlagen kann. Außerdem sollten die von den PV-Modulen kommenden Kabelstränge vor dem Wechselrichter mit einem Überspannungsschutz (Typ 2) abgesichert werden, um den Wechselrichter vor Schäden zu schützen.

Wenn ein Blechdach vorliegt, ist dieses mit dem Blitzarbeiter verbunden. Der Trennungsabstand zwischen den am Blechdach montierten PV-Modulen kann dann nicht hergestellt werden. Somit kann nicht verhindert werden, dass ein Teil des durch eines Blitzeinschlags verursachten Stroms über die PV-Anlage und deren Kabelstränge abfließt. Um dabei auftretende Schäden zu minimieren, müssen die Kabelstränge vor dem Eintritt in das Haus durch einen Überspannungsschutz des Typs 1 abgesichert werden. Vor dem Wechselrichter muss außerdem eine weitere Schutzvorrichtung (Typ 2) platziert werden. (Es gibt auch Kombiableiter für Typ 1 und Typ 2.)

4.3 Planungsbeispiel: Einfamilienhaus, Ost-West-Satteldach

Ausgangspunkt für dieses Beispiel ist ein Einfamilienhaus mit einem Stromverbrauch von aktuell ca. 6000 kWh/a. Da in den nächsten Jahren die Anschaffung eines Elektroautos angedacht ist, wird mit einer Steigerung des Verbrauchs auf 8000 kWh/a gerechnet. Die Heizung erfolgt mit Pellets, für das Warmwasser gibt es eine kleine Brauchwasserwärmepumpe im Technikraum.

Die geplante PV-Anlage soll den Eigenbedarf gut abdecken. Das Haus hat ein Sattel-dach, das für die PV-Nutzung nicht ganz optimal ist: Die beiden Dachhälften sind grob nach Ost und West orientiert und haben eine Neigung von 20° (siehe Abbildung 4.7). Auf der einen Dachhälfte gibt es zwei Kamine, auf der anderen ein Dachfenster.

4

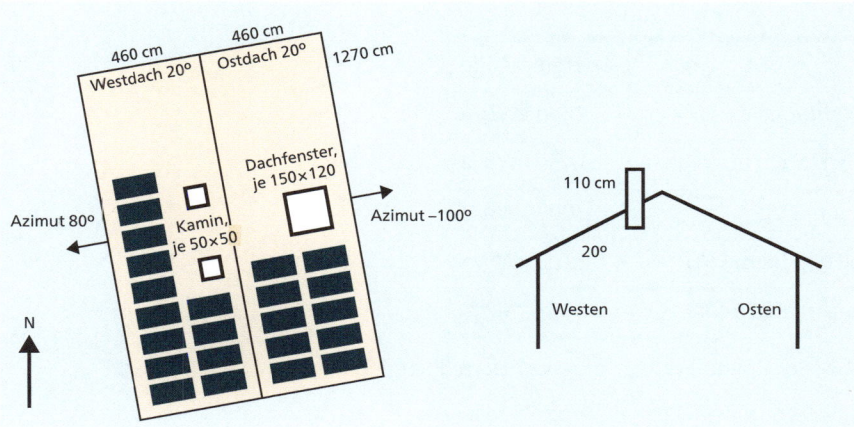

Abbildung 4.7 Grund- und Aufriss des Dachs eines Einfamilienhauses

Mit PVGIS wurde für den Standort Salzburg ermittelt, dass westseitig für jedes instal-lierte Kilowatt Leistung (kWp) mit einem Ertrag von 913 kWh/a zu rechnen ist, ostsei-tig wegen der leichten Nordorientierung nur mit 872 kWh/a. Es sollen PV-Module mit 380 Watt und einer Größe von 105×177 cm^2 eingesetzt werden. Unter Berücksichti-gung der Gegebenheiten des Dachs wird entschieden, ostseitig 10 Module zu einem Strang zu verbinden, westseitig 14 Module. Der gesamte Platzbedarf am Dach beträgt ca. 45 m^2. Insgesamt ergibt sich damit ein geschätzter Jahresertrag, der etwas höher ist als der Verbrauch von 8000 kWh/a (siehe Tabelle 4.1).

	Anzahl	Leistung	Jahresertrag
Module ostseitig	10	3,8 kWp	3310 kWh/a
Module westseitig	14	5,3 kWp	4860 kWh/a
Gesamt	24	9,1 kWp	8170 kWh/a

Tabelle 4.1 Dimensionierung der PV-Anlage (Abschätzung des Jahresertrags mit PVGIS)

Nennenswerte Verschattungsprobleme durch die Kamine sind nicht zu erwarten: Wenn die Sonne im Südosten steht und einen Schatten auf die westseitigen Module wirft, produzieren diese Module aufgrund des flachen Einstrahlungswinkels kaum Strom.

Um eine gute Eigennutzung zu erzielen, soll eine Batterie den Tagesüberschuss im Sommerhalbjahr für die Nacht zwischenspeichern. Eine vollwertige Notstromfunktion wird nicht angestrebt. Unter der Annahme eines Stromverbrauchs von 8000 kWh/a wird die Speicherkapazität mit 10 kWh festgelegt, was etwa der Hälfte des prognostizierten Tagesverbrauchs entspricht (8000 kWh / 365 / 2 = 10,9 kWh).

	Energiemenge
Eigenverbrauch direkt	2550 kWh/a
Eigenverbrauch über Akku	2450 kWh/a
Bezug vom EVU	3000 kWh/a
Einspeisung beim EVU	3100 kWh/a
Eigenverbrauchsquote	62 %

Tabelle 4.2 Per Online-Rechner prognostizierte Energiebilanz

Unter der Annahme, dass die PV-Anlage 24.000 € kostet, kann eine erste Abschätzung der wirtschaftlichen Eckdaten erfolgen (siehe Abschnitt 3.3, »Ökologische und ökonomische Kosten-Nutzen-Rechnung«). Bei einem effektiven Strompreis von 38 Cent und einer Einspeisevergütung von 8,6 Cent pro kWh ergibt sich ein Amortisierungszeitraum von etwas mehr als 11 Jahren.

Sollten die Anschaffungskosten der PV-Anlage das Budget sprengen, bietet sich als erste Einsparmöglichkeit der Stromspeicher an: Eine Reduktion der Kapazität auf 7 kWh würde die Eigenverbrauchquote nur geringfügig auf 58 Prozent senken. Wenn gleichzeitig die Anschaffungskosten um 2000 € sinken, verbessert sich auch der Amortisationszeitraum ein wenig auf 10,5 Jahre.

Wie realistisch ist die Kalkulation?

Die in diesem Buch präsentierten Planungsbeispiele sind *Beispiele*! Natürlich entsprechen die Eckdaten, so weit es geht, realen Gegebenheiten. Allerdings ist jedes Haus anders! Je nachdem, wie Ihr Dach aussieht, wie aufwendig die Verlegung der erforderlichen Leitungen ist, wie preisgünstig/teuer die lokale Installateurfirma ist, in welcher Windzone sich Ihr Haus befindet, wie viel jährliche Sonnenstunden in Ihrer Wohngegend zu erwarten sind, wie Ihr Dach ausgerichtet ist, wie sich der Strompreis in den nächsten Jahren entwickelt, können die Errichtungskosten und Amortisationszeiten stark variieren. Aktuell (Ende 2022) war das Preisniveau für PV-Komponenten extrem hoch, mehr als 20 Prozent höher als ein halbes Jahr davor. Keiner weiß, wie es in weiteren 6 oder 12 Monaten aussehen wird.

Generell gilt: Wenn Sie die PV-Anlage zusammen mit einem neuen Haus planen, werden die Errichtungskosten niedriger ausfallen als bei einer nachträglichen Erweiterung.

4

4.4 Planungsbeispiel: Reihenhaus

Im Mittelpunkt des zweiten Beispiels steht ein Reihenhaus in München. Der Stromverbrauch ist mit 3500 kWh/a bescheiden (Heizung und Warmwasser: Gas), die nutzbare Dachfläche auch: Zwar ist das Satteldach beinahe optimal ausgerichtet und geneigt (siehe Abbildung 4.8), aufgrund einer Dachgaube finden aber gerade einmal neun Module Platz. Die Zielsetzung der PV-Anlage besteht wie im ersten Beispiel darin, den im Haushalt verbrauchten Strom so gut wie möglich selbst zu erzeugen.

Zum Einsatz kommen sollen Module mit einer Leistung von 410 Wp. Bei neun Modulen ergibt sich eine Gesamtleistung von 3,7 kWp. PVGIS errechnet für die Südwestausrichtung mit 35° Neigung einen Ertrag von 1070 kWh pro kWp. Demnach sollte die Anlage einen jährlichen Energieertrag von fast 4000 kWh produzieren. Das ist durchaus beachtlich, zumal die 172×114 cm^2 großen Module gerade einmal 18 m^2 Dachfläche erfordern.

	Energiemenge
Eigenverbrauch direkt	1225 kWh/a
Eigenverbrauch über Akku	1125 kWh/a
Bezug vom EVU	1150 kWh/a
Einspeisung beim EVU	1600 kWh/a
Eigenverbrauchsquote	59 %

Tabelle 4.3 Per Online-Rechner prognostizierte Energiebilanz

Damit der Solarstrom möglichst auch nachts fließen kann, wird die Anlage mit einem Akku mit einer Kapazität von 4 kWh ausgestattet. Das ist etwas weniger als der halbe Tagesstromverbrauch. Per Online-Rechner ergibt sich daraus eine Eigenverbrauchsquote von 58 % (siehe Tabelle 4.3) – d. h., 58 Prozent des von der PV-Anlage produzierten Stroms werden entweder direkt oder über den Akku im eigenen Haushalt verbraucht.

Die PV-Firma stellt für die Errichtung der Anlage ein Angebot von 15.000 €. Grundsätzlich ist eine kleine Anlage im Verhältnis zur Leistung immer teurer als eine große Anlage. Hier kommt wohl auch ein regionaler Preisaufschlag hinzu. Eine minimalistische Amortisationsrechnung wie in Abschnitt 3.3, »Ökologische und ökonomische Kosten-Nutzen-Rechnung«, führt zu einem unerfreulich langen Zeitraum von 14,5 Jahren, bis die Anlage ihre Kosten unter Annahme der heute gültigen Strompreise und Einspeisevergütungen erwirtschaftet – und auch das nur, sofern während dieser Zeit keine Reparaturen erforderlich sind.

In diesem Fall ist es vermutlich am besten, ein Konkurrenzangebot einzuholen oder ein, zwei Jahre abzuwarten, bis der aktuelle PV-Boom und der damit verbundene Preiswahnsinn abklingen.

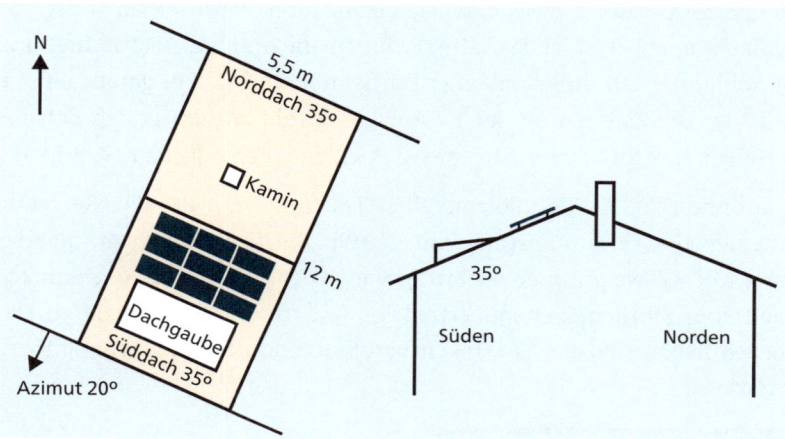

Abbildung 4.8 Grund- und Aufriss des Dachs eines Reihenhauses

4.5 Planungsbeispiel: großes Einfamilienhaus mit Flachdach

Das dritte Planungsbeispiel dreht sich um ein großes Einfamilienhaus mit hohem Strombedarf: Heizung per Wärmepumpe, Klimaanlage, Pool und Sauna fordern ihren Tribut: Die Jahresstromrechnung beläuft sich auf rund 20.000 kWh.

Das Ziel der Anlage besteht darin, zumindest einen Teil des Stroms selbst zu produzieren. Dabei stehen Perfektionismus und ökologische Fragen im Hintergrund, vielmehr sollen die Stromkosten minimiert werden. Aus verschiedenen Gründen (unter anderem der Angst vor einem Brand) lehnen die Hauseigentümer die Integration eines Batteriespeichers in die Anlage ab.

Das Haus im Umland von Hamburg besitzt ein großes Flachdach. Für eine hausparallele Montage mit 15° Neigung grob in Ost-West-Orientierung (siehe Abbildung 4.9) liefert das PVGIS folgende Ertragserwartungen:

▶ 15° Neigung, Azimut -70° (Ostsüdost): 830 kWh Ertrag pro kWp
▶ 15° Neigung, Azimut 110° (Westsüdwest): 750 kWh Ertrag pro kWp

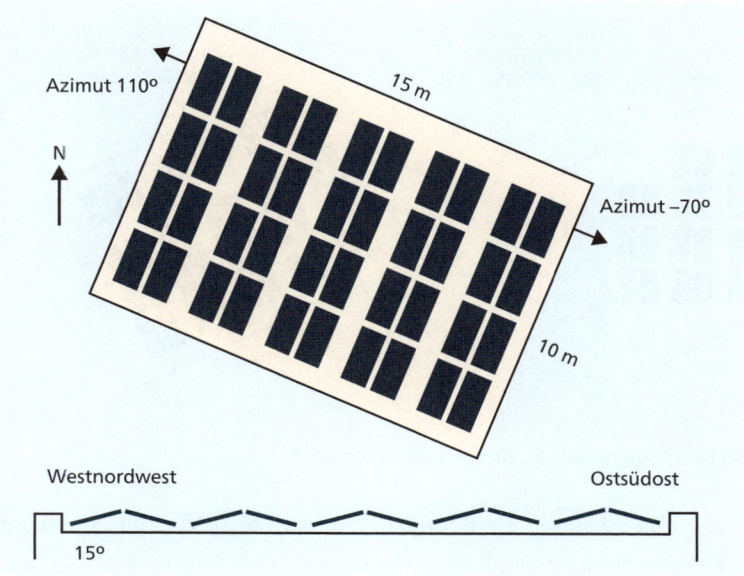

Abbildung 4.9 Grund- und Aufriss eines Flachdachs

Wenn das Dach mit 40 Modulen zu je 400 Wp bedeckt wird, sollte ein jährlicher Ertrag von gut 12.500 kWh möglich sein (siehe Tabelle 4.4).

	Anzahl	Leistung	Jahresertrag
Module ostseitig	20	8 kWp	6650 kWh/a
Module westseitig	20	8 kWp	6000 kWh/a
Gesamt	**40**	**16 kWp**	**12650 kWh/a**

Tabelle 4.4 Dimensionierung der PV-Anlage (Abschätzung des Jahresertrags mit PVGIS)

Diskutiert wurden zwei andere Montagevarianten (siehe Abbildung 4.10):

▸ Eine exakte Ost-West-Orientierung der Module würde laut PV-GIS nur minimal mehr Ertrag pro Modul liefern; gleichzeitig hätten aber nur 36 Module Platz.

▸ Eine Ost-West-Montage von 3 × 10 Modulen in Kombination mit 12 an der Nordseite aufgeständerten Modulen mit 35° Neigung würde laut Überschlagsrechnung einen Ertrag von 14.000 kWh erwarten lassen (bei nun insgesamt 42 Modulen).

Diese Variante wurde wegen der relativ hohen Windbelastung und der deswegen höheren Montagekosten verworfen.

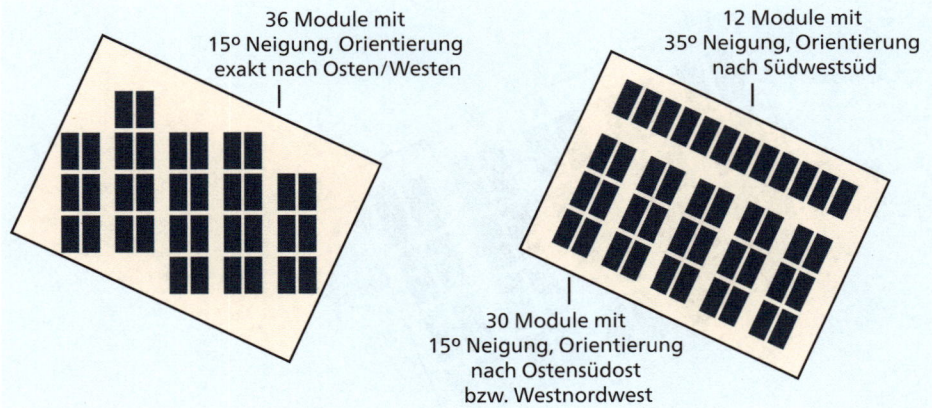

Abbildung 4.10 Zwei Montagevarianten, die verworfen wurden

Per Online-Rechner wurde versucht, die Energiebilanz der PV-Anlage abzuschätzen (siehe Tabelle 4.5). Mangels Stromspeicher sind die Zahlen ernüchternd: mehr als 2/3 des Stroms müssen weiter vom EVU bezogen werden, gerade einmal 43 % des selbst erzeugten Stroms können selbst verbraucht werden.

	Energiemenge
Eigenverbrauch direkt	5400 kWh/a
Eigenverbrauch über Akku	0 kWh/a
Bezug vom EVU	14600 kWh/a
Einspeisung beim EVU	7250 kWh/a
Eigenverbrauchsquote	43 %

Tabelle 4.5 Per Online-Rechner prognostizierte Energiebilanz

Die Zahlen täuschen hier ein wenig: Zum einen ist geplant, energieintensive Vorgänge bevorzugt tagsüber durchzuführen. Damit sollte der direkte Verbrauch des PV-Stroms gegenüber der Schätzung etwas höher ausfallen.

Zum anderen kommt eine Amortisationsrechnung wie in Abschnitt 3.3, »Ökologische und ökonomische Kosten-Nutzen-Rechnung«, bei Investitionskosten von 25.000 € auf 9,6 Jahre – weniger als bei den beiden anderen Planungsbeispielen! Das liegt daran, dass die hohen Anschaffungskosten für den Energiespeicher wegfallen. (Wie bei jeder Amortisationsrechnung gibt es auch bei diesem Beispiel keine Gewissheit: Es hängt stark von der Entwicklung des Strompreises ab, wie schnell sich die PV-Anlage lohnt. Ausrechnen kann man vieles, aber Hellsehen ist ein wenig schwieriger.)

Kapitel 5
Balkonkraftwerke

Generell ist Photovoltaik heutzutage wesentlich einfacher zu handhaben als früher. Die einzelnen Bauteile sind reguliert und zertifiziert, die Steckverbindungen genormt, und die Prozesse für Anmeldung und Inbetriebnahme wurden in den letzten Jahrzehnten standardisiert und optimiert. Dennoch gab es bis vor wenigen Jahren noch keine reguläre Möglichkeit für technische Laien, selbst erzeugte Sonnenenergie im eigenen Haushaltsnetz zu verwenden.

Dank technischer Innovationen sowie Änderungen an den technischen Normen in den Jahren 2017 bis 2019 wurde dies nachhaltig geändert. Seit diesem Zeitpunkt ist es sogar ohne Hinzuziehung eines Elektrikers möglich, Photovoltaik für die Eigenversorgung im Haushalt zu nutzen. Dieser Umstand läutete den Siegeszug der sogenannten »Balkonkraftwerke« ein, die mit rund einer halben Million installierter Geräte (Schätzung von Marktkennern) in Deutschland bereits einen signifikanten Anteil an der Energieerzeugung leisten.

Im Folgenden erkläre ich Ihnen, welches die Merkmale und Vorteile dieser kleinen Solaranlagen sind, wie Sie das optimale Balkonkraftwerk für den eigenen Bedarf identifizieren, wie sich die verschiedenen Angebote unterscheiden, wo und wie Sie das Gerät anmelden, welche Normen für einen konformen Betrieb einzuhalten sind (und welche nicht) und wie Sie häufige Fallstricke und Missverständnisse bei der Eigenversorgung mit dem Balkonkraftwerk vermeiden können.

5.1 Der einfache Weg in die Photovoltaik

Ein Balkonkraftwerk funktioniert nach denselben Prinzipien wie größere PV-Anlagen. Es besteht im Kern aus einem kleinen Wechselrichter, der von einem oder einigen wenigen Solarmodulen mit Energie beliefert wird. Darüber hinaus können unterschiedliche Anschlüsse, Montagesysteme und sogar Speichersysteme enthalten sein.

Auch muss sich das Gerät nicht zwingend am Balkon befinden. Häufig bieten ein Garagendach, eine wenig genutzte Terrasse, der heimische Garten oder ein anderes sonniges Plätzchen sogar einen besseren Ort für die kleinen Kraftwerke. Daher begegnen Sie ihnen auch unter anderen Bezeichnungen wie »Gartenkraftwerk«, »Stecker-PV«

oder »Mini-Solarkraftwerk«. Die beiden wesentlichen Unterscheidungsmerkmale für die Geräte dieser Klasse sind jedoch, dass sie

▸ durch Laien erworben, registriert, montiert und angeschlossen werden können und

▸ in erster Linie der Eigenversorgung dienen.

Beide Punkte werden durch bestimmte Rahmenbedingungen ermöglicht, darunter insbesondere eine Begrenzung der Leistung (aktuell 600 Watt in Deutschland und der Schweiz, 800 Watt in Österreich). Da die Eigenversorgung im Vordergrund steht, ist hier im Normalfall auch keine Vergütung für eventuell eingespeisten Strom vorgesehen. Das macht aber nichts, denn ein Balkonkraftwerk lohnt sich auch so.

Das ist insbesondere dem Umstand geschuldet, dass neben den reinen Materialkosten keine weiteren Aufwendungen anfallen. Wo für größere PV-Anlagen Solarteure, Gerüstbauer, Elektriker und gegebenenfalls Statikerinnen ihre kostspielige Expertise und Arbeitskraft einbringen müssen, können die notwendigen Schritte hier von Ihnen problemlos selbst durchgeführt werden. Das sorgt dafür, dass ein Balkonkraftwerk bei Stromgestehungskosten, Amortisierungszeiten und anteiliger Rendite weit vorteilhafter als eine durchschnittliche Aufdach-PV-Anlage sein kann.

Statt durch eine Vergütung für eingespeisten Strom erreichen die kleinen Kraftwerke dies durch die Einsparung von Stromkosten. Schließen Sie ein Balkonkraftwerk an den heimischen Stromkreis an, versorgt es diesen direkt mit sauberem Sonnenstrom. Dabei ist jedoch die Erzeugungsleistung nur selten genau so hoch wie der momentane Energieverbrauch im Haushalt.

Erzeugt das Balkonkraftwerk weniger als gerade benötigt, so wird der Rest wie gewohnt aus dem Stromnetz bezogen. Erzeugt es hingegen mehr, so fließt der Überschuss einfach über den Stromzähler ab. Technisch ist das kein Problem, kann aber bei der Ablesung zu Herausforderungen führen. Unter anderem deshalb müssen die Geräte angemeldet werden (siehe Abschnitt 5.8, »Anmeldung und Zählertausch«). Zunächst einmal sollten Sie sich jedoch mit der Frage befassen, welches Balkonkraftwerk für Sie das Richtige ist.

Förderprogramme

In vielen Kommunen sowie in mehreren deutschen Bundesländern gibt es Förderprogramme für Balkonkraftwerke. Auf der Webseite *https://MachDeinenStrom.de* können Sie nach einer kostenloser Registrierung ein Verzeichnis aller aktuell gültigen Förderungen herunterladen.

5.2 Welches Balkonkraftwerk passt zu mir?

Damit sich ein Balkonkraftwerk lohnt, muss es in erster Linie zum eigenen Bedarf passen. Ein Modell mit zu geringer Leistung bringt insgesamt nur eine geringe Ersparnis. Zu viel Leistung jedoch kann im Haushalt nicht immer verbraucht werden und erzeugt Überschüsse, die einfach ins Stromnetz abfließen, ohne sich auf die eigene Rendite auszuwirken.

Dank des kräftigen Wachstums im Markt für Balkonkraftwerke ist in den letzten Jahren eine große Auswahl an Varianten entstanden. Diese unterscheiden sich in Leistung, Modultechnologie, Montagelösungen, Anschlussart und diversen technischen Ergänzungen wie Speicher-, Mess-, Kommunikations- und Steuertechnologie. Hier den Überblick zu bewahren, kann mitunter schwierig sein, aber es gibt klare Eckpunkte, an denen Sie sich bei der Auswahl orientieren können.

Die eigene Ertrags- und Verbrauchskurve

Wie in Kapitel 3, »Speichersysteme«, bereits angeschnitten, bestimmen das eigene Verbrauchsverhalten sowie die Ertragskurve eines Kraftwerks die Rentabilität. Daher sollten Sie den Auswahlprozess bei diesen beiden Punkten beginnen.

Wenn man zunächst von einem gebräuchlichen Balkonkraftwerk ohne Speicher ausgeht, deckt sich die Ertragskurve in der Form mit derjenigen einer größeren PV-Anlage, wenn auch in kleinerem Maßstab (siehe Abbildung 5.1).

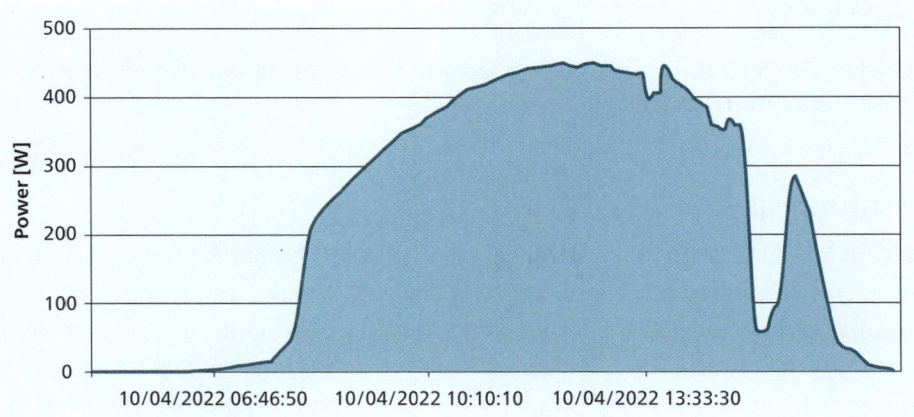

Abbildung 5.1 Ertragskurve eines Balkonkraftwerks (Südausrichtung) im Tagesverlauf

Sie können deutlich den Sonnenverlauf ablesen, erkennen aber auch zeitweise Leistungseinbrüche aufgrund von Verschattungen. Anders als bei größeren Anlagen (siehe Abbildung 3.1) übersteigt die Erzeugungsleistung aber wesentlich seltener den Verbrauch (siehe Abbildung 5.2).

Hier wird schnell deutlich, dass ein Balkonkraftwerk nicht dem Zweck dienen kann, sich energetisch autark zu machen. Sobald Leistungsspitzen durch energiehungrige Verbrauchsgeräte (Waschmaschine, Herd, Wasserkocher, Föhn etc.) auftreten, reicht die Erzeugungsleistung nicht mehr aus.

Stattdessen dienen die Kleinkraftwerke dazu, den energetischen Grundbedarf zu bedienen. Da dieser häufig einen relevanten Teil der Stromkosten verursacht, helfen Balkonkraftwerke so bei der Kostenreduktion. Studien des Photovoltaik-Instituts Berlin und der HTW Berlin haben gezeigt, dass etwa 60 bis 80 % der Energie aus einem Balkonkraftwerk direkt im eigenen Haushalt verbraucht werden. Einige Kilowattstunden pro Jahr können aber nicht direkt genutzt werden und fließen stattdessen ohne Vergütungsanspruch ins öffentliche Netz. Um diese »verlorenen« Erträge zu reduzieren, gibt es verschiedene Stellschrauben. Die wichtigste ist dabei die richtige Dimensionierung des Kraftwerks in Hinsicht auf die Leistung.

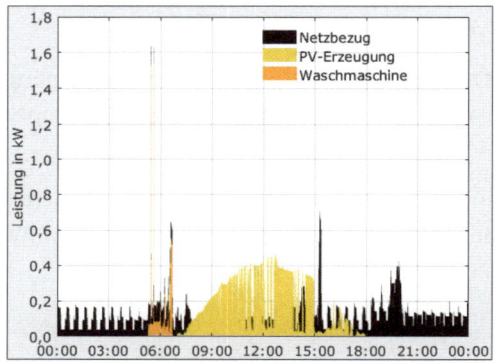

Abbildung 5.2 Reale Verbrauchs- und Ertragskurve eines Haushalts mit Balkonkraftwerk (Quelle: Nico Orth, HTW Berlin)

Geräteleistung

Balkonkraftwerke gibt es mit Leistungen von 150 Watt bis über 1000 Watt. Sie unterscheiden sich entsprechend ihrer Leistung auch im Preis. Bevor Sie also blind zum leistungsstärksten oder aber zum günstigen Modell greifen, lohnt sich die Frage nach der richtigen Leistung für den eigenen Bedarf. Um den eigenen Gesamtverbrauch zu ermitteln, genügt eventuell ein Blick auf die Stromrechnungen, sicher aber ein Anruf beim Energieversorger. Den für das Balkonkraftwerk relevanten Grundbedarf hingegen können Sie nur selbst ermitteln. Aus ihm kann dann die sinnvolle Kraftwerkgröße berechnet werden. Die Stichprobenmessung ist die am häufigsten hierzu genutzte Methode. Sie funktioniert wie folgt:

▶ Schalten Sie sämtliche Verbrauchsgeräte aus, die nicht zum Grundverbrauch gehören, wie etwa Leuchten, Waschmaschinen, Geschirrspüler etc.

▶ Verschaffen Sie sich Zugang zum Stromzähler, und notieren Sie den genauen Zählerstand.

▶ Belassen Sie den Haushalt für einige Stunden in diesem Zustand.

▶ Notieren Sie den Zählerstand danach erneut, und teilen Sie die Differenz zum vorher gemessenen Wert durch die Zahl der Stunden zwischen den Messungen.

▶ Der Grundverbrauch pro Stunde in kWh multipliziert mit dem Faktor 2,5 entspricht in etwa der optimalen Geräteleistung in kWp.

Ein Rechenbeispiel verdeutlicht die Vorgehensweise: In einem Messzeitraum von 8 Stunden wurde ein Verbrauch von 2,4 kWh gemessen. Das entspricht einem Grundverbrauch von 0,3 kWh pro Stunde. Multipliziert mit dem Faktor 2,5 ergibt sich daraus eine optimale Geräteleistung von ca. 0,75 kWp, also 750 Wp.

In dem Haushalt aus dem Rechenbeispiel wird permanent eine Leistung von 300 Watt benötigt (0,3 kW). Damit ein Balkonkraftwerk diesen Bedarf möglichst häufig bedienen kann, sollte es bei Sonnenschein schnell auf diese Erzeugungsleistung kommen. Dass ein kleineres Kraftwerk, das insgesamt nur eine Spitzenleistung von 300 Watt hat, diese Anforderungen nicht erfüllen kann, ist naheliegend. Die Leistung steigt bei ausreichender Sonneneinstrahlung für das Erreichen des MPP-Bereiches zunächst steil an (siehe Abbildung 5.1). Ist die Modulleistung aber insgesamt zu gering, wird die notwendige Leistung zur Deckung des Grundbedarfs nicht sofort erreicht. Dadurch wird mögliches Einsparpotenzial nicht ausgeschöpft.

Dimensionierung leicht gemacht

Eine zweite, gröbere, aber wesentlich einfachere Möglichkeit, die geeignete Kraftwerkleistung zu errechnen, ergibt sich aus dem Umstand, dass Balkonkraftwerke meist nur in zwei Leistungsklassen verfügbar sind: mit einem oder mit zwei Modulen à 330–400 Wp.

Bei einem Jahresverbrauch (nicht Grundverbrauch!) von bis zu ca. 2500 kWh genügt ein Modul. Liegen Sie darüber, lohnen sich auch zwei.

Aufgrund insgesamt steigender Modulleistungen und neuer Geräteklassen mit mehreren kleinen oder drei größeren Modulen verliert diese Faustformel zunehmend an Bedeutung. Wählen Sie aber ein klassisches Balkonkraftwerkmodell, dann ist sie noch immer eine gute Richtschnur.

Theoretisch wäre es auch denkbar, mithilfe von Messgeräten den Verbrauch sämtlicher Grundverbrauchsgeräte zu messen, um den Grundverbrauch wesentlich genauer und gegebenenfalls auch im Jahresverlauf zu berechnen. Da hierzu aber auch Geräte im Stand-by zählen, kann das sehr aufwendig werden und ist daher im Normalfall nicht zu empfehlen.

Montage und Ausrichtung

Die optimale Ausrichtung für die maximale Ausbeute mit Solarmodulen wurde bereits in Abschnitt 2.2, »Ertrag je nach Lage und Ausrichtung«, behandelt. Auch für ein Balkonkraftwerk gelten die Südausrichtung und ein Neigungswinkel von 20° und 40° als optimal in Hinblick auf die erzielbaren Erträge. Das ist allerdings nicht immer auch mit der optimalen Eigenverbrauchsquote gleichzusetzen. Um diese und damit die Rentabilität eines Balkonkraftwerks zu optimieren, kann stattdessen ein Angleichen der Ertrags- an die Verbrauchskurve sinnvoll sein.

Eine Änderung der Ertragskurve erzielen Sie insbesondere durch eine angepasste Ausrichtung der Solarmodule. Anders als z.B. bei einer Aufdach-Montage, die von der Ausrichtung und Bauart des Hausdachs abhängig ist, haben Sie bei den Balkonkraftwerken häufig eine größere Auswahl bei Standort und Montageart. Das kann ein signifikanter Vorteil sein, insbesondere wenn es in erster Linie um die Deckung des Grundverbrauchs geht. Dieser verteilt sich schließlich gleichmäßig über den Tag. Leistungsspitzen zur Mittagszeit sind daher nicht immer wünschenswert.

Bei einem Balkonkraftwerk mit einem Modul haben Sie in dieser Hinsicht kaum eine Wahl. Die Südausrichtung ist hier der Königsweg. Je nachdem, ob vormittags oder nachmittags ein höherer Verbrauch vermutet wird, kann dem mit einer leichten Verschiebung um ca. 10° nach Osten oder Westen Rechnung getragen werden.

Sind allerdings mehrere Module vorhanden, so kann die Ost/West-Aufständerung eine sinnvolle Alternative darstellen. Hierbei werden jeweils ein oder mehrere Module eher in Richtung (Süd-)Osten hin ausgerichtet und das/die weiteren Module nach (Süd-)Westen. Meist wird hierbei eine Aufständerung verwendet, um steilere Winkel zu erreichen, die dem niedrigeren Sonnenstand Rechnung tragen.

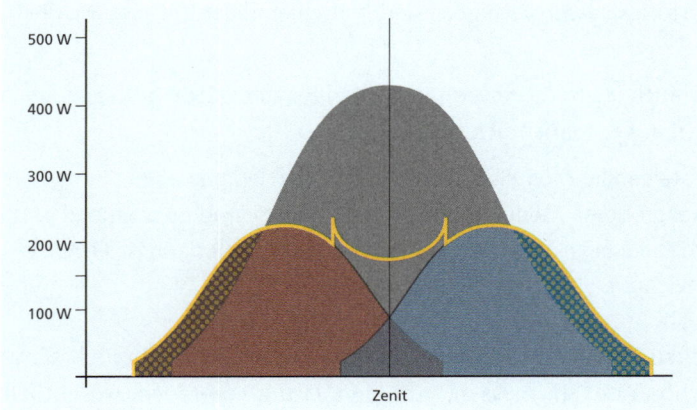

Abbildung 5.3 Idealisierter Ertrag aus Süd-Ausrichtung (grau) versus Südost/Südwest-Ausrichtung (rot/blau), gelbe Linie = gemeinsamer Ertrag Ost/West, gelb gepunkteter Bereich: Vorteil zu Südausrichtung

Sofern dies mit dem Sonnenverlauf und möglichen Schattenquellen vereinbar ist, ergibt sich dabei bei etwas weniger Gesamtertrag ein ausgeglicheneres Ertragsprofil (siehe Abbildung 5.3).

Es wird deutlich, dass das Balkonkraftwerk mit einer (Süd-)Ost/(Süd-)West-Ausrichtung potenziell über einen längeren Zeitraum einen Anteil am Grundverbrauch decken kann und weniger Energie verschenkt wird, als das bei einer reinen Südausrichtung der Fall wäre. Ob dies tatsächlich der Fall ist oder ob eine andere Ausrichtung nicht doch günstiger ist, hängt aber in erster Linie vom tatsächlichen Verbrauch ab.

Verbrauchsverhalten und Lastverschiebung

Die Erzeugung von Energie für den Eigenverbrauch bringt als positive Nebenwirkung häufig einen neuen Blick auf das eigene Verbrauchsverhalten mit sich. Nicht nur unterziehen Nutzerinnen und Nutzer eines Balkonkraftwerks häufiger den Verbrauch ihrer Haushaltsgeräte, Leuchtmittel, Unterhaltungselektronik etc. einer genaueren Prüfung, sie passen oft auch ihren Verbrauch der Erzeugung an.

So ist es bei Geräten wie Waschmaschinen, Wäschetrocknern und Geschirrspülern neuerer Bauart etwa möglich, deren Startzeit einzustellen. Diese kann dann in eine sonnen-/ertragreiche Tageszeit gelegt werden. Auch der Verzicht auf warme Mahlzeiten in den Abendstunden gehört zur gelebten Praxis einiger Nutzer, um den hohen Energiebedarf von Elektro- und Induktionsherden außerhalb der Betriebszeiten des Balkonkraftwerks zu vermeiden. Das kann das zu einer besseren Deckung des Eigenverbrauchs führen (siehe Abbildung 5.4).

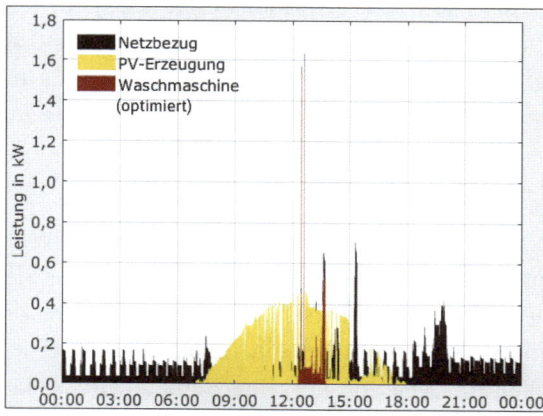

Abbildung 5.4 Reale Verbrauchs- und Ertragskurve eines Haushalts mit Balkonkraftwerk mit optimiertem Betrieb der Waschmaschine (Quelle: Nico Orth, HTW Berlin)

Um Ihr Verbrauchsverhalten zu optimieren, müssen Sie wissen, wie und wann Sie überhaupt Ihren Strom verbrauchen. Viele Anbieter intelligenter Messsysteme für den Stromzähler sowie kostenintensiver Smarthome-Konzepte bedienen aktuell diesen Markt. Denselben Zweck erfüllen allerdings auch günstige Strommessgeräte in Form von Zwischensteckern, die zwischen ein Verbrauchsgerät und die Steckdose gesteckt werden und bereits für niedrige zweistellige Beträge im Handel zu finden sind. So kann nach und nach jeder Verbraucher im Haushalt in unterschiedlichen Szenarien gemessen und seine Verwendung überdacht werden. Die Anschaffung eines solchen Messgeräts ist für die Nutzung des Balkonkraftwerks ohnehin sinnvoll, wie ich in Abschnitt 5.7, »Zubehör«, weiter ausführen werde.

5.3   Nutzung von Überschüssen

Die Optimierung des Eigenverbrauchs ist gleichbedeutend mit der Vermeidung von Überschüssen bei der Erzeugung. Aber auch ohne entsprechende Maßnahmen hält sich die Menge der über den Eigenbedarf hinaus erzeugten Energie in Grenzen.

Eine betriebswirtschaftliche Analyse von Balkonkraftwerken der Hochschule Rosenheim in Zusammenarbeit mit der Deutschen Gesellschaft für Sonnenenergie in Franken und Berlin-Brandenburg aus dem Jahr 2017 berechnete etwa Überschüsse von 5 % bis knapp 30 % der Gesamterzeugung pro Jahr. Die damaligen Berechnungen wurden allerdings mit Balkonkraftwerken einer frühen Generation durchgeführt, die nur etwa zwei Drittel der heute üblichen Leistung erzeugte. Zudem wurde lediglich ein einzelnes Modul verwendet, sodass Optionen wie die Ost/West-Ausrichtung nicht analysiert werden konnten.

Eine aktuellere, aber leider bisher unveröffentlichte Studie der Hochschule für Technik und Wirtschaft Berlin (HTW) aus dem Jahr 2021 geht hier wesentlich mehr ins Detail. Sie ermittelt bei einer vergleichbaren Modellrechnung Quoten von 10 bis 40 % Übererzeugung bei den gängigen Kraftwerkgrößen. Sie gibt zudem die maximale Ausbeute mit bis zu 1200 Wh pro installiertem Wp pro Jahr bei optimaler Ausrichtung an. Dieser Wert kann bei weniger optimaler Ausrichtung allerdings auf wenige Hundert Wh sinken.

Aus diesen Daten lässt sich ablesen, dass der mögliche Jahresüberschuss mit Werten zwischen null und mehreren hunderttausend Wh sehr stark variiert. Bevor Sie sich also damit befassen, ob sich eine Nutzung des Überschusses für andere Zwecke lohnt, sollte zunächst dessen tatsächliche Größe bekannt sein. Da bei regulär betriebenen Balkonkraftwerken im Normalfall ein Zweirichtungszähler verbaut wird (siehe auch Abschnitt 5.8, »Anmeldung und Zählertausch«), kann dieser nach dem ersten Betriebsjahr des Balkonkraftwerks einfach dort abgelesen werden. Erst mit diesem Wert ergeben weitere Überlegungen Sinn.

Speicher

Der erste Impuls zur Verwertung von Leistungsüberschüssen geht auch beim Balkonkraftwerk für gewöhnlich zum Speicher, genauer zum Batteriespeicher. Wie in Kapitel 3, »Speichersysteme«, bereits beschrieben, hängt die Rentabilität eines Speichers von der Größe des jeweiligen PV-Kraftwerks ab. Daher darf es Sie nicht verwundern, dass die meisten Online-Rechner zur Rentabilität von Stromspeichern Kraftwerke mit Modulleistungen unter einigen kWp gar nicht zur Berechnung anbieten.

Der Steckersolar-Rechner der HTW Berlin erlaubt dies zwar, aber auch dort erhöht jede Form von Stromspeicher die Amortisierungsdauer eines Balkonkraftwerks um mehrere Jahre. Das hat in erster Linie damit zu tun, dass bei geringen Leistungen eben das meiste direkt im Haushalt verbraucht wird und nur wenig übrig bleibt, was gespeichert werden könnte.

https://solar.htw-berlin.de/rechner/stecker-solar-simulator

Auch die begrenzte Lebensdauer und die noch immer recht hohen Kosten für geeignete Speicherlösungen – meist sind es Lithium- oder Lithium-Eisenphosphat-Akkus – sowie zusätzliche Kosten für Laderegler und weitere Komponenten tragen zur geringen Rentabilität bei.

Allerdings steht bei PV-Speichern nicht immer der finanzielle Aspekt im Vordergrund. Immer wieder ist es stattdessen der Wunsch nach mehr energetischer Unabhängigkeit, Notstromfähigkeit und Autarkie, der den Ausschlag gibt, ein Balkonkraftwerk mit einem Speicher auszustatten. Auch hier gibt der besagte Steckersolar-Rechner in Teilen eine gute Hilfestellung. Das zeigen die folgenden beiden Beispielrechnungen:

▸ Ein 3-Personen-Haushalt mit einem Jahresverbrauch von 3000 kWh erreicht mit einem auf maximalen Ertrag ausgerichteten 750-Wp-Balkonkraftwerk eine Eigenverbrauchsquote von 64 % und einen Autarkiegrad von 14 %. Mit einem Batteriespeicher von 1 kWh Kapazität kann dies auf einen Eigenverbrauch von 89 % und einen Autarkiegrad von 19 % gesteigert werden.

▸ Ein 5-Personen-Haushalt mit 5000 kWh Jahresverbrauch hingegen kommt unter denselben Bedingungen schon von vorneherein auf eine Eigenverbrauchsquote von 89 %. Aufgrund des hohen Verbrauchs liegt der Autarkiegrad allerdings dennoch bei nur 11 %. Mit diesem Speicher kann der Eigenverbrauch auf stolze 96 % erhöht werden. Dennoch steigt der Autarkiegrad gerade einmal um einen Prozentpunkt auf 12 %.

Powerstation

Herkömmliche Stromspeicher tragen somit bei Balkonkraftwerken im Standardbetrieb nur sehr bedingt zu einer stärkeren energetischen Unabhängigkeit bei. Wenn es allerdings darum geht, bei Stromausfällen eine alternative Energiequelle nutzen zu können, dann liegen die Dinge etwas anders.

Wie in Abschnitt 3.4, »Notstromfunktion und Inselanlagen«, bereits beschrieben wurde, sind die Solarmodule eines Balkonkraftwerks auch dann noch in der Lage, Energie zu erzeugen, wenn der netzgekoppelte Wechselrichter bei Stromausfall nicht mehr nutzbar ist.

Statt auf Hybridwechselrichter oder Ähnliches setzen viele Nutzerinnen eines Balkonkraftwerks daher auf einfache Powerstations, um für diesen Fall gewappnet zu sein. Das sind Batteriespeicher mit integrierten Lithium- oder Lithium-Eisenphosphat-Speichern und einer Speicherkapazität zwischen einigen 100 Wh und mehreren kWh.

Zudem sind im Gehäuse bereits Laderegler, Spannungswandler, Inselwechselrichter und die unterschiedlichsten Anschlüsse integriert, auch gewöhnliche 230-V-Steckdosen. Sie liegen preislich zwischen knapp unter 1000 € bis zu ca. 1300 € pro kWh Speicherkapazität.

Diese Geräte werden wegen ihrer einfachen Handhabbarkeit auch gerne von Campern oder im Outdoor-Bereich verwendet. Sie ermöglichen im Notfall ein unkompliziertes Umstecken der vorhandenen Solarmodule über ein meist bereits mitgeliefertes Anschluss-Set und damit ihre Weiternutzung auch ohne Netzanschluss.

Diese Geräte sind in Hinblick auf Verbrauchsspitzen und mangelnden Solarertrag gerade in den kalten Monaten des Jahres zwar keine Konkurrenz für ein klassisches Dieselaggregat, allerdings können sie eben auch dann noch Strom ohne zusätzlichen Aufwand bereitstellen, wenn Diesel Mangelware ist. Insofern können Powerstations eine sinnvolle Ergänzung zum Balkonkraftwert darstellen. Das gilt insbesondere, da bei Inselanlagen keinerlei Einschränkung in Hinblick auf die Leistung herrscht. Hier bestimmt nur das Platzangebot, wie groß Ihre Solaranlage sein darf.

Hybridlösungen, also Systeme, die sowohl ins Netz einspeisen als auch bei Bedarf als Inselanlage funktionieren, sind in einer für die Erzeugungsleistung eines Balkonkraftwerks sinnvollen Größe noch selten. Die Auswahl nimmt langsam zu. Da bei Hybridlösungen zum Teil mit mehreren Wechselrichtern gearbeitet wird und komplexe Messtechnologien verbaut sind, die dafür sorgen sollen, dass nicht mehr als der tatsächliche Momentanverbrauch im Haushalt aus dem Speicher abgegeben wird, sind hier die Kosten pro kWh Kapazität doppelt so hoch wie bei einer Powerstation. In den nächsten Jahren ist mit einer zunehmenden Wettbewerbssituation und dadurch mit fallenden Preisen zu rechnen.

Power-to-Heat

Ein anderer möglicher Weg, Überschüsse aus kleinen Solaranlagen für den eigenen Haushalt nutzbar zu machen, ist deren Umwandlung in Temperaturveränderung.

Meist wird hier von *Power-to-Heat* gesprochen. Neben tatsächlicher Wärmeerzeugung über Elektroboiler, Heizpatronen, Tauchsieder, Wärmepumpen und Infraroteizungen ist auch die Erzeugung von Kälte, wie etwa über eine Klimaanlage oder einfach ein Herunterkühlen des Gefrierschranks, möglich.

Dabei ist allerdings erneut zu beachten, dass die Leistung und damit die Überschüsse eines Balkonkraftwerks überschaubar sind. Zugleich kostet die Veränderung der Temperatur eines Mediums wie Wasser oder Raumluft sehr viel elektrische Energie. Zudem wäre auch hier komplexere Zusatztechnologie für die gezielte Verwendung der Überschüsse sinnvoll, denn Letztere müssen ja zunächst einmal fortlaufend ermittelt und die Wärme- bzw. Kältequellen dann gezielt aktiviert werden. So wird schnell deutlich, dass Power-to-Heat als Ergänzung für ein einfaches Balkonkraftwerk nach dem aktuellen technischen Stand noch nicht sinnvoll ist. Auch hier wird daher stattdessen – äquivalent zu den Stromspeichern – häufiger der Weg zur Inselanlage beschritten. Der Vorteil dabei ist dreifach:

▶ Zum Ersten ist auch hier der Größe der Anlage dann keine Grenze mehr gesetzt. Mehrere kWp an Solarleistung sind hier möglich, was bei dem wie gesagt recht großen Energiebedarf der Umwandlung in Wärme oder Kälte auch Sinn ergibt.

▶ Zum Zweiten lässt sich solare Wärme- und Klimatechnik oft in bestehende Heiz- und Kältesysteme integrieren oder kann selbige ergänzen (siehe Abbildung 5.5).

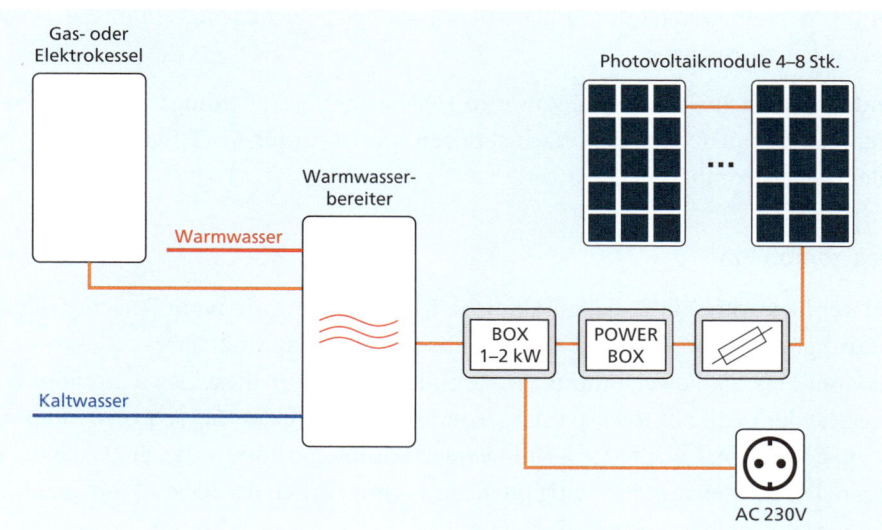

Abbildung 5.5 Schematische Darstellung der Einbindung einer mit Photovoltaik versorgten Heizpatrone in einen vorhandenen Heizkreislauf (Quelle: LOGITEX/Alpha Solar- und Heizungstechnik GmbH)

► Zum Dritten bietet der Markt bereits eine ganze Reihe an Geräten, die direkt mit Gleichstrom aus den Solarmodulen betrieben werden können. So fallen unnötige Umwandlungsverluste weg, und die Sonnenenergie kann mit maximaler Effizienz genutzt werden.

Einige Anbieter errechnen für diese Lösungen zum Teil Kosten von gerade einmal 5 Cent pro kWh Heizenergie. Im Vergleich zum aktuellen Preis für Wärmeerzeugung ist dies eine enorme Ersparnis, die in manchen Fällen eine Amortisierung der Anschaffung in nur wenigen Jahren ermöglicht. Allerdings sind die verschiedenen Lösungen für Power-to-Heat sehr unterschiedlich zu bewerten, und eine genaue Kenntnis des eigenen Energieverbrauchs bei der Wärmeerzeugung sowie dessen bisherige Kosten ist für eine qualifizierte Entscheidung unerlässlich. Eines haben sie aber gemein: Sie steigern den Autarkiegrad in einem Sektor, der häufig noch vollständig von fossilen Energiequellen abhängig ist.

Gerade für die Erzeugung von Kälte, etwa mithilfe einer Klimaanlage, eignet sich Sonnenenergie eigentlich hervorragend, da in den Zeiten des höchsten Bedarfs an Abkühlung meist auch die Sonne am intensivsten scheint. Aktuell sind Klimaanlagen in Deutschland noch nicht so stark verbreitet wie in südlicheren Gegenden. Aber auch hier mag der Klimawandel in den nächsten Jahren eine Veränderung bewirken. Allerdings führt bei der Raumkühlung aktuell an größeren PV-Anlagen noch kein Weg vorbei. Für die großen Volumina an Luft, die gekühlt werden müssen, sind ebenso große Energiemengen erforderlich. Hierzu ist der Überschuss aus einem Balkonkraftwerk nicht ausreichend.

Anders als bei Speichern und Power-to-Heat suchen Sie allerdings im Klimabereich hierzulande noch vergeblich nach seriösen Anbietern für Inselanlagen mit Hybrid- oder Gleichstrombetrieb.

Elektromobilität

Bei der Elektromobilität gelten ähnliche Überlegungen wie beim Speicher: Elektroautos spielen zwar aufgrund der gigantischen Ladekapazität ihres Akkus in einer anderen Liga als Powerstations, im Grunde gelten aber dieselben Vorteile: Da die Energie hier nicht zur Rückspeisung, sondern zum Direktverbrauch verwendet wird, ist etwa keine zusätzliche Mess- und Steuertechnologie notwendig. Ein Ladevorgang, der in den Sonnenstunden stattfindet, wird immer durch das Balkonkraftwerk unterstützt, wenn auch nur zu einem kleinen Teil.

Wesentlich effektiver gestaltet sich dies bei kleineren Mobilitätslösungen wie E-Bikes oder E-Rollern. Mit Ladeleistungen von z.T. wenigen Hundert Watt ist deren Ladevorgang bei guter Sonneneinstrahlung mit einem Balkonkraftwerk durchaus zu bedienen.

Letztlich erfolgt die Anschaffung eines Elektromobils ja nicht ausschließlich zur Ergänzung eines Balkonkraftwerks, sondern verfolgt – ähnlich wie bei einer Powerstation – einen eigenen Zweck. Das Balkonkraftwerk kann dann dazu beitragen, die Erfüllung dieses Zwecks günstiger zu machen.

Fazit

Die aktuell noch überschaubaren Überschüsse aus dem Balkonkraftwerk allein sind nicht ausreichend, um die Anschaffung von zusätzlicher Technologie zur Speicherung und Umwandlung von Energie ökonomisch zu rechtfertigen. Umgekehrt erweist sich das Balkonkraftwerk als sinnvolle Ergänzung für die Erfüllung anderer Zwecke wie der Notstromfähigkeit und Offgrid-Nutzbarkeit der Powerstation, der Steigerung der Energieunabhängigkeit bei Power-to-Heat-Lösungen oder Einsparungen bei der Nutzung von Elektromobilen.

5.4   Wie viel kann ich mit einem Balkonkraftwerk einsparen?

Wie aus den bisherigen Ausführungen deutlich wurde, sind viele Faktoren zu beachten, um den tatsächlichen Ertrag aus einem Balkonkraftwerk zu ermitteln. Um eine allgemeingültige Aussage in Hinsicht auf den Jahresertrag und die Eigenverbrauchsquote zu treffen, muss daher mit vielen Schätzungen gearbeitet werden. Zumindest was die Kosten pro Leistung angeht, gibt es hingegen verlässliche Zahlen. Die Plattform *MachDeinenStrom.de* erstellte bis 2021 jährliche Marktübersichten, bei denen diese Werte für Hunderte von Balkonkraftwerk-Modellen ermittelt und veröffentlicht wurden.

So lag der durchschnittliche Preis pro Modulleistung über alle Modelle hin im Jahr 2021 bei 1,16 €/Wp. Dabei lagen die Modelle mit Wechselrichtern mit bis zu 400 W Leistung und meist mit einem Modul bei 1,45 €/Wp, diejenigen mit Wechselrichtergrößen von 400 bis 600 W und mehreren Modulen hingegen bei nur 1,06 €/Wp. Die Werte können Sie hier nachlesen:

https://machdeinenstrom.de/mini-solar-ranking

Legen Sie nun den jährlichen Durchschnittsertrag von einer kWh pro Wp Leistung und den durchschnittlichen Strompreis von 2021 mit 32,87 Cent/kWh zugrunde, so können Sie mit den beiden folgenden Formeln verschiedene Modellrechnungen anstellen (siehe Tabelle 5.1).

Jährliche Ersparnis =
  Modulleistung × Durchschnittsertrag × Eigenverbrauchsquote × Strompreis

Amortisierungsdauer =
  Modulleistung × Durchschnittspreis pro Wp / Jährliche Ersparnis

Leistung	Eigenverbrauch	Ersparnis/Jahr	Amortisierung
330 Wp	70 %	ca. 76 €	6,3 Jahre
375 Wp	90 %	ca. 111 €	4,9 Jahre
620 Wp	60 %	ca. 122 €	5,4 Jahre
780 Wp	75 %	ca. 192 €	4,2 Jahre

Tabelle 5.1 Modellrechnungen für die Amortisierung von Balkonkraftwerken

Der aktuelle und künftige Anstieg des Strompreises ist hier noch nicht einberechnet. Dieser verkürzt die Amortisierungsdauer natürlich potenziell noch. Wechselrichter und Solarmodule bringen meist ein Vielfaches der Amortisierungszeiten als Garantiedauer mit. Die Ausnahme bilden hier die Kunststoffmodule, die häufig mit Garantiezeiten von unter zehn Jahren ausgestattet sind. Hierzu wird aber im nächsten Kapitel mehr gesagt.

Der Umstand, dass die Ergebnisse bei diesen Modellrechnungen so stark variieren, macht jedenfalls deutlich, wie wichtig die richtige Auswahl des Balkonkraftwerks ist.

5.5 Komponenten

Im Grunde enthält ein Balkonkraftwerk dieselben Komponenten wie eine größere PV-Anlage. Allerdings sind durch die oft abweichende Nutzungsform einige Besonderheiten zu beachten, was Solarmodule, Wechselrichter, Anschlusstechnik und Montage angeht.

Solarmodule

Der entscheidende Unterschied zwischen dem Balkonkraftwerk und anderen Typen von Solaranlagen ist die geringe Größe. Sie ist sowohl der Leistungsbegrenzung der Wechselrichter geschuldet als auch dem häufig nur geringen verfügbaren Platz für ihren Betrieb. Daher hat der Markt für Balkonkraftwerke bereits vor Jahren vollständig auf hocheffiziente monokristalline Module umgestellt. Auch Module in moderner Schindeltechnik werden bereits verwendet. Bei diesen überlappen sich die Solarzellen und reichen die in ihnen erzeugte Energie so direkt an die Nachbarzelle weiter. Das macht die Verlegung von Leiterbahnen und damit breite Abstände zwischen den Solarzellen überflüssig. So kann auf noch kleinerer Fläche noch mehr Leistung erzeugt werden.

Aber nicht nur das Platzproblem beeinflusst die Wahl der Solarmodule. Wie in Kapitel 2, »Wie Photovoltaik funktioniert«, bereits beschrieben wurde, kann Verschattung einen starken negativen Effekt auf den Solarertrag ausüben. Da Balkonkraftwerke häufiger dem Schattenwurf von Bäumen, Häusern und anderen Objekten ausgesetzt sind als Solarmodule auf Hausdächern, werden hier schattenresistente Modultechnologien bevorzugt. Halbzellenmodule etwa, deren Modulfläche in zwei unabhängige Hälften geteilt ist, sind aktuell der Standard. Auch weitergehende und noch rare Innovationen wie etwa Drittelzellmodule oder die Hotspot-free-Technologie, bei der Verschattungen mit Bypass-Dioden an jeder einzelnen Solarzelle überbrückt werden, sind bereits zu finden.

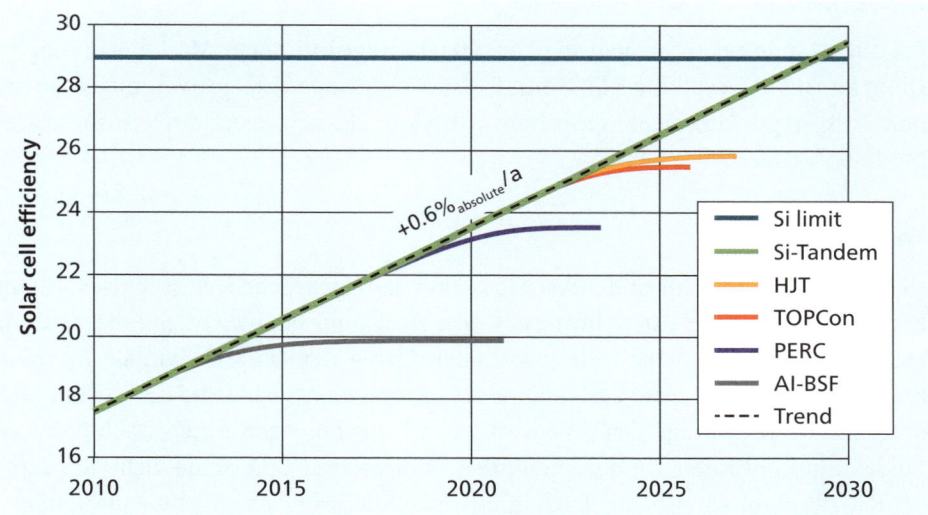

Abbildung 5.6 Roadmap für die Entwicklung der Wirkungsgrade von Solarzellen. Links die Effizienz in Prozent, unten die Jahreszahl der Entwicklung. Die unterschiedlichen Modultechnologien sind durch unterschiedliche Farben gekennzeichnet.
Quelle: Fraunhofer-Institut für Solare Energiesysteme ISE (Fh ISE) (2021). »Innovative Energietechnologien – Analyse ausgewählter innovativer Technologien zur Energieerzeugung, -umwandlung und -speicherung. Kurzgutachten zur dena-Leitstudie Aufbruch Klimaneutralität.« Herausgegeben von der Deutschen Energie-Agentur GmbH (dena)

Darüber hinaus werden häufig keine klassischen Glas-Folie-Module verwendet, sondern flexible Kunststoffmodule aus Glasfaser-Verbund (GFK) oder anderen Kunststoffen (insbesondere ETFE). Diese stehen den klassischeren Modulen von der Effizienz her oft in nichts nach, bringen aber einige Vorteile mit sich. So verfügen sie nur über einen Bruchteil des Gewichts klassischer Module und können daher einfacher transportiert, bewegt und befestigt werden. Zudem sind sie meist rahmenlos sowie häufig etwas kleiner und daher nicht immer als Solarmodule zu erkennen.

Gerade im Bereich von Miet- und Eigentumswohnungen können sie so als Sichtschutz verwendet werden und verändern das Erscheinungsbild des Gebäudes weniger intensiv. Das kann die notwendige Abstimmung mit Vermieterin und Eigentümergemeinschaft vereinfachen. Auch sind sie zum Teil in schmaleren Abmessungen verfügbar und eignen sich damit auch für die Anbringung an Simsen, Fensterlaibungen oder Erkern. Da sie jedoch in geringeren Mengen produziert werden, sind flexible Module auf die Leistung gerechnet meist 10 bis 20 % teurer als klassische Module.

Dünnschichtmodule hingegen spielen aufgrund der geringen Effizienz, mitunter problematischer enthaltener Stoffe, höherer Degradation und der schwierigeren Montage im Balkonsolar-Markt keine Rolle.

Bei allen Modultypen steigen die Leistungen aufgrund neuer Modultechnologien stetig an (siehe Abbildung 5.6). Wenn Sie sich also längerfristiges Vergnügen an seinem Balkonkraftwerk sichern möchten, dann lohnt es sich, gleich auf leistungsstarke Module zu setzen.

Wechselrichter

Neben dem Solarmodul ist der Wechselrichter das eigentliche Herzstück des Balkonkraftwerks. Bei seiner Auswahl muss gleich zu Beginn eine wichtige Entscheidung getroffen werden: Möchten Sie maximalen Ertrag oder eine maximale Eigenverbrauchsquote? Einen maximalen Jahresertrag erreichen Sie bei Südausrichtung und optimaler Anwinkelung. Der Eigenverbrauch kann hingegen durch uneinheitliche Ausrichtung optimiert werden. Außerdem gibt es zwei unterschiedliche Konzepte bei den Wechselrichtern für Balkonkraftwerke, die unterschiedliche Zielsetzungen haben.

 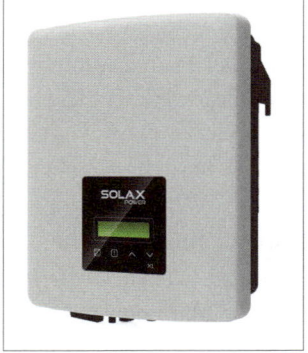

Abbildung 5.7 String-Wechselrichter mit 600W Leistung
Links: Growatt mic 600tl-x. Rechts: SolaX X1 mini 600

Wenn Sie einen maximalen Ertrag erreichen möchten, sind sogenannte String-Wechselrichter empfehlenswert (siehe Abbildung 5.7). Dies sind im Grunde kleinere Versionen der für größere PV-Anlagen gebräuchlichen Wechselrichter-Modelle, und sie stammen auch von den gleichen Herstellern. Sie verfügen jeweils über nur ein Anschlusspaar für Solarkabel, sodass hier alle Solarmodule in Reihe zu einem Strang oder eben »String« zusammengesteckt werden und nur das Anfangs- und Schlusskabel dieses Strangs mit dem Wechselrichter verbunden werden.

Durch die Schaltung in Reihe summiert sich die Spannung der einzelnen Module. Darauf sind die Wechselrichter allerdings ausgelegt. Folglich sind hier aktuell auch höhere Modulleistungen von z. T. über 1 kWp möglich. Der Nachteil ist jedoch, dass der gesamte Strang immer nur so leistungsfähig ist wie sein schwächstes Glied. Ist eines der Module im Strang verschattet, dann kann auch eine noch so große Leistung der übrigen Module nicht mehr weitergeleitet werden – ähnlich wie bei einem Knick im Gartenschlauch. Daher versteht sich von selbst, dass eine unterschiedliche Ausrichtung der Module in einem Strang nicht sinnvoll ist.

Anders sieht es bei den Modul- oder Mikrowechselrichtern aus (siehe Abbildung 5.8). Diese sind so konstruiert, dass für jedes PV-Modul ein eigenes Anschlusspaar am Wechselrichter und auch ein jeweils eigener MPP-Regler vorgesehen ist (siehe auch Abschnitt 2.5, »Maximum Power Point Tracking (MPPT)«). Dies macht es möglich, verschieden ausgerichtete Module zu betreiben, die sich dann im Tagesverlauf mit den Spitzenleistungen ablösen. Hier sind jedoch bei aktuellen Modellen nur geringere Anschlussleistungen von rund 400 Watt Peak pro Modul möglich (bzw. bei Wechselrichtern mit zwei Anschlusspaaren rund 800 Watt Peak). Auch hier entwickeln sich die möglichen Anschlussleistungen entsprechend den steigenden Modulleistungen stetig nach oben.

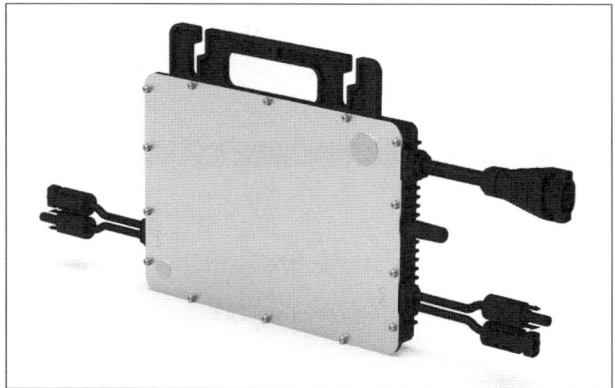

Abbildung 5.8 Mikrowechselrichter Hoymiles HM-600

Bei den Wechselrichtern ist jedoch neben der Leistung auch auf die technische Eignung zu achten. Aufgrund der starken Nachfrage kursieren ab und an auch Angebote für besonders günstige Wechselrichter im Netz. Bei genauerem Hinsehen finden Sie hier oft Geräte ohne entsprechende Zertifizierung für den Betrieb im deutschen

Stromnetz. Insbesondere auf die beiden Zertifikate für die Erzeugungseinheit respektive den Netz- und Anlagenschutz (NA-Schutz) nach VDE-AR-N-4105:2018-11 (nicht 2011-08!) müssen Sie achten. Ohne diese ist weder der Betrieb zu empfehlen noch die Anmeldung möglich. Die Wechselrichter in Balkonkraftwerk-Gesamtpaketen von etablierten Händlern erfüllen diese Anforderung im Normalfall immer.

Mitunter werden hier auch sogenannte *Herstellererklärungen* ausgestellt. Diese genügen jedoch nach aktuellem Stand nicht. Stattdessen sind reguläre Zertifikate von akkreditierten Prüfinstituten erforderlich, wie sie hier beispielhaft dargestellt sind (siehe Abbildung 5.9).

Abbildung 5.9 Gültige Zertifikate für Erzeugungseinheit und NA-Schutz

Eine Liste von zertifizierten Wechselrichtern bis 600 W Leistung finden Sie unter:

https://machdeinenstrom.de/konformitaet_wechselrichter_bis_600w

Anschluss

Der Anschluss zwischen den Solarkabeln des Solarmoduls und dem Wechselrichter erfolgt über eine normierte Steckverbindung. Hier werden im Normalfall sogenannte MC4-Stecker des Herstellers Schäubli Electrical Connectors (früher Multi-Contact) oder annähernd baugleiche Varianten wie TS4 oder QC4 verwendet. Verschiedene Stellen, darunter etwa der TÜV Rheinland, warnen vor der Kombination unterschiedlicher Steckervarianten, da dann die Dichtigkeit nicht immer gewährleistet ist und unterschiedliche verwendete Materialien zu unerwünschten Wechselwirkungen führen können. Bei Erwerb eines Komplettsystems ist der Anbieter hier in der Gewährleistungspflicht.

Die Verbindung zwischen Wechselrichter und Hauselektrik erfolgt über ein Anschlusskabel. Dieses ist bei Komplettsystemen meist bereits enthalten. Es sollte möglichst witterungs- und UV-beständig sein. Beim Wechselrichter steht zu dessen Anschluss bereits ein entsprechender Stecker zur Verfügung. Dieser ist entweder im Gehäuse des Wechselrichters verbaut oder befindet sich an einem fest verbauten Kabelansatz, der aus dem Gehäuse ragt. Manche Hersteller von Wechselrichtern nutzen dabei eigene Stecksysteme, einige verwenden stattdessen die sogenannte »Betteri«-Steckverbindung (siehe Abbildung 5.10). Diese ist verpolungssicher, abzugsgeschützt sowie nach IP44 spritzwasserfest.

Abbildung 5.10 Frontansicht von Betteri-Buchse und -Stecker

Die Verbindung des Anschlusskabels mit der Hauselektrik kann über verschiedene Wege erfolgen. Die Anschlussnorm DIN VDE-V-0100-551-1 sieht hierfür den Festanschluss oder einen Anschluss per Stecker vor. Bei einem Festanschluss ist entsprechend den Normen eine Elektrofachkraft hinzuzuziehen.

Wird hingegen per Stecker angeschlossen, so kann dies durch Sie selbst erfolgen. Allerdings muss dann dafür gesorgt sein, dass in jedem Fall der Schutz vor elektrischem Schlag gewährleistet ist. Wenn etwa ein Stecker mit freiliegenden Kontakten (z. B. ein Haushalts-/Schuko-Stecker) verwendet wird, muss daher sichergestellt werden, dass diese Kontakte keine gefährliche Spannung führen.

Der vorhin schon erwähnte NA-Schutz im Wechselrichter sorgt unter anderem dafür, dass bei Veränderungen in Netzspannung oder -frequenz (so etwa beim Ausstecken des Balkonkraftwerks) der Wechselrichter binnen 0,2 Sekunden ausschaltet. Es wird eine lebhafte Debatte darüber geführt, ob diese Funktion auch als Personenschutz zu betrachten ist. Bislang sind jedoch keine gegenteiligen Fälle bekannt geworden. Eine detaillierte Auseinandersetzung dazu folgt in Abschnitt 5.10, »Missverständnisse und Fallstricke«.

Wenn Sie hier besondere Sicherheitsmaßnahmen ergreifen möchten, können Sie alternativ die hierfür empfohlene Wieland-Energiesteckverbindung verwenden (siehe Abbildung 5.11). Diese kann nur mit einem Werkzeug gelöst werden und ist wie die Betteri-Verbindung verpolungssicher sowie berührungs- und abzugsgeschützt. Hierfür muss allerdings durch eine Elektrofachkraft eine neue Steckdose gesetzt werden.

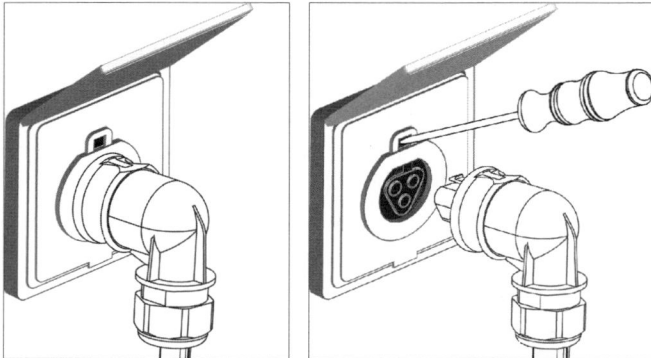

Abbildung 5.11 Schematische Darstellung der Funktion der Wieland-RST20i-Energiesteckverbindung (Quelle: Wieland Electric)

5.6   Montagelösungen

Um das Balkonkraftwerk sicher an seinem Betriebsort zu montieren, müssen Sie eine geeignete Montagelösung verwenden. Diese muss nicht nur für die Einbausituation an sich geeignet sein, sondern muss auch allen Kräften wie Wind- und Schneelasten, UV-Einstrahlung, Regen, Frost und anderen Umwelteinflüssen, die auf das Balkonkraftwerk wirken, über viele Jahre standhalten.

Auch in dieser Hinsicht ist der Markt vielfältig und bietet mitunter überraschende Lösungen an. Universalsysteme, die für mehrere Montagesituationen geeignet sind, haben Seltenheitswert. Stattdessen wird meist zwischen Lösungen für Balkon und Fassade, solchen zum Stellen für Flach-/Garagendach, Terrasse oder Garten und solchen für andere Dachformen unterschieden.

Balkon/Fassade

Der Balkon bzw. die Fassade ist meist der augenfälligste Ort, ein Solarmodul zur Erzeugung eigener Energie anzubringen. Daher wundert es nicht, dass sich trotz vielfältigerer Optionen zur Nutzung der kleinen Anlagen der Begriff Balkonkraftwerk durchgesetzt hat.

Balkone können jedoch sehr unterschiedlich ausgeführt sein, und jeder Typ bringt andere Anforderungen an die Montage mit. Zudem sind für bestimmte Optionen auch nur bestimmte Module zu verwenden. So gilt ein Solarmodul, das in einer Höhe von mehr als 4 Metern (Oberkante) über Verkehrsflächen (Gehwegen, Straßen etc.) angebracht und mit 10° oder mehr angewinkelt ist, als Überkopf- bzw. Horizontalverglasung. In diesem Fall müssen Sie darauf achten, dass die Module eine bauaufsichtliche Zulassung für die Verwendung zu diesem Zweck aufweisen. Alternativ können in diesem Fall Kunststoffmodule mit Rahmen verwendet werden. Aber auch sonst sind am Balkon sowie der Fassade für unterschiedliche Modultypen unterschiedliche Lösungen möglich.

Flexible Module

Die einfachsten Lösungen für den Balkon bieten die besonders leichten GFK-, ETFE- und anderen flexiblen Modultypen. Auch wenn diese etwas teurer in der Anschaffung sind und den klassischen Glas-Folie- oder Glas-Glas-Modulen teilweise in der Leistungsfähigkeit noch in geringem Maße nachstehen, kann die einfache Handhabbarkeit ein überzeugendes Argument für die zwischen einem und acht Kilo leichten Module sein.

Da zudem ihr Preis im Verhältnis zur Leistung stetig sinkt und teilweise nur noch 10–20 % über dem von klassischen Modulen liegt, ist die Auswahl hier in den letzten Jahren kontinuierlich gestiegen. Gleiches gilt entsprechend auch für die zugehörigen Befestigungsoptionen. Diese sind – anders als bei Kraftwerken mit klassischen Modulen – fast immer bereits im Lieferumfang enthalten. Allerdings sind diese Module oft rahmenlos, weswegen hier meist weder die Aufständerung noch die Fassadenmontage vorgesehen ist.

Die Bandbreite der Befestigungslösungen reicht von robusten Klettbändern über stabile Kunststoffgurte bis zu Edelstahlkabelbindern (siehe Abbildung 5.12).

Abbildung 5.12 Links: Anbringung mit Klettband (Quelle: EET)
Mitte: Anbringung mit Gurten (Quelle: PluginEnergy)
Rechts: Anbringung mit Metallkabelbindern (Quelle: Priwatt)

Auch wenn viele dieser Lösungen elegant und einfach wirken und zudem durch das geringe Gewicht der Module nur wenig Zugbelastung ausgesetzt sind, haben sie ihre Besonderheiten. Gerade wenn Kunststoff im Spiel ist, kann dieser etwa durch UV-Einstrahlung und andere Witterungseinflüsse brüchig werden und an Stabilität verlieren. Daher ist es wichtig, regelmäßig den Zustand der Befestigung zu prüfen.

Glas-Folie-Module

Glas-Folie-Module bringen zwischen 18 und 20 Kilogramm auf die Waage und sind zudem mit Aluminiumrahmen versehen. Ein Versagen der Befestigung hätte daher wesentlich größere Konsequenzen als bei den flexiblen Modulen. Daher werden hier statt Kunststoff- immer Metallbauteile verwendet.

Während bei den Kunststoffmodulen meist ringsherum Ösen oder andere Befestigungspunkte vorhanden sind, müssen die Glas-Folie-Module zudem über Klemmen am Modulrahmen befestigt werden. Um diese dann wiederum mit dem Balkongestänge unterhalb des Handlaufs zu verbinden, gibt es mehrere Optionen. So kommen für Stangenbalkone oft Halterungsklammern oder -Bleche zum Einsatz, die das Befestigungssystem mit Flügelmuttern an verschiedene Rohrvarianten anpressen (siehe Abbildung 5.13). Zusätzlich können noch Bügel oder Klemmen mit oder ohne Schutzgummierung zur Aufhängung am Handlauf enthalten sein.

Abbildung 5.13 Verstellbare Balkonhalterung mit Klemmen (Quelle: OSNATECH GmbH)

Bei gemauerten oder Betonbrüstungen ebenso wie bei der Befestigung an der Fassade führt aktuell kein Weg an Bohrungen vorbei. Das obere wie das untere Ende der Montagelösung muss zwingend fest mit der Brüstung oder Fassade verbunden werden (siehe Abbildung 5.14), da andernfalls bei zu großem Winddruck oder -sog das Modul gelockert oder ganz abgerissen werden kann. Bei Miet- und Eigentumswohnungen kann das zu einem zusätzlichen Abstimmungsaufwand mit dem Vermieter bzw. der Eigentümergemeinschaft führen.

Abbildung 5.14 Fassadenhalterung (Quelle: ATON Solarparts)

Für Balkone mit durchgehender Blech- oder Glasbrüstung gibt es leider noch keine etablierten Standardlösungen. Ein Gang zu einem lokalen Fachunternehmen für Metallbau kann hier aber zum gewünschten Ergebnis führen.

Eine ganze Reihe von Montagesystemen für Glas-Folie-Module beinhaltet auch bereits eine fixierte oder eine in Stufen oder stufenlos ausgeführte Aufständerung, um den Ertrag zu optimieren. Bei der Auswahl des geeigneten Montagesystems sollte hier zudem sichergestellt werden, dass es für die Modulgröße geeignet ist. Da diese in den letzten Jahren in vielen Fällen gestiegen ist, sind manche der etablierten Montagesysteme bereits nicht mehr passend. Nur bei Kauf eines Komplettsystems ersparen Sie sich diese Fragestellungen.

Die Zusatzkosten für die Montagelösung für Glas-Folie-Module am Balkon können mitunter im dreistelligen Bereich liegen. Auch wenn hier also die Module selbst günstiger sind als bei den flexiblen Varianten, kann dies den finanziellen Vorteil schmälern oder sogar umkehren. Darum lohnt sich ein Vergleich verschiedener Angebote.

Glas-Glas-Module

Glas-Glas-Module bedeuten für das Montagesystem in mehrfacher Hinsicht eine besondere Herausforderung. Sie wiegen über 20 Kilo, können aber zum Teil auch aufgeständert über Verkehrsflächen angebracht werden, was aufgrund der Baunormen für Horizontalverglasung bei Glas-Folie Modulen nicht der Fall ist. Manche Modelle werden rahmenlos angeboten, um sie direkt in die Balkonbrüstung zu integrieren. Schließlich gibt es unter den Glas-Glas Modulen auch bifaziale Modelle, die auch bei der Bestrahlung der Rückseite Energie erzeugen (siehe Abbildung 5.15).

Sofern das Modul mit einem Rahmen ausgestattet ist, können robuste Montagesysteme für Glas-Folie-Module verwendet werden. Rahmenlose Module hingegen werden häufig bereits als Komplettset mit Brüstungselementen angeboten (siehe Abbildung 5.16).

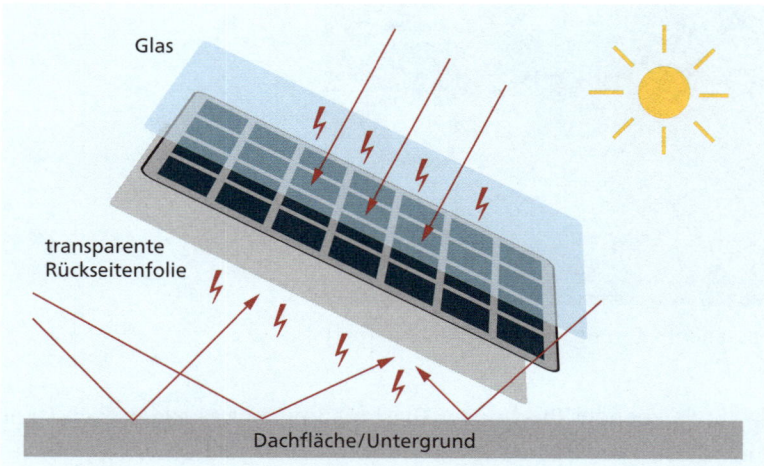

Abbildung 5.15 Bifaziales Modul

Abbildung 5.16 Links: Glas-Glas-Module mit Hakenbefestigung (Quelle: Solar-Hook) Rechts: Glas-Glas-Module integriert in die Balkonbrüstung (Quelle: Solarwatt)

Hinweis für Mieter/Wohnungseigentümerinnen

Wenn ein Balkonkraftwerk das Fassadenbild beeinträchtigt und/oder zu seiner Anbringung bauliche Veränderungen wie Bohrungen an der Gebäudehülle o.ä. vorgenommen werden müssen, so ist nach aktueller Rechtslage vorab das Einverständnis des Vermieters bzw. der Eigentümergemeinschaft einzuholen. Das gilt jedoch nicht für ein auf Balkonflächen stehendes Balkonkraftwerk! Weitere Informationen hierzu folgen in Abschnitt 5.10, »Missverständnisse und Fallstricke«.

Terrasse, Garten, Flachdach, Garagendach und Balkonfläche

Die Platzierung eines Balkonkraftwerks auf Terrassen, in Gärten, auf Flach-/Garagendächern oder auf Balkonflächen ist wesentlich unkomplizierter als die Anbringung an der Balkonbrüstung und wird meist über eine einfache Aufständerung gelöst. Dabei können je nach Untergrund Aufständerungsdreiecke, Modulwannen oder Standfüße gewählt werden (siehe Abbildung 5.17). Die Fixierung nach unten erfolgt dann entweder über Verschraubung oder über Beschwerung, etwa mit Gehwegplatten oder anderen Gewichten.

Abbildung 5.17 Links: Aufständerungssystem mit Standfüßen (Quelle: Mein-Solarwerk) Rechts: Aufständerungssystem mit Dreiecken (Quelle: ATON Solarparts)

In jedem Fall müssen Sie darauf achten, dass die Fixierung den zu erwartenden Windlasten standhält. Anders als bei Balkon- oder Fassadenbefestigungen kann bei den häufig freistehenden Modulen mit Aufständerung der Wind unter das Modul fassen. Das gilt insbesondere bei hochkant aufgeständerten Modulen, aber auch bei allen übrigen Aufständerungen. Varianten mit Rückplatte/Windschild zur Abschirmung hiergegen sind bei den Händlern eher selten zu finden.

Da viele Faktoren wie Windzone (siehe *https://de.wikipedia.org/wiki/Windlast*), Anstellwinkel, Modulgröße, Haftreibungskoeffizient und Anbringungshöhe des Moduls bei der Berechnung der notwendigen Ballastierung beachtet werden müssen, ist eine allgemeingültige Angabe hier nicht möglich. Wie viel Gewicht notwendig ist, sollte bei seriösen Anbietern daher immer in den Benutzerinformationen beschrieben sein.

Andere Dachformen

Bei vorhandenen freien Dachflächen empfiehlt sich oft die Installation einer größeren Solaranlage. Wenn allerdings ungünstige Verschattungen, unpassendes Budget oder andere Gründe gegen diese Variante sprechen, dann kann das Balkonkraftwerk auch auf dem Hausdach eine Alternative darstellen.

Hierbei können Sie auf dieselben Lösungen zurückgreifen, die auch bei größeren Anlagen Verwendung finden. Dachhaken, Stock- oder Blechschrauben, Nieten oder Klemmen und Komponenten zur Abdichtung, zur Stabilisierung und zum Schutz der Dachhaut sind für fast alle Dacharten im Markt zu finden. Hier sind Sie bei der

Recherche allerdings oft auf sich allein gestellt, denn die ganze Bandbreite an Optionen vorzuhalten, ist für die meist kleinen Anbieter von Balkonsolaranlagen selten wirtschaftlich möglich.

5.7 Zubehör

Mit dem Kauf eines Balkonkraftwerks haben Sie im Grunde bereits alles, was Sie brauchen, um eigenen Strom zu erzeugen. Allerdings ist es mitunter sinnvoll, noch einige zusätzliche Komponenten zu erwerben, die die Nutzung einfacher, sicherer und effektiver machen.

Messgeräte

In den meisten Fällen sollte das Balkonkraftwerk bereits beim Kaufvorgang mit einem Messgerät ausgestattet werden, das den Ertrag abruft und entweder über ein Display anzeigt oder per App im Netz oder/und auf dem Mobiltelefon sichtbar macht (siehe Abbildung 5.18). Viele Anbieter haben Messgeräte im Sortiment oder bieten sie im Paket mit den übrigen Komponenten an. Bei WLAN-fähigen Varianten werden die Daten online gespeichert und können rückblickend kumuliert als Tages-, Wochen-, Monats- oder Jahreswerte angezeigt werden.

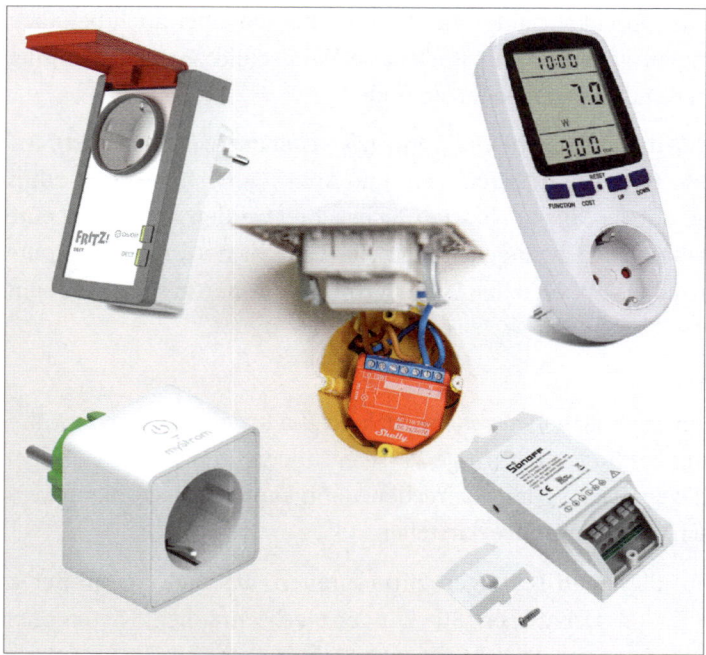

Abbildung 5.18 Verschiedene Strommessgeräte: AVM Fritz DECT 210, Meecher PM2, Shelly 1 pm, MyStrom WiFi Switch, sonoff POW (von links oben nach rechts unten)

Es ist zweckmäßig, die Leistung des eigenen Balkonkraftwerks zu erfassen, denn anders kann kaum sichergestellt werden, dass es erwartungsgemäß funktioniert. Verschmutzung oder gar Schäden können sonst nicht oder erst spät erkannt werden. Die Wechselrichter haben zwar meist eine eingebaute LED, die Störungen und teilweise auch Leistungsstufen über Blink-Codes darstellt, dies genügt aber nicht, um Leistungsverluste durch Verschmutzung oder kleinere Schäden zu ermitteln. Zudem hilft das Monitoring dabei, die Ausrichtung sowie das Verbrauchsverhalten zu optimieren.

Die Leistungsüberwachung des Balkonkraftwerks kann über mehrere Wege erfolgen, wobei jede Variante Vor- und Nachteile hat.

▸ **Zwischenstecker:** Das Gerät wird zwischen dem Modulstecker und der Steckdose platziert. Zwischenstecker sind die einfachste und meist genutzte Lösung zur Messung, allerdings sind die Geräte selten für den Außenbereich gedacht. Hier ist auf einen Schutzgrad von mindestens IP44 zu achten. Zudem gibt es diese »SmartPlugs« aktuell nur für Schutzkontakt- und nicht für Wieland-Verbindungen. Die Integration in Smarthome-Systeme ist bei den WLAN-fähigen Varianten oft möglich.

Einige Geräte zeigen die Messdaten über ein integriertes Display an (z. B. Brennenstuhl PM 231 E, Meecher PM2, REV Ritter Energiemessgerät kompakt), andere stellen die Daten über WLAN und eine Weboberfläche zur Verfügung (z. B. AVM FRITZ!DECT 210, MyStrom WiFi Switch, PiE Energiemesser Smart Plug).

▸ **Kabelintegration:** Hier wird die AC-Anschlussleitung aufgetrennt und der Strom über das Messgerät geleitet. Ein Vertreter dieser Gattung ist *Sonoff POW*. Allerdings ist auch dieses Gerät für die Verwendung in trockenen Innenräumen konstruiert. Die Komponente ist zwar sehr zuverlässig und lässt sich problemlos in ein Smarthome-System integrieren, muss aber deshalb bei Betrieb im Außenbereich zusätzlich in ein Schutzgehäuse eingefügt werden.

Zudem sind die Aufnahmehülsen für die Litzen auf 1,5mm^2 ausgelegt, und man benötigt entsprechend verkleinernde Aderendhülsen, um die häufig dickeren Litzen der AC-Anschlussleitung anzuschließen. Auch der Klemmdeckel zur Zugentlastung ist auf kleinere Kabeldurchmesser berechnet und schließt bei den dickeren Kabeln nicht sauber. Darüber hinaus verfällt beim notwendigen Durchtrennen der AC-Anschlussleitung je nach Anbieter die Gewährleistung.

▸ **Steckdosenintegration:** Bei dieser Variante wird die Steckdose geöffnet und das Messgerät mit zusätzlichen Litzen zwischen Steckdosenanschluss und Hausleitung eingefügt (z. B. Shelly 1PM).

Für die Integration eines Messgeräts in die Steckdose empfiehlt der VDE die Hinzuziehung einer Elektrofachkraft. Dennoch wird das kaum je gemacht, da es ähnlich einfach wie der Anschluss einer Deckenleuchte ist. Wenn es dennoch erfolgt, kann dies dreistellige Rechnungsbeträge verursachen. Dafür verschwindet der Shelly 1PM unsichtbar in der Wand und ist ebenfalls gut in diverse Smarthome-Systeme integrierbar.

▶ **Systemlösungen:** Das Messgerät wird über eine Kommunikationsschnittstelle mit dem Wechselrichter verbunden (z. B. Enverbridge, Hoymiles DTU Waylight, APSystems ECU-B, Growatt WiFi Stick).

Die Systemlösungen haben den Vorteil, dass sie spezifisch für die Verwendung mit den jeweiligen Wechselrichtern konstruiert werden und die erforderlichen Daten direkt aus der Quelle beziehen. Allerdings müssen daher auch die Entfernungen zwischen Wechselrichter und Empfangsgeräten gering genug sein, damit die Daten übertragen werden können. Zudem sind die Systemlösungen teilweise wesentlich teurer als andere Optionen der Messung. Dafür bieten sie mitunter ausgefeilte grafische Auswertungen an.

▶ **Einphasen-Hutschienenzähler:** Das Messgerät wird im Sicherungskasten montiert und mit einer separaten Einspeiseleitung verbunden. Wiederum gibt es Varianten mit integriertem Display (z. B. Orno WE-521, Velleman EMDIN01, Sun3-drucker) sowie WLAN-taugliche Geräte (z. B. TOMZN Ewelink TOB8-63WiFi, TUYA WiFi 1P 63A, Kekotek Smart Energy Monitor).

Für den Einbau eines Hutschienenzählers wird definitiv eine Elektrofachkraft benötigt. Zudem muss auch hier bei der WLAN-Variante die Distanz zwischen Zähler und Router gering genug sein, um den Empfang der Daten zu gewährleisten. Hier sind darüber hinaus die Preisunterschiede signifikant, ein Vergleich lohnt sich also.

FI-/RCD-Schutzschalter

Einige der im Markt verfügbaren Balkonkraftwerke beinhalten neben den üblichen Komponenten noch einen zusätzlichen Fehlerstromschutzschalter (auch »FI-Schutzschalter« oder »RCD-Schutzschalter«). Das mag verwundern, denn konforme Haushaltsstromkreise haben für gewöhnlich bereits einen integrierten Fehlerstrom-Schutzschalter. Warum ein zusätzlicher Schalter dennoch sinnvoll ist, ist schnell erklärt.

Der Fehlerstrom-Schutzschalter unterbricht den Stromkreis in unter 40 Millisekunden, wenn er eine zu große Differenz zwischen der Zu- und Ableitung, also L1 und Nullleiter, im Stromkreis erkennt – einen Fehlerstrom also. Dies ist lebenswichtig, denn diese Differenz tritt etwa auf, wenn der Strom, statt weiter durch die Leitung, durch einen Menschen fließt, dieser also gerade einen Stromschlag erleidet. Wenn ein Balkonkraftwerk in diesem Fall aber gerade Energie in denselben Haushalt einspeist, wird die Leitung darüber hinaus noch bis zu 200 Millisekunden (Reaktionszeit NA-Schutz) weiter mit Energie versorgt. Aufsummiert kann dies bei entsprechend hohem Einspeisestrom bereits lebensgefährliche Auswirkungen haben (siehe Abbildung 5.19).

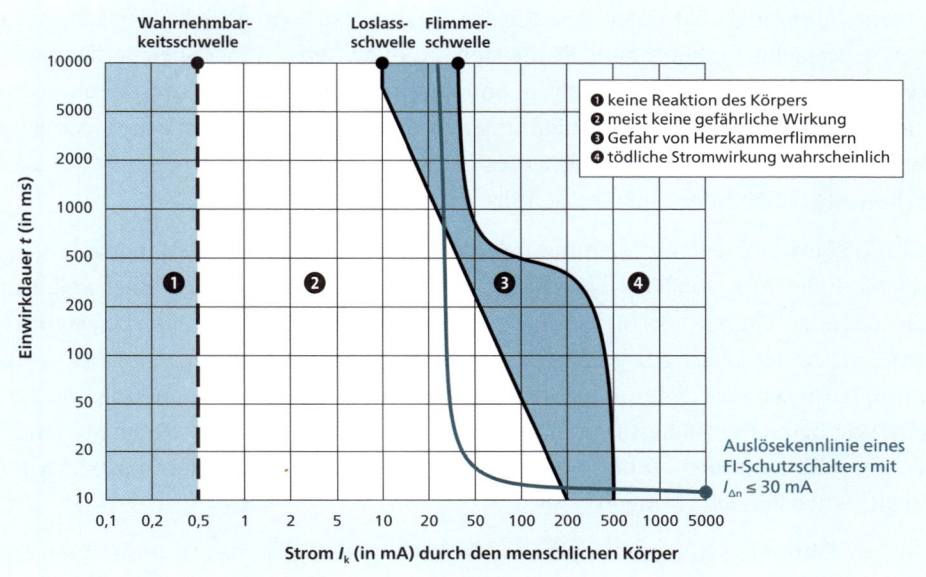

Abbildung 5.19 Auswirkungen von Stromschlägen auf den Körper. Bei 240 Millisekunden Einwirkdauer können bereits weniger als 500 Milliampere tödlich sein. (Quelle: nach »Fachkunde Elektrotechnik«, Europa Lehrmittel)

Als Ausweg hieraus dient der zweite, balkonkraftwerkseitige Fehlerstromschutzschalter, der bereits eigenständig den Stromkreis unterbricht, sobald ein Fehlerstrom registriert wird.

Auch wenn dies eine grundsätzlich wirksame Sicherheitsmaßnahme ist, werden die meisten Balkonkraftwerke ohne sie angeboten. Das hängt damit zusammen, dass Stromschläge an der Hauselektrik an sich schon keine häufige Todesursache sind (unter 20 Fälle im Jahr laut VDE-Statistik) und deren Wahrscheinlichkeit durch ein Balkonkraftwerk nur bei gleichzeitiger relevanter Einspeisung erhöht wird. Es handelt sich also um ein in Relation zum Gesamtunfallrisiko statistisch nicht unbedingt signifikantes Problem. Wenn Sie aber auch dieses umgehen möchten, so ist dies etwa über einen preisgünstigen Schuko-Zwischenstecker mit integriertem Fehlerstromschutzschalter möglich.

Speicherlösungen

Wie bereits in Abschnitt 5.3, »Nutzung von Überschüssen«, angesprochen, sind Speicher nur in seltenen Fällen eine sinnvolle Anschaffung für Betreiberinnen und Betreiber von Balkonkraftwerken. Zudem sind aufgrund der geringen Überschüsse nur

Speicher mit verhältnismäßig kleiner Ladekapazität sinnvoll, die für den übrigen Speichermarkt wenig interessant sind. Auch die notwendige Zusatztechnik wie Laderegler, Batteriemanagement-Systeme und Mess- und Regeltechnik, um den gespeicherten Strom dann möglichst zielgerichtet wieder in den Haushalt zurückzuspeisen, ist rar bzw. kostspielig. Bis heute sind die meisten Interessenten an einer Speicherlösung für das Balkonkraftwerk bei der Auswahl und Zusammenstellung der Komponenten auf sich gestellt bzw. müssen auf Anleitungen und Beispiele enthusiastischer Bloggerinnen oder YouTuber zurückgreifen. Dies ist jedoch nicht ungefährlich und hat auch schon zu gravierenden Unfällen geführt.

Glücklicherweise zeichnet sich hier allerdings eine Trendwende ab. Einerseits steigt die Modulleistung von Balkonkraftwerken beständig, sodass auch bei einer weiterhin bestehenden Grenze von 600 Watt beim Wechselrichter immer mehr Überschüsse anfallen. Andererseits gibt es eine kleine, aber steigende Anzahl von Anbietern für Komplettpakete, bei denen alle notwendigen Komponenten zur Erzeugung und Speicherung bereits enthalten und aufeinander abgestimmt sind. Ein so entstehender Wettbewerb kann den aktuell noch hohen Preis für diese Lösungen perspektivisch in attraktive Bereiche bringen.

Zu den führenden Anbietern in diesem Bereich gehört etwa das Unternehmen *Efficient Energy Technology EET* aus Graz, das mit seiner DC-Speicherlösung *SOLMATE* schon vor einigen Jahren in den Markt eintrat. Hier sind neben einem LFP-Akku mit 0,96 kWh Kapazität ein Batteriemanagementsystem, ein Laderegler mit Maximum Power Point Tracking, ein Netzwechselrichter und ein separater Inselwechselrichter mit Anschlusssteckdose verbaut. Zudem ist ein Messsystem enthalten, das den Momentanverbrauch auf der Anschlussphase über Hochfrequenzimpulse ermittelt und diesen dann auf die anderen Phasen hochrechnet. Der Akku soll dann laut Herstellerangabe annähernd dieselbe Leistung einspeisen, die aktuell benötigt wird. Dieser Wert wird fortlaufend ermittelt und angepasst. So wird die erzeugte Energie maximal für den Eigenverbrauch verfügbar gemacht.

Ein ähnliches Ziel verfolgt das US-Unternehmen *Craftstrom*. Hier erfolgt die Messung des Haushaltsverbrauchs allerdings über eine automatische Ablesung am Stromzähler. Das Gerät hierfür muss installiert werden. Der Speicher ist separat und wird an einer beliebigen Steckdose betrieben. Er kann aber dort abgesteckt und mit den Solarmodulen auch als Insellösung genutzt werden. Auch die sogenannte »Nulleinspeisung«, also die zielgenaue Abregelung des Wechselrichters bei vollem Akku und zu geringem Verbrauch im Haushalt, soll möglich sein. Der Markteintritt in Deutschland wird gerade vorbereitet.

Weitere Produkte mit diesem Ziel sind auch an anderer Stelle in Entwicklung, werden dort aber z.T. durch Technologien zur Nutzung größerer Leistungen, die sogenannten »Einspeisewächter«, ergänzt.

Einspeisewächter

600 Watt (bzw. 800 Watt in Österreich) sind nicht sehr viel. Selbst die robusten Stringwechselrichter mit dieser Ausgangsleistung sind aktuell nur dazu ausgelegt, Modulleistungen von knapp über 1 kWp zu verarbeiten. Die daraus resultierenden ca. 1000 kWh Jahresertrag genügen auch sparsamen Haushalten selbst bei optimalem Eigenverbrauch meist nicht zur Deckung des Jahresbedarfs – insbesondere, wenn Sie die gravierenden Unterschiede in der Sommer- und Winterausbeute berücksichtigen. Es verwundert daher nicht, dass ein großes Interesse an höheren Kraftwerkleistungen zur Eigenversorgung herrscht.

Die Leistungsbegrenzung auf 600 Watt wurde auf Basis der Belastbarkeit der schwächsten Installationen und der ungünstigsten Umstände festgelegt. Damit soll das Risiko einer Leitungsüberlastung minimiert werden. Da diese Umstände aber nur in den seltensten Fällen tatsächlich auftreten, haben findige Tüftler nach Lösungen gesucht, stattdessen die tatsächlichen im Haushalt vorherrschenden Bedingungen – die »dynamische Leitungsreserve« – als Basis für die Einspeiseleistung zu ermitteln und die Einspeiseleistung daran anzupassen. Das Ergebnis sind die sogenannten Einspeisewächter.

Bereits vor einigen Jahren hatte das Berliner Unternehmen Indielux einen Einspeisewächter mit einer unter dem Markennamen *ready2plugin* beworbenen Regeltechnologie angekündigt. Die aktuell veröffentlichten Informationen beinhalten Produktpakete mit bis zu 3,75 kWp an Modulleistung und bis zu 4,8 kWh Speicherkapazität, die mit einem gewöhnlichen Haushaltsstecker angeschlossen werden können. Allerdings ist hierfür ein bereits vorhandener Stromsensor bzw. eine Smarthome-Zentrale oder perspektivisch auch ein Smart Meter erforderlich. Nach einem erfolgreichen Crowdfunding steht dem Markteintritt für das Produkt nun nichts mehr im Wege.

Das Start-up *Wattando* aus Dresden bereitet mit seiner *WATTSTER Box* ebenfalls die zeitnahe Marktreife vor. Die Verbrauchsdaten des Haushalts ermittelt hier ein Datenlogger, der nicht-invasiv über die optische Schnittstelle des Stromzählers oder über Stromklammern an die Daten kommt. Dieser versorgt sich über eine Batterie unabhängig vom Haushaltsstrom selbst. Auch hier ist aber perspektivisch die Kompatibilität mit Smarthome-Schnittstellen geplant. Bei der *WATTSTER BOX* soll sogar die Möglichkeit gegeben sein, mittels CEE-Stecker über den Starkstromanschluss bis zu 11 kW Einspeiseleistung zu verwirklichen.

Auch hier sind die Einstiegspreise vergleichsweise hoch, aber perspektivisch werden in den nächsten Jahren weitere Lösungen dieser Art in den Markt drängen und zu einem Wettbewerb und damit einer für werdende Nutzerinnen und Nutzer vorteilhaften Preisentwicklung führen. Es lohnt sich also, diesen Trend im Auge zu behalten.

5.8 Anmeldung und Zählertausch

Aktuelle Schätzungen über die Zahl der in Betrieb befindlichen Balkonkraftwerke gehen von bis zu einer halben Million Geräte aus. Davon sind aber trotz gesetzlicher Pflicht gerade einmal etwas mehr als zehn Prozent angemeldet. Das mag nicht verwundern, denn es gibt bisher kaum relevante Sanktionen bei einer Nichtanmeldung. Die gesetzlichen Grundlagen dafür wurden in erster Linie für größere Anlagen gestaltet und werden in der Größenordnung eines Balkonkraftwerks oft zahnlos. Dennoch melden immer mehr Personen ihre Kleinkraftwerke an, um ihren Pflichten nachzukommen. Das ist zum Glück in den letzten Jahren wesentlich einfacher geworden. Die Anmeldung erfolgt in Deutschland an zwei Stellen: Beim Netzbetreiber und beim Marktstammdatenregister.

Netzbetreiber bzw. grundzuständiger Messstellenbetreiber

Wenn ein Balkonkraftwerk seine Überschüsse in das Netz einspeist, ist das zunächst einmal nicht tragisch. Es erhöht den Anteil erneuerbarer Energie im Netz, was eine schöne Sache ist, und stellt dabei das Stromnetz rein technisch vor keine unlösbare Aufgabe. Allerdings wird die Einspeisung dann zu einem Problem, wenn der Stromzähler des eigenen Haushalts keinen Rücklaufschutz aufweist. Das ist insbesondere bei den älteren Zählermodellen mit einer sich sichtbar drehenden Scheibe der Fall. Bei diesen sogenannten *Ferraris-Zählern* kann das Zählwerk bei Rückspeisung tatsächlich auch rückwärts drehen.

Das klingt natürlich im ersten Moment verlockend, da auch die Einspeisung dann vom Gesamtverbrauch des Haushalts abgezogen wird. Andernorts, wie etwa in den Niederlanden oder zeitweise auch in Kalifornien, war bzw. ist dieses *Net-Metering* genannte Prinzip sogar offiziell zugelassen. In Deutschland hingegen sieht man darin bisher noch immer eine unzulässige Reduzierung der Abgaben, die auf den tatsächlich verbrauchten Strom fällig werden. Hierzu zählen etwa die Stromsteuer und die mittlerweile wieder abgeschaffte EEG-Umlage.

Wenn man aufgrund eines rücklaufenden Zählers den tatsächlichen Verbrauch nicht mehr ermitteln kann, fehlt eine verlässliche Berechnungsgrundlage für diese Abgaben. Deswegen ist ein Rücklaufschutz im Zähler erforderlich, um dieses Problem zu vermeiden. Heute wird im Normalfall gleich eine *moderne Messeinrichtung* (mMe) mit Zweirichtungsmessung verbaut. Das ist ein digitaler Stromzähler, der über zwei Zählwerke verfügt, die die verbrauchte und die eingespeiste Energie separat messen und aufzeichnen. Rein optisch sind die Unterschiede zwischen dem Ferraris-Zähler und einer modernen Messeinrichtung unübersehbar (siehe Abbildung 5.20).

Unabhängig davon, welcher Stromzähler verbaut ist, fließt der zu viel erzeugte Strom aus dem Haushalt rückwärts durch diesen hindurch und von dort zum nächstgelege-

Abbildung 5.20 Ferraris-Zähler (links) und moderne Messeinrichtung (rechts)

nen Verbrauchspunkt, gewöhnlich im Nachbarhaushalt. Dort wird er verbraucht, und da er dann richtig herum durch den Zähler fließt, wird er so abgerechnet, als hätte der Energieversorger ihn geliefert. Dieser musste ihn aber nicht erzeugen, und so landet die Einspeisung als Rest im Bilanzkreis desjenigen, der für den Abgleich von Bedarf und Bereitstellung verantwortlich ist: dem Verteilnetzbetreiber.

Während Übertragungsnetzbetreiber für die Verteilung der Energie über größere Distanzen verantwortlich ist, kümmern sich die Verteilnetzbetreiber um die Verteilung vor Ort zu den einzelnen Haushalten. Es gibt aktuell etwa 900 Netzbetreiber in Deutschland. Diese sind meist Tochterunternehmen von Stadtwerken oder von Energieunternehmen, darunter auch bekannte Energiekonzerne wie E.ON oder EnBW. Eine Übersichtskarte der Netzgebiete finden Sie hier:

https://www.netze-und-versorger.de/Strom

Die Verteilnetzbetreiber erfüllen neben ihrer eigentlichen Aufgabe auch noch andere Funktionen, darunter meist auch die des »grundzuständigen Messstellenbetreibers«. Dieser übernimmt für gewöhnlich die Ablesung und Wartung der Stromzähler. Die Kosten hierfür werden meist im Rahmen der Stromrechnung abgerechnet. Neben den »grundzuständigen« gibt es auch »wettbewerbliche Messstellenbetreiber«. Diese bieten dann häufig den Einbau smarter Stromzähler an, deren Daten z. B. vom Nutzer bzw. der Nutzerin über Webdienste abgerufen werden können, um den eigenen Verbrauch besser zu überwachen und andere Dienstleistungen zu nutzen. Da dies jedoch mit nicht unerheblichen Mehrkosten verbunden ist, stellt die Nutzung des »grundzuständigen Messstellenbetreibers« noch immer den Normalfall dar.

Balkonkraftwerk anmelden

Bei der Anmeldung eines Balkonkraftwerks wenden Sie sich gleich aus zwei Gründen zuerst an den lokalen Verteilnetzbetreiber: einerseits zur »Vorwarnung« vor bilanzkreisrelevanten Einspeisungen und andererseits wegen eines möglicherweise anstehenden Zählertauschs. Welcher Verteilnetzbetreiber für die jeweilige Adresse zuständig ist, an der das Kraftwerk in Betrieb gehen soll, erfahren Sie über Webplattformen wie *https://netze-und-versorger.de* oder *https://störungsauskunft.de*, über einen Anruf bei den heimischen Stadtwerken oder beim individuellen Stromversorger.

Noch bis vor wenigen Jahren war die Kontaktaufnahme mit dem Netzbetreiber für werdende Nutzer von Balkonkraftwerken kein einfacher Schritt: Man riskierte eine längere Auseinandersetzung und Kosten sowie einen hohen bürokratischen Aufwand. Das lag daran, dass es in der Welt der Regularien damals keinen Platz für die energetische Eigenversorgung durch Laien gab. Sämtliche Prozesse und Formulare waren jahrelang auf größere PV-Anlagen ausgelegt. Für eine Anmeldung wurde immer ein vom Netzbetreiber für geeignet befundener Elektriker benötigt. Zudem war die Einspeisung von Energie in den Endstromkreis, also hinter der Sicherung, lange Zeit überhaupt nicht geregelt.

Im Jahr 2017 wurde vom *Verband für Elektrotechnik, Elektronik, Informationstechnik e.V.* (VDE) erstmals in einer Deutschen Industrienorm festgelegt, dass eine Einspeisung auf diesem Wege unter bestimmten Bedingungen überhaupt möglich ist. Ein Jahr später kam dann, ebenfalls über den VDE, eine Anwendungsregel hinzu, die auch Vereinfachungen bei der Anmeldung möglich machte.

Ab diesem Zeitpunkt war es den Netzbetreibern möglich, Interessentinnen und Interessenten eine stark vereinfachte Fassung der Anmeldung zur Verfügung zu stellen. Leider hatte der VDE versäumt, eine einheitliche Vorlage für ein eigenes Anmeldeformular hierfür gleich mit zu veröffentlichen. Daher entwickelte sich in den Folgejahren ein wahrer Flickenteppich aus unterschiedlichen Formularen mit jeweils verschiedenen Angaben, Anforderungen und Bearbeitungsprozessen. Dennoch ist insgesamt eine starke und weiter fortschreitende Vereinfachung beim Anmeldeprozess festzustellen. In vielen Netzgebieten reicht die Online-Angabe weniger Daten, um diesen Teil hinter sich zu bringen.

Wo dies noch nicht der Fall ist, bemühen sich Verbände, Dienstleister und Anbieter, die werdenden Nutzerinnen und Nutzer von Balkonkraftwerken bei der Anmeldung zu unterstützen. So kursieren etwa Musteranmeldebögen, die aber leider häufig nicht von den Netzbetreibern akzeptiert werden, Anmeldeservices, die an den Kauf bei einzelnen Anbietern gebunden sind, und ein kostenloser Formularservice auf der Plattform *https://MachDeinenStrom.de*, der in immerhin rund 200 der Netzgebiete bereits anerkannt ist.

Trotz der bereits erfolgten Vereinfachungen gibt es weiterhin offene Fragen: So wird etwa heftig diskutiert, ob in den Anmeldeformularen für den Anschluss ein gebräuchlicher Haushalts-/Schutzkontaktstecker angegeben werden darf oder eine andere Steckerform zu verwenden ist (siehe auch die Überschrift »Die Steckerfrage« in Abschnitt 5.10, »Missverständnisse und Fallstricke«).

Zudem wird aktuell durch die *Clearingstelle EEG* – eine Organisation zur Vermittlung in Streitfällen und im die Energiewende – geklärt, ob der Tausch des Stromzählers aufgrund der Nutzung eines Balkonkraftwerks gebührenfrei zu erfolgen hat oder nicht. Darüber hinaus wird sogar in höchsten politischen Kreisen die Frage behandelt, ob die Anmeldung beim Netzbetreiber überhaupt erforderlich ist, denn es sind ja ohnehin noch an zweiter Stelle großteils identische Informationen zu hinterlegen: im Marktstammdatenregister der Bundesnetzagentur.

Marktstammdatenregister

Die Bundesnetzagentur ist eine vom Bundesministerium für Wirtschaft und Klimaschutz (BMWK) eingesetzte Behörde zur Überwachung und Regulierung der deutschen Netze. Dazu gehören neben den Telekommunikations-, Post- und Eisenbahnnetzen auch das Gas- und eben auch das Stromnetz. Sie ist auch damit beauftragt, die Entwicklung der Energiewende in Deutschland zu überwachen. Zu diesem Zweck wurde das Marktstammdatenregister geschaffen. In dieses Verzeichnis müssen sämtliche mit dem Stromnetz verbundenen, ortsfesten Anlagen zur Erzeugung und Speicherung erneuerbarer Energie sowie deren Betreiber eingetragen werden. Hierzu gehören nach aktuellem Stand auch Balkonkraftwerke.

Die Eintragung von Balkonkraftwerken unterscheidet sich bislang nur wenig von der Eintragung größerer PV-Anlagen. Zunächst sind ebenso wie bei diesen persönliche Daten zur Registrierung als »Marktakteur« einzugeben. Dann ist das Kraftwerk als »Einheit« mit den technischen Eckdaten zu registrieren. Seit einiger Zeit werden Balkonkraftwerke hier aber auch als eigene Auswahlkategorie angeboten. Die Leistungsdaten sind in Kilowatt zu hinterlegen, weshalb beim Balkonkraftwerk mit Dezimalstellen gearbeitet werden muss. Am Ende erhalten Sie eine Registrierungsbestätigung, die als Nachweis etwa bei der Beantragung von Fördergeldern vorgelegt werden kann.

Bei der Registrierung im Marktstammdatenregister ist auch der zuständige Netzbetreiber zu nennen. Dieser wird nach abgeschlossener Registrierung automatisch aus dem Marktstammdatenregister heraus über die Neuregistrierung von Anlagen benachrichtigt und erhält alle relevanten Daten. Eventuell verlangt er die Anpassung der eingetragenen Daten, etwa wenn sich das Datum für den Zählertausch und damit das offizielle Inbetriebnahmedatum verschieben. Der »Marktakteur« erhält in diesem Fall eine Benachrichtigung und kann die Daten entweder manuell anpassen oder abwarten, bis dies nach einer gewissen Frist automatisch geschieht.

5.9 Wartung und Entsorgung

Balkonkraftwerke sind grundsätzlich wartungsarm. Allerdings sind sie der Witterung und anderen Umwelteinflüssen mitunter auf andere Weise ausgesetzt als Solarmodule auf dem Dach. Werden sie etwa in Bodennähe betrieben, so können sie ggf. häufiger durch Staub, Schmutz oder Pflanzenteile verunreinigt werden. Werden sie aufgeständert, kann sich darunter Schmutz sammeln oder gar ein Vogel seinen Nistplatz darunter einrichten. Bei lotrechter Anbringung an der Balkonbrüstung hingegen sind die Module meist selbstreinigend, können aber mitunter hohen Windlasten ausgesetzt sein.

Um dennoch langfristig das Balkonkraftwerk in gutem Zustand zu halten, ist eine regelmäßige oder dauerhafte Ertragsmessung unerlässlich. So entdecken Sie schnell, ob Leistungseinbrüche oder kontinuierliche Leistungsabnahmen eintreten, und können reagieren. Schaltet etwa der Wechselrichter bei hohen Außentemperaturen ab, sollten Sie überprüfen, ob er gut umlüftet wird, und ihn gegebenenfalls anderweitig montieren.

Bringt das Kraftwerk weniger Ertrag als gewöhnlich, so bietet sich eine Reinigung des Moduls als erste mögliche Lösung an. Diese sollte auch unabhängig von Leistungseinbrüchen in regelmäßigen Abständen – zumindest einmal im Quartal – erfolgen. Hierzu genügen ein weiches Tuch und eine leichte Seifenlauge. Hartnäckigere Verschmutzungen wie trockener Vogelkot oder Ähnliches sollten erst eingeweicht und dann entfernt werden. Um Kalkablagerungen durch das Putzwasser zu vermeiden, sollte nachgetrocknet werden. Keinesfalls sollten scharfkantige Objekte oder gar Stahlwolle zur Reinigung verwendet werden. Die Oberfläche von Glas- sowie von Kunststoff-Modulen könnte ansonsten beschädigt werden, was dauerhafte Funktionseinbußen zur Folge haben kann.

Bei gerahmten Modulen ist bei der Reinigung besonders auf die Spalte zwischen Modulfläche und Modulrahmen zu achten. Dort sammeln sich mitunter Schmutz und Staub, der Flechten, Moosen oder anderen Pflanzen als Nährboden dienen kann. Auch deren ungehindertes Wachstum kann zu Funktionseinbußen führen.

Wiederverwertung

Wenn Balkonkraftwerke oder einzelne Komponenten am Ende ihrer Lebensdauer entsorgt werden müssen, geschieht das meist beim Wertstoff-/Recyclinghof. Einige Höfe nehmen Solarmodule bereits entgegen, in manchen Kommunen gibt es hierfür dezidierte Entsorgungsstellen, die Sie bei der Stadtverwaltung erfragen können. Wechselrichter und Kabel hingegen können wie andere Elektronik auch entsorgt werden. Nicht mehr nutzbare Montagesysteme sind entsprechend ihren Komponenten als Metallschrott oder Kunststoff zu entsorgen.

Eine Wiederverwertung der Komponenten ist in Teilen bereits möglich, und weitergehende Recyclingtechnologien sind bereits in Entwicklung. Es kann davon ausgegangen werden, dass die mitunter wertvollen Rohstoffe in ausgedienter Solartechnik bei steigenden Mengen auch stärker zurückgewonnen werden. Aufgrund der langen Lebensdauer sind die Mengen aber bisher überschaubar.

5.10 Missverständnisse und Fallstricke

An Fehlinformationen und Missverständnissen mangelt es beim Balkonkraftwerk nicht. Leider können diese mitunter dazu führen, dass Sie falsche und eventuell kostspielige Fehlentscheidungen beim Kauf und bei der Nutzung der kleinen Kraftpakete treffen. Daher räume ich im Folgenden einige der häufigsten Missverständnisse und Fehlinformationen aus.

Leistungsgrenzen

Die Grenze für das, was zum Beginn des Kapitels als »Balkonkraftwerk« definiert wurde, liegt bei 600 Watt Wechselrichterleistung (bzw. 800 Watt in Österreich). Diese Grenze ist allerdings keine technische Beschränkung, und sie ist auch nicht gesetzlich definiert. Es ist vielmehr eine Grenze, die gesetzt wurde, um die bürokratischen Hürden für die Eigenversorgung mit erneuerbaren Energien zu reduzieren. Sie ist in der VDE-Arbeitsrichtlinie AR-N-4105:2018-11 unter Punkt 5.5.3 definiert.

Die VDE-Arbeitsrichtlinie AR-N-4105:2018-11

Als diese Norm 2018 gestaltet wurde, war zeitweise auch im Gespräch, statt dieser Ausnahmen bei den bestehenden und für größere Anlagen konzipierten Anmeldeformularen ein eigenes, vereinfachtes Anmeldeformular für Balkonkraftwerke zu integrieren. Allerdings herrschte zu große Uneinigkeit darüber, welche Angaben dort hätten abgefragt werden müssen. Daher wurde die Gestaltung eines solchen Formulars den einzelnen Verteilnetzbetreibern überlassen, mit den in Abschnitt 5.8, »Anmeldung und Zählertausch«, beschriebenen Folgen.

In der Arbeitsrichtlinie ist festgehalten, dass bei »steckerfertigen Erzeugungsanlagen«, wie Balkonkraftwerke im dortigen Duktus heißen, bei Inbetriebsetzung die Unterschrift des »Anlagenerrichters« (also einer Elektrofachkraft) und die Angaben zu selbigem entfallen dürfen. Auch auf einen Lageplan, der bei größeren Anlagen notwendig ist, kann verzichtet werden. Allerdings gibt es drei Bedingungen:

▶ Sie müssen eine spezielle Energiesteckdose verwenden. Details dazu folgen gleich unter der Überschrift »Die Steckerfrage« in Abschnitt 5.10, »Missverständnisse und Fallstricke«).

▶ Es muss in Ihrem Haushalt einen Zweirichtungsstromzähler geben.

▶ Die Vereinfachungen gelten nur »bis zu einem $SA_{max} \leq 600$ VA je Anschlussnutzeranlage«, also bis zu 600 Watt pro Stromzähler.

Maximale Scheinleistung

SA_{max} ist die verkürzte Schreibweise für »maximale Scheinleistung«. Die Scheinleistung ist die Summe aus der Blindleistung und der Wirkleistung.

Als Blindleistung wird diejenige Leistung bezeichnet, die ein Gerät in seinen internen Komponenten speichert, etwa über Spulen und Kondensatoren, um überhaupt erst das Potenzial zur Funktion zu erzeugen. Sie wird beim Ausschalten des Geräts wieder abgegeben und fließt ins Netz zurück.

Die Wirkleistung hingegen ist diejenige Leistung, die dann tatsächliche Wirkung entfaltet. Da die Blindleistung beim Balkonkraftwerk zu vernachlässigen ist, wird im Normalfall nur mit der Wirkleistung gearbeitet. Deren Einheit ist Watt.

Dürfen es auch mehr als 600 Watt sein?

Die häufig gestellte Frage, ob auch 600 Watt pro Steckdose oder pro Phase möglich wären, ist damit klar zu verneinen. Auch wenn das technisch machbar wäre, ist bei solchen Projekten keine vereinfachte Anmeldung in dieser Form mehr möglich.

Etwas seltener kommt die Frage auf, ob in Deutschland mit einer Erhöhung dieses Wertes auf 800 Watt zu rechnen sei, da EU-Richtlinien mit dieser Größe arbeiten. Diese Frage bezieht sich auf den EU-Netzkodex, der Anlagen mit bis zu 800 Watt als »nicht signifikant« klassifiziert.

Diese Frage beruht allerdings auf einem Missverständnis. Der EU-Netzkodex definiert Anlagen mit bis zu 800 Watt als nicht signifikant *für die im EU-Netzkodex gefassten Regelungen für Anlagen*. Er schreibt nicht vor, dass diese Anlagen dann auch in nationalen Regelungen als »nicht signifikant« eingestuft werden müssen oder Ähnliches. Im Gegenteil bedeutet diese Kategorisierung, dass sich nationale Regelungen gerade bei diesen kleinen Anlagen nicht am EU-Netzkodex orientieren können, sondern einen eigenen Umgang finden müssen.

Das ist auch daran zu erkennen, dass im europäischen Umland zum Teil andere Regelungen gelten. In Österreich etwa liegt die Begrenzung tatsächlich auf genau 800 Watt, allerdings sind dort durch kleinere Leitungsschutzschalter und häufig stärkere Leitungen auch die Leitungsreserven der Installationen höher. In Portugal hingegen können nach Dekret 153/2014 Eigenverbrauchsanlagen nach einer Vorabanmeldung gleich gar bis 1500 Watt und unter 200 Watt ganz ohne Anmeldung in Betrieb genommen werden.

Der Wunsch nach der Freigabe höherer Leistungen ist in Deutschland dennoch recht groß. Eine Nutzerstudie der HTW Berlin aus dem Jahr 2022 konnte dies auch in Zahlen fassen (siehe Abbildung 5.21):

https://solar.htw-berlin.de/studien/nutzung-steckersolar-2022

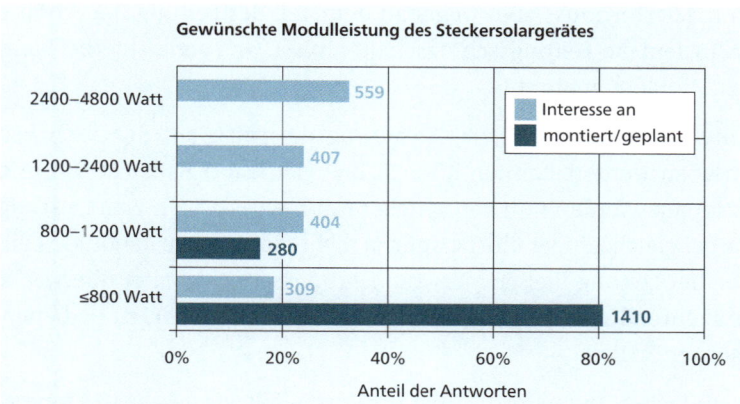

Abbildung 5.21 Angaben zur gewünschten Modulleistung im Vergleich zur geplanten bzw. montierten Modulleistung des Balkonkraftwerks (Quelle: HTW Berlin)

Wie aus der Grafik deutlich abzulesen ist, würde sich ein Großteil der Nutzerinnen und Nutzer auch größere Anlagen installieren, wenn dies ebenso unkompliziert möglich wäre, wie es aktuell bei 600-Watt-Anlagen der Fall ist. Auf technischer wie auf politischer Ebene werden daher aktuell entsprechende Vorstöße unternommen, um eine Erhöhung der möglichen Anschlussleistung durch Laien zu erwirken.

Mögliche Überlastung des Stromkreises

Die Einspeisung mit dem Balkonkraftwerk erfolgt im »gemischten Endstromkreis«, also in dem Bereich des heimischen Stromkreises, in dem auch Verbrauchsgeräte betrieben werden. Damit befinden Sie sich jedoch »hinter« den Sicherungen, insbesondere hinter dem Leitungsschutzschalter, der die Leitungen vor Überlastung schützt.

Es ist diesem Umstand geschuldet, dass überhaupt eine Leistungsgrenze von 600 Watt für Balkonkraftwerke eingeführt wurde. Grundsätzlich sind die Stromleitungen im Haushalt auf über 16 Ampere, bei einer Netzspannung von 230 Volt also für eine Leistung von 3680 W, ausgelegt. Das müssen sie auch sein, denn der Leitungsschutzschalter ist im Normalfall ebenfalls so aufgebaut, dass er bei einer Überschreitung von 16 Ampere in den Leitungen die Verbindung des von ihm überwachten Stromkreises von der Stromversorgung trennt. Die Sicherung »kommt« bzw. sie löst aus.

Das passiert allerdings nicht sofort. Wann es passiert, hängt von der Stärke der Überlastung ab (siehe Abbildung 5.22). Moderne Installationen sind meist mit Leitungsschutzschaltern des Typs B ausgestattet. Wird in einer solchen nun z. B. eine 1,5-fach erhöhte Leistung gemessen, also 5,4 kW (3,6 kW × 1,5), dann löst der Leitungsschutzschalter frühestens nach etwas mehr als einer Minute aus, spätestens aber nach ca. 15 Minuten. Hierfür muss aber in genau dem Teil der Leitung die erhöhte Leistung vorliegen, in dem der Leitungsschutzschalter misst. Und genau hierbei kann eine Einspeisung zu Problemen führen.

Da das Balkonkraftwerk auf der Seite der Sicherung einspeist, auf der auch Verbrauchsgeräte betrieben werden, können diese sich zugleich mit Balkonstrom und mit Netzstrom versorgen. Werden nun Verbraucher mit mehr als 3,6 kW an Leistung betrieben, so muss bei gleichzeitiger Einspeisung ja nicht die gesamte benötigte Leistung durch den Teil der Leitung fließen, der vom Leitungsschutzschalter überwacht wird. Damit ist es eventuell stundenlang möglich, höhere Leistungen zu bedienen, ohne dass die Sicherung auslöst.

Selbst jenseits des einfachen Nennstroms (hier im Normalfall wie gesagt 16 Ampere) gibt es einen kleinen Bereich, innerhalb dessen die Sicherung dennoch nicht auslöst (siehe Abbildung 5.22). Auch hier ist also bereits konstruktionsseitig ein gewisser Spielraum eingebaut. Tatsächlich liegt die reale Dauerbelastbarkeit der in Deutschland gebräuchlichen Leitungen bei über 18 Ampere, also bei über 4 kW an Leistung. Das Balkonkraftwerk liefert maximal 600 Watt, also 2,6 Ampere. Wenn diese voll ausgenützt würden, kämen Sie also auf 18,6 Ampere und damit auf rund 4,2 kW an möglicher Leistung. Das kratzt dann durchaus an der Grenze der Belastbarkeit.

Allerdings ist dieser Fall stark konstruiert: Einerseits müssten Sie exakt die so maximal bedienbare Leistung abrufen, was ein extremer Zufall wäre. Überschreiten Sie diese, so wird eben auch der überwachte Leitungsteil wieder zu stark belastet, und der Leitungsschutzschalter löst aus. Unterschreiten Sie sie, so befinden Sie sich wieder innerhalb der dauerhaften Belastungsfähigkeit des Stromkreises. Andererseits benötigen Sie auch dauerhaften Sonnenschein im Sommer und eine gute Ausrichtung, um die maximale Einspeisung zu halten. Zieht auch nur für wenige Minuten eine Wolke über die Module, so würde wieder der überwachte Leitungsteil voll belastet, und die Sicherung löst aus.

Die einschlägigen Studien zu diesem Thema kommen zu dem Schluss, dass die Wahrscheinlichkeit einer zu starken Belastung der Leitungen durch das Balkonkraftwerk nicht nur ausschließlich in seltensten Extremfällen tatsächlich steigt, sondern seine Nutzung für einen Großteil des Jahres die Leitungen im Gegenteil sogar entlastet. Das ist auch naheliegend, denn wenn der Stromkreis von zwei Seiten her versorgt wird, muss ja nicht mehr in jedem Fall die gesamte Strecke von der Sicherung bis zum Gerät belastet werden.

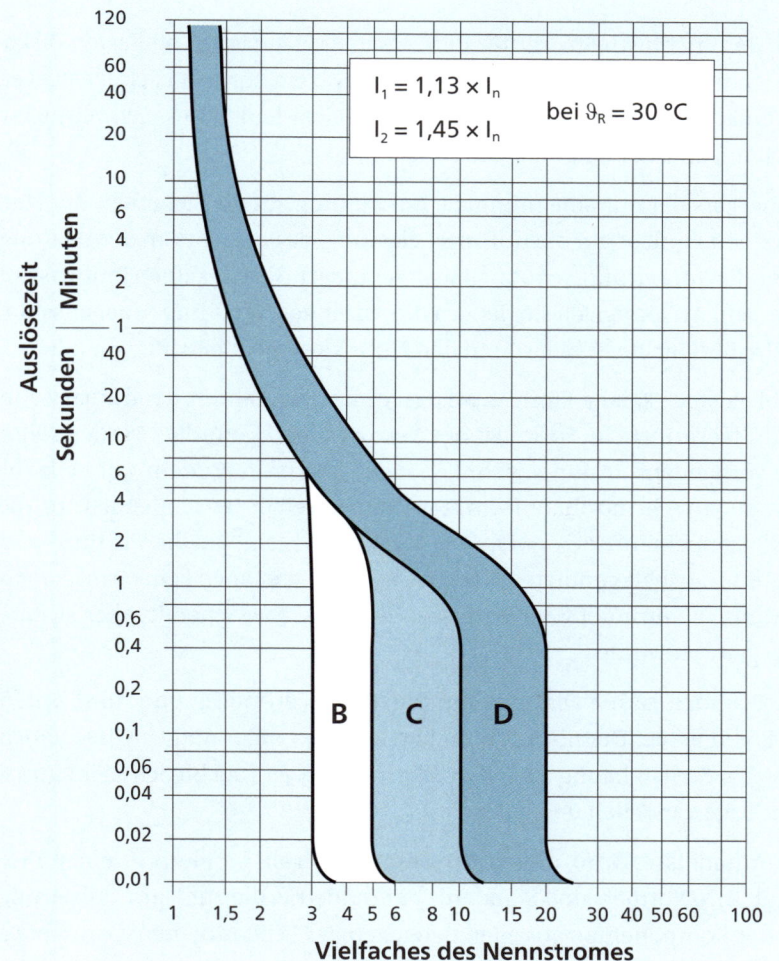

$$I_1 = 1{,}13 \times I_n$$
$$I_2 = 1{,}45 \times I_n \qquad \text{bei } \vartheta_R = 30\,°C$$

Abbildung 5.22 Auslösekennlinien unterschiedlicher Typen von Leitungsschutzschaltern. Auf der linken Achse ist die Dauer dargestellt, für die die Überlastung stattfinden muss, auf der unteren der Faktor, um den die Grenze der Sicherung überschritten sein muss, bevor die Sicherung auslöst.
(Quelle: nach Schupa, »Auslösekennlinien Leitungsschutzschalter«)

Weitere Informationen zu diesem Thema finden Sie hier:

https://www.pvplug.de/pi-berlin
*https://www.dgs.de/fileadmin/newsletter/2022/Intersolar2022_Steckersolar_
    DGS_rh.pdf*

Die Steckerfrage

Die Frage nach dem richtigen Stecker für den Anschluss ist das am heißesten disku-tierte Problem rund um das Balkonkraftwerk: Reicht also ein normaler Schukostecker, oder muss es eine Wieland-Steckverbindung sein? Dabei handelt es sich rein tech-nisch eigentlich um eine der langweiligsten Fragen.

Die Wahl des Steckers hat nur eine minimale Auswirkung auf die Sicherheit der Nut-zung. Sie hat keinen Einfluss auf die Leitungsbelastung, da sie nichts an der Leistung des Kraftwerks oder am Leitungsschutzschalter verändert. Sie hat keinen Einfluss auf den Schutz vor Fehlerströmen, da sie die Reaktionszeit des Netz- und Anlagenschut-zes im Wechselrichter nicht verändert und den FI-Schalter nicht betrifft.

Die Steckerwahl hat auch keinen Einfluss auf das Anmeldeverfahren, denn auch wenn eine bestimmte Steckerform im Formular des Netzbetreibers gefordert werden sollte, so wird deren Vorhandensein für gewöhnlich nicht überprüft. Zudem wäre ein sol-ches Vorgehen auch nicht normkonform. Der Netzbetreiber ist schließlich für die Sicherheit des allgemeinen Netzes verantwortlich und nicht für die Prüfung und Bewertung der im Haushalt genutzten Geräte. Daher kann er auch keine Sanktionen aussprechen, wenn er vermutet oder ermittelt, dass eine abweichende, aber sichere Anschlussform gewählt wurde.

Aus all diesen Gründen ist die Diskussion um den Stecker müßig und führt selten zu sinnvollen Ergebnissen. Dennoch führen kursierendes Halb- und Unwissen auch aufseiten offizieller Stellen häufig zu Verunsicherung. Daher möchte ich hier einmal die tatsächliche Lage darstellen und belegen.

Die Frage des Anschlusses wird in keinem Gesetz geregelt, sondern in einer DIN-Norm festgelegt. DIN-Normen sind Standards der Industrie, die zur Harmonisierung unterschiedlicher Komponenten aus allen Bereichen des Lebens dienen. Damit etwa Papier in den Drucker passt, ohne einen Papierstau zu verursachen, muss es genau definierte Abmessungen haben – meist 297×210 mm^2, also DIN A4. Im Fall des Anschlusses von Erzeugungsanlagen im gemischten Endstromkreis hingegen ist die DIN VDE-V-0100-551-1 maßgeblich.

Diese legt nun aber nicht etwa die Abmessungen der zu verwendenden Steckverbin-dung dar, denn das würde den Wettbewerb um die beste Lösung unzulässig beschrän-ken. Stattdessen wird sie zunächst benannt (»spezielle Energiesteckvorrichtung«, »spezielle Energieeinspeisesteckdose« oder »spezielle Energiesteckdose«), einige not-wendige Beschriftungen werden definiert (maximal zulässiger Einspeisestrom und ein Hinweis auf die Einhaltung der Belastbarkeitsgrenzen des Stromkreises), und schließlich wird ein Hinweis auf die einzuhaltenden Schutzziele (Schutz vor elektri-schem Schlag) gegeben.

Über diese eher allgemeinen Hinweise hinaus gibt es keine klare Definition der zu verwendenden Steckverbindung. Vielmehr legt die Deutsche Kommission Elektrotechnik, die die Erstellung der elektrotechnischen DIN-Normen organisiert, in einem FAQ zum Thema klar fest, dass die Bauform der Steckverbindung nicht vorgeschrieben werden darf:

https://www.dke.de/de/arbeitsfelder/energy/mini-pv-anlage-solar-strom-balkon-nachhaltig-erzeugen

Was an der Schutzkontaktverbindung von verschiedenen Stellen moniert wird, sind in erster Linie die beim Ausstecken freiliegenden Kontaktstifte. Hier, so wird gemutmaßt, könne eine Spannung vom Wechselrichter anliegen, die zum elektrischen Schlag führt. Diese Sorge ist allerdings ungerechtfertigt.

Wie in Abschnitt 5.5, »Komponenten«, bereits beschrieben wurde, verfügen alle gängigen Wechselrichter über einen bereits integrierten Netz- und Anlagenschutz, der nach 0,2 Sekunden die Restspannung auf ein ungefährliches Niveau senkt. Zahllose Tests, zum Teil vor laufender Kamera, auf YouTube und auch vor Publikum, haben dies wiederholt belegt. In Kombination mit einem zertifizierten Wechselrichter mit NA-Schutz sind daher die geforderten Schutzziele auch bei einem Haushalts-/Schuko-Stecker erfüllt. Um dies jedoch sicherzustellen, müssen Sie beim Kauf des eigenen Balkonkraftwerks stets darauf achten, dass das entsprechende Zertifikat für den NA-Schutz nach VDE AR-N-4105:**2018-11** (nicht VDE AR-N-4105:**2011-08**!) für den verbauten Wechselrichter vorliegt.

Auch in Hinsicht auf die Anforderungen zur Beschriftung der zur Einspeisung auserkorenen Steckdose gibt es mittlerweile bereits Aufkleber im Handel zu erwerben oder Anleitungen zur Eigenbeschriftung. Weitere monierte Punkte wie der mangelnde Verpolungsschutz oder die Einspeiseverneinung der DIN VDE-0620-1 sind durchgängig entweder technisch bereits hinfällig oder selbstwidersprüchlich.

Falsche FAQ

Es kursiert – auch unter den Netzbetreibern – ein Dokument mit *Frequently Asked Questions*, das auf den Seiten des VDE veröffentlicht wurde, aber *nicht* den offiziellen Stand der VDE-Normen wiedergibt. Es stammt aus der Feder der Lobbygruppe *Forum Netztechnik/Netzbetrieb* (FNN), die auf den Unterseiten der VDE-Webseite veröffentlichen darf. Es ist am VDE-FNN-Logo zu erkennen (siehe Abbildung 5.23).

Abbildung 5.23 VDE-FNN-Logo

Vermieter/Eigentümergemeinschaft

Es ist gerade das Alleinstellungsmerkmal des Balkonkraftwerks, dass es auch Menschen ohne eigenem Haus die Möglichkeit einräumt, sich selbst mit sauberer Sonnenenergie zu versorgen. Allerdings entscheiden Sie als Mieter oder Wohnungseigentümerin eben auch nicht immer alleine über die Belange der Wohnung. Das kann in einigen Fällen zu Konflikten führen. Auch beim Balkonkraftwerk ist dies schon vorgekommen. Hier hat sich aber in den letzten Jahren einiges verändert, und dieser Prozess setzt sich weiter fort. Daher sind die folgenden Erläuterungen als aktueller Zwischenstand zu werten, der sich zeitnah ändern kann und es hoffentlich auch tun wird.

Aktuell gilt: Nicht nur der Einfluss auf die Bausubstanz, etwa durch Anbohren von Mauern oder Dachbalken, sondern auch die Beeinträchtigung der Außenansicht des Gebäudes durch die Anbringung eines Balkonkraftwerks an der Balkonbrüstung, der Fassade oder anderswo können den Vermieter, die Miteigentümerinnen und/oder die Hausverwaltung auf den Plan rufen und im Extremfall zu einer Abmahnung führen. Selbst der Betrieb im Mieter- oder Eigentumsgarten kann unter Umständen untersagt werden, wenn der Miet- oder Teilungsvertrag oder entsprechende Zusatzvereinbarungen selbigen verbieten. Zum Glück gibt es allerdings für die meisten Fälle mittlerweile eine Lösung.

Zunächst einmal gilt: Vermieter, Miteigentümer und Hausverwalterinnen sind auch nur Menschen, und bei Menschen ist Konsens der Königsweg. Es schadet also nicht, wenn Sie als zukünftige Kleinkraftwerkbetreiberin zunächst einmal die Haltung von Vermieterinnen oder Miteigentümern in der Sache erfragen. Dabei ist es natürlich von Vorteil, wenn Sie sich vorher mit der Materie befasst haben und sich Ihre Argumente zurechtgelegt haben. Dieses Buch hilft also schon einmal dabei.

Bei Wohneigentum ist es aber mit der Ansprache einer Person nicht getan. Wenn Sie dort die Freigabe erreichen möchten, ein Balkonkraftwerk etwa an die Balkonbrüstung zu hängen, dann ist es sinnvoll, wenn auch die anderen Eigentümer an den Geräten Interesse haben oder sich zumindest ausreichend damit befasst haben, um eventuelle Vorurteile abzubauen. (Vielleicht verschenken Sie einfach dieses Buch an Ihre Gesprächspartner.)

Alternativ können Sie sich auch mit einer lokalen Energieberaterin der Verbraucherzentrale (siehe den folgenden Link) oder einer mitunter angebotenen kommunalen Energieberatung absprechen und die Miteigentümer im Rahmen einer kostenlosen Energieberatung auf das Thema aufmerksam machen:

https://verbraucherzentrale-energieberatung.de/beratung/stationaere-beratung

Bis vor einiger Zeit war es für Wohneigentümerinnen und -eigentümer noch in jedem Fall notwendig, Einstimmigkeit in der Eigentümergemeinschaft zu erzielen. Die letzte

Novelle des Wohneigentumsgesetzes (WEG) hat in Deutschland bereits einiges verändert. Für bauliche Veränderungen gilt statt des Konsensprinzips nun in Teilen schon der Grundsatz der einfachen Mehrheit:

https://www.gesetze-im-internet.de/woeigg/__25.html

Ein Recht dazu, die Genehmigung zu verlangen, gibt es allerdings vorerst leider nur bei Baumaßnahmen zur behindertengerechten Umgestaltung, zum Laden von E-Autos, zum Einbruchschutz und zum Glasfaser-Anschluss, aber noch nicht für die Photovoltaik. Um dennoch erfolgreich zu sein, kann es helfen, die Miteigentümer einzeln zu kontaktieren und einen Umlaufbeschluss nach §23 (3) WEG herbeiführen:

https://www.gesetze-im-internet.de/woeigg/__23.html

Hier ist eine einfache Mehrheit allerdings nur gültig, wenn zudem in der nächsten Eigentümerversammlung wiederum eine einfache Mehrheit beschließt, dass der Umlaufbeschluss auch mit einfacher Mehrheit gültig ist. Das kann dennoch der bessere Weg sein, als das Thema nur in der Eigentümerversammlung besprechen zu lassen. Bei vorheriger direkter Ansprache der Eigentümerinnen und einer längeren Zeit des Befassens mit dem Thema neigen diese gegebenenfalls eher dazu, auch in der Eigentümerversammlung hinter dem Beschluss zu stehen.

Sollten Sie allerdings bereits offene Türen einrennen, können Sie auch gleich eine Gesamtlösung für alle Bewohnerinnen und Bewohner des Gebäudes vorschlagen. Das hebt den optischen Gesamteindruck auf jeden Fall.

Auch wenn Vermieterin, Miteigentümer oder Hausverwaltung nicht zu überzeugen sind, ist das Thema noch nicht zwingend vom Tisch, denn die Einspeisung an sich ist grundsätzlich nicht untersagbar. In einigen Fällen hat es sich bewährt, Balkonkraftwerke umzutaufen. So gehen einige der in Abschnitt 5.6, »Montagelösung« beschriebenen Modelle mit besonders leichten und flexiblen Modulen auch als Sichtschutz durch. Auch kreativere Varianten wie ein Solartisch (siehe Abbildung 5.24) eröffnen weitere Optionen.

Gerade wenn es um den Balkon geht, gibt es auch eine Alternative, die sich bereits mehrfach bewährt hat: die Platzierung des Kraftwerks auf dem Balkon. Da die Balkonfläche Teil des Mietobjekts/Teileigentums ist, sind Einwände hier nicht statthaft. Gerichtsurteile haben das bereits bestätigt. Um in diesem Fall Platz zu sparen, können auch Hochkant-Aufständerungen verwendet werden. Diese reduzieren die benötigte Fläche auf ein Minimum.

Eine besondere Herausforderung stellen Gebäude unter Denkmalschutz oder kommunale Erhaltungssatzungen dar. Hier kann ebenfalls mit den genannten Strategien gearbeitet werden, aber diese führen hier seltener zum Erfolg. Allerdings zeichnet sich auch hier eine Trendwende ab. Vereinzelt haben Kommunen bereits Ausnahmen für Photovoltaik möglich gemacht, und man kann davon ausgehen, dass der wachsende Druck in Hinblick auf die Klimaziele hier noch weitere Veränderungen bewirkt.

Abbildung 5.24 Eine mögliche Form des Solartischs. Außerhalb der Mahlzeiten sollte der Tisch aus naheliegenden Gründen frei bleiben. (Quelle: solarklapptisch.de)

Dasselbe gilt für die Stellung der Photovoltaik in Miet- und Eigentumsobjekten. Die Rechtsprechung, insbesondere die Urteilsbegründungen, machen seit einigen Monaten ebenso Hoffnung auf baldige Vereinfachungen für Mieterinnen und Eigentümer wie die Signale aus der Politik in Hinblick auf die zugrunde liegenden Gesetzestexte. Hier wird sich in den nächsten Monaten und Jahren noch viel verändern, sodass der Wunsch, mit einem Balkonkraftwerk zum eigenen Energieversorger zu werden, für mehr und mehr Menschen in Erfüllung gehen wird.

Kapitel 6
Förderungen, Gesetze, Betrieb

Im Verlauf dieses Buchs haben Sie gelernt, wie Photovoltaik funktioniert und nach welchen Richtlinien Sie Ihre Anlage dimensionieren können. Sie kennen das Vokabular, das Ihre Installateur- oder Solateur-Firma verwendet, und können die Sinnhaftigkeit einzelner Komponenten zumindest hinterfragen. (Ein gewisses Vertrauen in die Fachfirma Ihrer Wahl brauchen Sie trotzdem!)

Dieses relativ kurze Kapitel konzentriert sich auf die nicht-technischen Aspekte bei der Errichtung und dem Betrieb von PV-Anlagen:

- ▸ To-do-Liste: von der Idee zur funktionierenden Anlage
- ▸ Förderungen
- ▸ gesetzliche Vorgaben und Versteuerung der Einspeisevergütung
- ▸ Versicherung
- ▸ Wartung und Betrieb

Hier stehen PV-Anlagen für Einfamilienhäuser im Vordergrund. Informationen zu den Rahmenbedingungen für Balkonkraftwerke finden Sie in Kapitel 5, »Balkonkraftwerke«. Großanlagen sind außerhalb des Fokus dieses Buchs.

Ständige Änderungen

Die Technik von Photovoltaikanlagen hat sich in den vergangenen Jahren stetig weiterentwickelt – und das wird sich wohl fortsetzen: Der Wirkungsgrad von PV-Modulen wird steigen, die Bedienung von Wechselrichtern durch Weboberflächen oder Apps wird komfortabler werden, Speichersysteme werden umweltfreundlichere Rohstoffe verwenden. Echte Quantensprünge sind aber unwahrscheinlich.

Ganz anders sieht es bei den Themen dieses Kapitels aus: Aufgrund der Klimakrise und des Kriegs in der Ukraine hat sich eine enorme Dynamik rund um erneuerbare Energien entwickelt. Förderungsmodelle und gesetzliche Regeln ändern sich bald schon halbjährlich, und sie variieren je nach Land bzw. Bundesland beträchtlich. Dieses Kapitel kann nur einen Abriss dessen geben, was Ende 2022 gültig war. Bis Sie dieses Buch lesen, haben sich sicherlich schon wieder Details verändert. Die folgenden Seiten enthalten deswegen viele Links, die Ihnen als Startpunkt dienen, um aktuelle Informationen selbst zu recherchieren.

6.1 To-do-Liste

Die folgende Liste soll Ihnen bei der Planung Ihrer PV-Anlage helfen. Die meisten Punkte wurden in den vorangegangenen Kapiteln bereits ausführlich behandelt oder sind Thema dieses Kapitels.

- Energieverbrauch ermitteln bzw. bei Neubau abschätzen
- Entscheidung für Balkonkraftwerk (siehe Kapitel 5) oder vollständige PV-Anlage (dieses Kapitel)
- Dachvoraussetzungen klären (Ausrichtung, Verschattung)
- Ziele festlegen, beispielsweise:
  - minimale Anlage mit hoher Eigenbedarfsnutzung
  - maximale Ausnutzung der Dachfläche mit hoher Einspeisung
  - mit/ohne Speicher
  - Notstromfunktion (in welchem Umfang?)
- Grundregeln:
  - Für eine gute Eigenbedarfsdeckung sollte die Anlage pro 1000 kWh/a Jahresverbrauch etwas mehr als ein kWp Spitzenleistung aufweisen.
    Beispiel: bei 4000 kWh/a Verbrauch ca. 5 bis 6 kWp Anlagenleistung
  - Pro kWp sind ca. 5 bis 6 m^2 Dachfläche erforderlich.
  - Falls ein Speicher angedacht ist: Eine sinnvolle Kapazität beträgt rund 50 bis 100% des durchschnittlichen täglichen Verbrauchs.
- Installateur-/Solateurfirma suchen:
  - Planung gemeinsam durchführen und besprechen
  - Kostenvoranschlag
- Smart Meter beantragen, falls sich im Sicherungskasten noch ein herkömmlicher Ferraris-Stromzähler befindet
- Anfrage beim Netzbetreiber, in welchem Ausmaß eine Einspeisung möglich ist; üblicherweise kümmert sich die von Ihnen beauftragte Fachfirma um die Details
- eventuell Förderung beantragen; die für den Antrag erforderlichen Eckdaten kommen wiederum von der von Ihnen beauftragten Fachfirma
- lange warten
- Realisierung und Inbetriebnahme (samt Inbetriebnahmeprotokoll)
- Einspeisevertrag abschließen (nur Österreich/Schweiz)
- Registrierung der Anlage beim Marktstammdatenregister (nur Deutschland)
- Versicherung klären
- Monitoring und Wartung

6.2 Förderungen

Um den Umstieg auf erneuerbare Energie zu unterstützen, wird Photovoltaik in vielen Ländern gefördert. Angesichts des aktuellen PV-Booms kann man politisch durchaus hinterfragen, wie zweckmäßig Förderungen sind, wenn der Markt für manche Komponenten geradezu leer gefegt ist. Aber für Ihre eigene PV-Anlage werden Sie natürlich bestrebt sein, vorhandene Fördermöglichkeiten bestmöglich zu nutzen.

Deutschland

In Deutschland wird der Betrieb von PV-Anlagen durch eine garantierte Einspeisevergütung gefördert. Der Betrag pro kWh ist im *Erneuerbare-Energien-Gesetz* (EEG) festgeschrieben. Die aktuell gültige Fassung (»EEG 2023«) wurde im Frühjahr 2022 im sogenannten »Osterpaket« beschlossen und gilt ab 30.7.2022 (siehe Tabelle 6.1). Mit »Überschusseinspeisung« bzw. »Teileinspeisung« ist gemeint, dass Sie nur den Strom einspeisen, den Sie nicht selbst verbrauchen. Für Anlagen mit »Volleinspeisung« (ohne Eigenverbrauch) gelten höhere Einspeisesätze. Die Einspeisesätze werden für 20 Jahre ab Inbetriebnahme in der zu diesem Zeitpunkt gültigen Höhe garantiert.

Anlagengröße	Überschusseinspeisung	Volleinspeisung
Anlagen bis 10 kWp	8,6 Cent / kWh	13,4 Cent / kWh
Anlagen bis 40 kWp	7,5 Cent / kWh	11,3 Cent / kWh
Anlagen bis 100 kWp	6,2 Cent / kWh	11,3 Cent / kWh
Anlagen bis 300 kWp	6,2 Cent / kWh	9,4 Cent / kWh
Anlagen bis 750 kWp	6,2 Cent / kWh	6,2 Cent / kWh

Tabelle 6.1 Einspeisevergütung laut EEG 2023 für Überschusseinspeisung

Das Ende der 70-Prozent-Regel

Bisher durften bei einer Überschusseinspeisung maximal 70 Prozent der Anlagenleistung eingespeist werden. Wenn Ihre 10-kWp-Anlage im Frühsommer also tatsächlich einmal 10 kW Leistung produzierte, Sie selbst aber gerade nur 1 kW Eigenverbrauch hatten, durfte nicht der gesamte Überschuss von 9 kW eingespeist werden, sondern nur 7 kW. Verantwortlich für die Einhaltung dieser Regel war eine sogenannte Wirkleistungsbegrenzung im Wechselrichter.

Im Rahmen von mehreren im Jahr 2022 verabschiedeten Gesetzesnovellen wurde die 70-Prozent-Regel sowohl für ab Anfang 2023 neu errichtete Anlagen über 25 kWp als auch für sämtliche Bestandsanlagen bis 7 kWp abgeschafft.

Kreditförderungen

Für die Sanierung bestehender Gebäude bzw. für den Neubau von Häusern können Sie besonders kostengünstige Kredite in Anspruch nehmen. In Deutschland ist die *Kreditanstalt für Wiederaufbau* (KfW, *https://kfw.de*) die erste Ansprechstelle. Dort gibt es spezielle Angebote für energieeffizientes Bauen und Sanieren, insbesondere auch für die Realisierung von PV-Anlagen und von Wärmepumpenheizungen.

Österreich

In Österreich wird durch das *Erneuerbaren-Ausbau-Gesetz* (EAG) nicht der Betrieb gefördert, sondern die Errichtung. Das Fördermodell sieht einen Investitionszuschuss vor, der sich an der Spitzenleistung der Anlage bzw. an der Kapazität des Speichers bemisst (siehe Tabelle 6.2). Allerdings gibt es diverse Zusatzregeln, die zu einer niedrigeren Förderung führen können. Außerdem ist das Förderbudget limitiert (*first come, first serve* Prinzip).

Komponente	Förderung
Anlage bis 10 kWp	285 € / kWp
Anlage 10 kWp bis 20 kWp	250 € / kWp
Anlage 20 kWp bis 100 kWp	180 € / kWp
Anlage 100 kWp bis 1000 kWp	170 € / kWp
Stromspeicher bis 50 kWh	200 € / kWh

Tabelle 6.2 Maximaler Investitionszuschuss für PV-Neuanlagen oder Erweiterungen in Österreich (Stand Ende 2022)

Förderansuchen können an vier Terminen pro Jahr online gestellt werden. Dabei gilt es, schnell zu sein! In der Vergangenheit war das zur Verfügung stehende Budget jeweils innerhalb weniger Minuten erschöpft.

https://www.oem-ag.at/de/foerderung/antragstellung

Umfassende Informationen und Erläuterungen zu den in Österreich verfügbaren Fördermöglichkeiten können Sie auf der folgenden Webseite nachlesen. Sie wird bei Neuerungen rasch aktualisiert:

https://pvaustria.at/forderungen

In naher Zukunft soll es auch in Österreich eine sogenannte Marktprämie für eingespeisten Strom geben, allerdings nur für Anlagen mit einer Leistung über 10 kWp:

https://pvaustria.at/eag-marktpraemie

Schweiz

In der Schweiz ist die Förderung für PV-Anlagen in der Energieförderungsverordnung (EnFV) festgeschrieben. Förderungen werden über die Pronovo AG abgewickelt. In der Vergangenheit gab es zwei Förderwege über ein Einspeisevergütungssystem (EVS) und über Einmalvergütungen (EIV) für die Errichtung.

Während das EVS für Kleinanlagen 2022 ausläuft und schon seit 2018 nicht mehr für Neuprojekte anwendbar war, wurden die Regeln für die EIV zuletzt 2021 revidiert (gültig ab 1.4.2022): Demnach können über die EIV maximal 30 Prozent der Investitionskosten gedeckt werden. Bei kleinen Anlagen setzt sich die Förderung aktuell aus einem Grundbetrag von 350 CHF plus einem Leistungsbetrag von 380 CHF pro kWp zusammen. Die Förderbeträge variieren allerdings je nach Art der Anlage (angebaut, freistehend, integriert) und je nach Neigungswinkel der PV-Module. Einen Online-Rechner zur Berechnung der EIV je nach Anlagengröße finden Sie hier:

https://pronovo.ch/de/services/tarifrechner

6.3   Gesetzliche Bestimmungen

Dieser Abschnitt gibt einen kurzen Abriss über die gesetzlichen Bestimmungen, die Sie bei der Errichtung und beim Betrieb einer eigenen PV-Anlage beachten müssen. Viele Vorschriften, vor allem rund um das Baurecht, sind landes- oder sogar bundeslandspezifisch. Soweit Sie sich nicht auf die beauftragte Fachfirma verlassen möchten, bleibt Ihnen eine eigene Recherche also nicht erspart.

Smart Meter

Damit der vom Energieversorgungsunternehmen (EVU) gelieferte Strom und der von Ihnen eingespeiste Strom getrennt gezählt und verrechnet werden können, benötigt Ihr Stromanschluss eine »moderne Messeinrichtung« oder ein »intelligentes Messgerät«. Letzteres ist umgangssprachlich auch als »Smart Meter« bekannt (siehe Abbildung 6.1). Es gibt den Netzbetreibern die Möglichkeit, den Zählerstand jederzeit auszulesen.

> ### »Moderne Messeinrichtung« versus »intelligentes Messsystem«
>
> Bei der Diskussion über Smart Meter muss man zwischen mehreren Begriffen differenzieren:
>
> ▶ Eine »moderne Messeinrichtung« ist ein digitaler Stromzähler ohne direkte Kommunikationsmöglichkeit zum Messstellenbetreiber. Dessen Mitarbeiter oder Sie selbst können das Gerät bei Ihnen zu Hause ablesen. Das Messgerät bietet aber keinen anderweitigen Zugang zu den Daten.

▶ Erst die Kombination mit dem optionalen Smart-Meter-Gateway ermöglicht auch die Online-Kommunikation direkt über die Stromleitung. Die Kombination aus moderner Messeinrichtung plus Gateway ergibt dann ein »intelligentes Messsystem«, eben ein Smart Meter.

Smart Meter sind deswegen umstritten, weil der Messstellenbetreiber damit nicht nur den Zählerstand auslesen, sondern auch Steuerungsbefehle senden kann – bis hin zur Stromabschaltung. Eine Sicherheitslücke in diesem Kommunikationsweg ist der Ausgangspunkt für Marc Elsbergs spannenden Thriller »Blackout«.

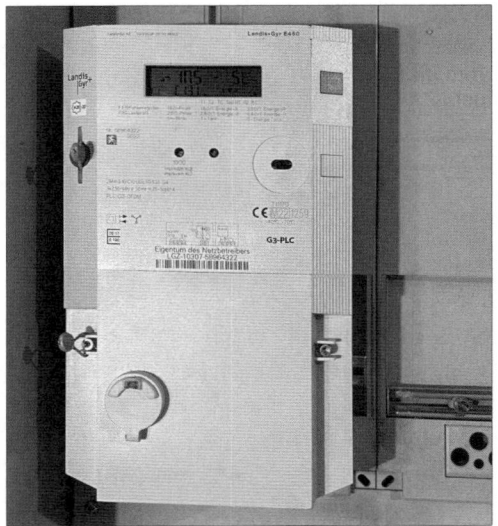

Abbildung 6.1 In den Zählerschrank eingebautes Smart Meter

Smart Meter sind in Österreich schon recht weit verbreitet. Bis 2024 sollen 95 Prozent aller Haushalte damit ausgestattet sein. Die Schweiz geht es etwas gemächlicher an, dort sollen bis 2027 80 Prozent der Haushalte erreicht werden. Noch behäbiger ist der Roll-out in Deutschland: Erst bis 2032 sollen alle Haushalte einen digitalen Stromzähler haben. Bei einem Verbrauch bis 6000 kWh/a reicht eine moderne Messeinrichtung aus; ein »echter« Smart Meter ist also nur für große Verbraucher verpflichtend – oder eben, wenn Sie eine PV-Anlage mit über 7 kWp betreiben und Strom einspeisen wollen. (Kurz vor Fertigstellung dieses Buchs wurde bekannt, dass der Rollout in Deutschland nun doch beschleunigt werden soll.)

Wenn sich in Ihrem Zählerschrank bzw. Sicherungskasten noch kein Smart Meter befindet, müssen Sie bei Ihrem Netzbetreiber einen Austausch beantragen. Sofern kein Umbau des Zählerschranks erforderlich ist, kostet der Austausch nichts oder nur wenig. Die Messstellenbetreiber (also Netzbetreiber) dürfen in Deutschland allerdings eine jährliche Gebühr in Rechnung stellen, deren Obergrenze sich am jährlichen Verbrauch orientiert. Für Haushalte mit PV-Anlage beträgt die Kostenobergrenze aktuell 60 € pro Jahr bis zu einer PV-Leistung von 7 kWp bzw. 100 € pro Jahr bis 15 kWp. Eine moderne Messeinrichtung hingegen ist mit maximal 20 € pro Jahr nur unwesentlich teurer als die bisher bereits über die Stromrechnung abgerechneten Messgebühren für ältere Zähler. In Österreich gibt es stattdessen ein »Entgelt für Messleistung«. Die Tarife sind günstiger und betrugen zuletzt 28,80 € pro Jahr.

Netzverträglichkeitsprüfung und Einspeisezusage

Normalerweise wollen Sie den Überschussstrom Ihrer PV-Anlage in das öffentliche Stromnetz einspeisen. Bei Anlagen zur Volleinspeisung soll sogar der gesamte produzierte Strom eingespeist und verkauft werden.

Bevor Sie mit Planung und Bau Ihrer Anlage loslegen, müssen Sie klären, ob das örtliche Stromnetz überhaupt in der Lage ist, Ihren Strom aufzunehmen – und wenn ja, bis zu welcher maximalen Leistung. Dazu stellen Sie bzw. Ihre PV-Firma einen Antrag beim Netzbetreiber, in Deutschland ein sogenanntes »Anschlussbegehren«. Der Netzbetreiber kann nun eine Netzverträglichkeitsprüfung durchführen, was bis zu acht Wochen dauern darf.

In Österreich brauchen Sie einen sogenannten »Zählpunkt« für die Netzeinspeisung. Dieser stimmt normalerweise mit der schon vorhandenen Zählernummer Ihres Smart Meters überein. Im nächsten Schritt müssen Sie bei Ihrem Netzbetreiber eine »Netzzusage« einholen, also wiederum die Erlaubnis, Strom bis zu einer vorgegebenen Maximalleistung einzuspeisen. Bei der Abklärung dieser Details und bei der Kommunikation mit dem lokalen Netzbetreiber hilft die von Ihnen beauftragte PV-Firma.

Leider scheitern gar nicht so wenige PV-Projekte an der zu schwachen örtlichen Infrastruktur (Stromleitungen und Trafos). Das gilt insbesondere dann, wenn viele Ihrer Nachbarinnen und Nachbarn ebenfalls eine PV-Anlage haben und deswegen zur Mittagszeit mehr Strom in die Leitungen eingespeist wird, als lokal verbraucht werden kann. Grundsätzlich haben Sie bei PV-Kleinanlagen ein *Recht* auf Einspeisung. Der Netzbetreiber muss gegebenenfalls seine Infrastruktur ausbauen (auf eigene Kosten). Das kann allerdings jahrelang dauern …

Weitere Details zum Anschlussbegehren bzw. zu den rechtlichen Grundlagen für die Einspeiseformalitäten können Sie hier nachlesen:

https://www.solaranlage-ratgeber.de/photovoltaik/photovoltaik-planung/
   anmeldung
https://www.energie-experten.org/erneuerbare-energien/photovoltaik/betrieb/
   solarstrom-einspeisen
https://pvaustria.at/eag-netzthemen
https://www.vese.ch/gesetzliche-grundlagen

Einspeisevertrag

Der Einspeisevertrag regelt das Entgelt, das Sie für den von Ihrer PV-Anlage erzeugten Überschussstrom erhalten. PV-Anlagenbetreiber in Deutschland brauchen keinen Einspeisevertrag, weil das Entgelt durch das EEG vorgegeben ist. Das EVU, von dem Sie Ihren Strom beziehen, ist verpflichtet, Ihren PV-Strom abzunehmen und zu vergüten, aktuell mit 8,6 Cent je Kilowattstunde für Kleinanlagen mit Teileinspeisung (siehe Tabelle 6.1).

Ganz anders ist die Lage in Österreich: Dort haben Sie freie Wahl, mit welchem EVU Sie einen Einspeisevertrag abschließen. Es kann sich dabei sogar um ein anderes Unternehmen handeln als das, von dem Sie Strom beziehen. Allerdings lehnen manche Energieversorger die Abnahme ab, wenn Sie nicht schon Kunde sind. Zur Abnahme verpflichtet ist in jedem Fall die OeMAG (Ökostromabwicklungsstelle), die den gerade gültigen Marktpreis zahlt.

Die Einspeisevergütung variiert stark je nach Unternehmen und Menge: Die ersten 1000 kWh werden teilweise besser bezahlt als darüber hinaus eingespeiste Energiemengen. Mitte/Ende 2022 lag die Vergütung deutlich über den in Deutschland üblichen Preisen. Das kann sich allerdings schnell wieder ändern; vor dem UkraineKrieg bekamen Sie nur 5 Cent oder noch weniger pro kWh. Es gibt also keine langfristigen Preisgarantien.

In der Schweiz ist die Situation ganz ähnlich wie in Österreich. Anstelle von fixen Einspeisevergütungen kommen häufig variable Tarife zum Einsatz, die sich an dem vom Bundesamt für Energie errechneten Referenzmarktpreis orientieren. In der Regel erhalten Sie eine höhere Vergütung, wenn Sie über einen sogenannten Herkunftsnachweis (HKN) für Ihre PV-Anlage verfügen. Dazu müssen Sie die Anlage registrieren. Der Stromabnehmer hat so eine Garantie, dass es sich um Energie aus erneuerbaren Quellen handelt. Die Hintergründe werden hier erläutert:

https://pronovo.ch/de/herkunftsnachweise/information/informationen-zu-hkn

Bauvorschriften

Selbstverständlich muss Ihre PV-Anlage den landesüblichen Bauvorschriften entsprechen. Überspitzt formuliert: Es muss sichergestellt sein, dass die Anlage nicht bei starkem Wind vom Dach fällt und jemanden verletzt usw. Verantwortlich dafür ist die Errichterfirma.

Bei privaten Kleinanlagen, die in Aufdach-Montage errichtet werden, ist normalerweise keine explizite Baugenehmigung erforderlich. Je nach Land/Bundesland muss das Bauvorhaben aber in der Gemeinde oder bei der Bezirkshauptmannschaft gemeldet werden. Gebäude mit Denkmalschutz, Vorhaben in Gebieten mit Ensembleschutz, gewerbliche Projekte bzw. Freilandanlagen müssen außerdem ein Bewilligungs- oder Genehmigungsverfahren durchlaufen.

Für das in der Schweiz übliche Melde- oder Baubewilligungsprozedere gibt der folgende, im Februar 2021 vom Bundesamt für Energie (BFE) veröffentlichte Leitfaden einen guten Überblick:

https://www.swissolar.ch/fileadmin/user_upload/Fachleute/Photovoltaik_Leitfaeden/ 10403-Leitfaden_Solaranlagen.pdf

Inbetriebnahme

Die Inbetriebnahme der PV-Anlage muss durch eine PV- oder Elektrikfirma erfolgen, also durch eine Fachkraft, die das Vertrauen des Netzbetreibers genießt. Sie dürfen die Anlage also nicht einfach selbst einschalten! Die PV-Firma informiert den Netzbetreiber über die geplante und dann vollzogene Inbetriebnahme.

Die Inbetriebnahme wird in einem Protokoll dokumentiert. Es gilt dem Netzbetreiber als Nachweis, dass die Anlage allen technischen Anforderungen entspricht. Dazu zählt auch, dass der Wechselrichter eine EU-Konformitätserklärung besitzt (siehe auch Abschnitt 2.4). Das Protokoll enthält Angaben zum Betreiber/Besitzer, zum Standort der Anlage, zur Leistung und zu den sonstigen technischen Daten der verwendeten Komponenten, eine Skizze mit der Lage aller Leitungen usw.

Für große bzw. gewerbliche Anlagen gelten strengere Bedingungen. Je nach Leistung der Anlage muss bei der Inbetriebnahme eine Vertreterin des Netzbetreibers anwesend sein. Außerdem muss der Zustand der Anlage in regelmäßigen Abständen (z. B. alle zwei Jahre) überprüft und protokolliert werden.

Registrierung der PV-Anlage

In Deutschland muss jede PV-Anlage unmittelbar nach der Inbetriebnahme (spätestens nach vier Wochen) im Marktstammdatenregister (MaStR) gemeldet werden:

https://www.marktstammdatenregister.de/MaStR

Wie bereits erwähnt, sollten Sie in der Schweiz für Ihre PV-Anlage einen Herkunftsnachweis beantragen. Ab einer Leistung von 30 kWp ist das verpflichtend:

https://pronovo.ch/de/herkunftsnachweise

6.4 Wartung und Betrieb

Sobald eine PV-Anlage einmal läuft, werden Sie damit nicht mehr viel Arbeit haben: Ein gelegentlicher Blick in die Weboberfläche oder auf die App des Wechselrichters zeigt Ihnen, wie viel Sonnenstrom Sie zuletzt erzeugt haben. Der eingesparte Bezug von Strom spiegelt sich außerdem in den Stromabrechnungen wieder, die Sie von Ihrem EVU erhalten.

Damit Ihre PV-Anlage langfristig gut funktioniert, sollten Sie ihr auch nach der Inbe-triebnahme ein Minimum an Zeit zukommen lassen. Im Folgenden gehe ich kurz auf die drei Punkte »Monitoring«, »Reinigung« und »Wartung« ein.

Monitoring

»Monitoring« im Kontext von PV-Anlagen bezeichnet das Verfolgen der PV-Strom-produktion über einen längeren Zeitraum. Um sicherzustellen, dass Ihre Anlage gut funktioniert, sollten Sie insbesondere den Ertrag bei vergleichbaren Wetterbe-dingungen vergleichen. Wie viele Kilowattstunden Energie haben Sie im Mai 2020 produziert, wie viele im Mai 2021, wie viele ein Jahr später? Wenn Sie nun im Mai 2023 einen Ertragabfall um 30 Prozent feststellen, ist dies ein Warnsignal. Natürlich kann es daran liegen, dass das Wetter diesmal besonders schlecht war. Die gesunkene Leis-tung kann aber auch andere Ursachen haben, z. B. defekte oder verschmutzte Module.

Viele moderne Wechselrichter übertragen alle erdenklichen Produktionsdaten in die Cloud und speichern sie in Datenbanken. Über ein (leider oft kostenpflichtiges) Abo können Sie dann auf diese Daten zugreifen. Das ist sicherlich der bequemste Zugang zum Monitoring. Wenn Sie sich die Cloud-Kosten sparen möchten oder Datenschutz-bedenken haben, spricht nichts dagegen, einmal pro Monat den PV-Ertrag in eine Excel-Tabelle einzutragen. (Übertreiben Sie es aber nicht: Die Beobachtung der PV-Anlage soll nicht zu Ihrem Lebensinhalt werden!)

Analog können Sie auch Daten erfassen, wie viele kWh Energie pro Monat zum Beladen des Stromspeichers aufgewendet werden und wie viele kWh der Speicher bereitstellen kann, wenn die Sonne gerade nicht scheint. Es ist zu erwarten, dass die Werte pro Jahr ein wenig schlechter werden – Stromspeicher verlieren jedes Jahr etwas an Kapazität. Starke Einbrüche sollte es allerdings nicht geben; die wären ein Hinweis darauf, dass etwas nicht stimmt.

Reinigung

Ich habe in Abschnitt 2.3, »Das Verschattungsproblem«, bereits darauf hingewiesen: Wenn auch nur auf eine einzige Zelle eines PV-Moduls kein Sonnenlicht fällt, kann dies den Ertrag des gesamten Moduls bzw. sogar des gesamten Strangs stark beein-trächtigen. Neben der Verschattung ist die häufigste Ursache dieses Problems eine Verschmutzung der Module durch Staub, Vogelkot, Ablagerungen oder am Rand der Module wachsende Flechten. Auch vom Herbstwind auf das Dach beförderte Blätter können Teile eines Moduls bedecken. Ertragseinbußen durch Verunreinigung sind umso eher zu erwarten, je flacher die Module montiert sind. (Bei einem größeren Neigungswinkel reicht ein gelegentlicher Regen aus, um die Module einigermaßen sauber zu halten.)

Soweit Ihr Dach gut zugänglich ist, sollten Sie die Module einmal jährlich inspizieren (siehe auch die folgende Überschrift »Wartung«) und – soweit notwendig – oberflächlich reinigen. Zur Reinigung reichen Wasser und ein weicher Bodenwischer mit Teleskopstange (siehe Abbildung 6.2). Selbstverständlich dürfen Sie die Module nicht betreten oder gar darauf klettern! Passen Sie auf, dass Sie die Module nicht beschädigen oder zerkratzen. Vermeiden Sie scharfe Reinigungsmittel oder Hochdruckreiniger.

6

Abbildung 6.2 Reinigung von PV-Modulen

Ein trüber Frühjahrstag ist der perfekte Zeitpunkt für die Reinigung. Nicht empfehlenswert ist dagegen ein strahlender Sommertag: Die PV-Module sind dann sehr heiß, kaltes Putzwasser kann aufgrund von Oberflächenspannungen sogar zu Schäden führen.

Schwieriger wird die Sache, wenn Ihr Dach schwer oder gar nicht zugänglich ist. Dann verwenden Sie zur Inspektion am besten eine Kameradrohne. Bei Bedarf finden Sie sicher im Bekanntenkreis eine Jugendliche, die ihr Gadget gegen eine kleine Belohnung mit Vergnügen in Betrieb nimmt. Vielleicht können Sie auch vom Garten oder von einem Nachbarhaus ein scharfes Foto Ihres Dachs machen und am Computer genau ansehen. Wenn Sie dabei tatsächlich eine starke Verunreinigung feststellen, müssen Sie eine Firma mit der Reinigung beauftragen.

Wartung

Bei einer PV-Anlage gibt es außer dem Lüfter des Wechselrichters keine bewegten Teile. Auch wenn es für private Anlagen keine Prüfpflicht gibt, ist doch ein Minimum an Wartung notwendig: Sie sollten zumindest einmal im Jahr die PV-Anlage äußerlich inspizieren und dabei auf die folgenden Details achten. Der erste Punkt ist auch gleich der wichtigste!

- ▶ **Zustand der Kabel und Stecker:** Gibt es sichtbare Schäden? Aufgescheuerte Isolierung? Kaputte Stecker? Von der UV-Strahlung spröde gewordene Kabelschutzrohre? Durch Vögel oder Marder verursachte Schäden? Instabile Steckverbindungen?

- ▶ **Zustand des Montagesystems:** Sind die PV-Module stabil am Dach verankert? Gibt es ausgerissene Haken, lockere Schrauben, wacklige Profile?

- ▶ **PV-Module:** Haben die Module sichtbare Schäden? Sprünge? Deutliche Verfärbungen? (Letzteres weist auf Hotspots hin.) Gibt es starke Verunreinigungen?

- ▶ **Wechselrichter und Stromspeicher:** Als Laie können Sie hier nur auf optische oder akustische Auffälligkeiten achten, z. B. auf Verfärbungen durch zu große Hitze. Bei manchen Wechselrichtern besteht die Möglichkeit, das Lüftungsgitter zu reinigen.

Wenn Ihre Anlage schon lange in Betrieb ist, schadet es nicht, wenn eine Fachfirma alle ein bis zwei Jahre einen Blick auf die Komponenten wirft.

Vorsicht, hohe Spannung!

Wenn Sie verdächtige Änderungen feststellen, greifen Sie das betroffene Teil bzw. Kabel auf keinen Fall an! Sollte wirklich eine Spannung anliegen, ist diese lebensgefährlich! Verständigen Sie vielmehr die Firma, die die Anlage installiert hat, und machen Sie klar, dass es dringend ist. (Sie können Ihre PV-Anlage nicht einfach ausschalten. Solange die Sonne scheint, liegt an den PV-Modulen eine Spannung an, das liegt in der Natur der Photovoltaik!)

Wie ich bereits unter »Monitoring« erwähnt habe, sollten Sie auffällige Ertragsschwankungen im Auge haben. Ein deutliches Sinken des Ertrags ist ein klares Warnsignal, dass etwas nicht stimmt. Abermals gilt: Wenn Sie keine klare Ursache feststellen können bzw. das Dach nicht selbst besteigen können, verständigen Sie die Firma, die Ihre Anlage errichtet hat, oder einen anderen geeigneten Fachbetrieb.

6.5 Steuern

Grundsätzlich gilt die Einspeisevergütung als Einnahme und muss als solche versteuert werden. Weil es sich bei privaten PV-Anlagen aber nur um relativ kleine Beträge handelt und um den Ausbau der Photovoltaik durch eine Reduktion der Bürokratie zu fördern, gibt es Ausnahmebestimmungen:

▶ In Deutschland müssen nur Einkünfte für Anlagen mit einer Spitzenleistung über 30 kWp angegeben werden.

▶ In Österreich dürfen Privatpersonen bis zu 12.500 kWh PV-Strom steuerfrei einspeisen, sofern die Anlagengröße 25 kWp nicht überschreitet.

▶ In der Schweiz sind die steuerlichen Regeln noch kantonsabhängig. In einigen Kantonen gelten ähnliche Regeln wie in Deutschland und Österreich. Es gibt aber Überlegungen, die Versteuerung der Einspeisevergütung für private Anlagen landesweit abzuschaffen.

Deutschland sieht außerdem eine Abgabe auf jede selbst produzierte und selbst verbrauchte Kilowattstunde PV-Strom vor. Damit wird sogar der Eigenverbrauch besteuert, wenngleich es sich genau genommen um keine Steuer handelt, sondern um eine Abgabe. Glücklicherweise sind Anlagen mit einer Spitzenleistung von weniger als 30 kWp von dieser EEG-Umlage befreit, weswegen private Betreiber von PV-Anlagen davon kaum betroffen sind.

Für gewerbliche PV-Anlagen gelten strengere Regeln, und es gibt weniger Ausnahmen. Je nachdem, in welcher Rechtsform die Anlage betrieben wird, müssen Sie Einkommen- oder Gewerbesteuer, Umsatzsteuer etc. abführen. Das sind allerdings Themen, die außerhalb der Reichweite dieses Buchs liegen.

6.6 Versicherung

Grundsätzlich sind PV-Module sehr langlebig und stabil. Allerdings können sie durch Elementarereignisse (schweren Hagelschlag oder Sturm) beschädigt werden. Die restlichen Komponenten (Wechselrichter, Speicher) sind in der Regel im Inneren des Hauses montiert und besser geschützt. Mit etwas Pech sind aber auch diese Komponenten gefährdet, etwa wenn nach einem Rohrbruch oder bei Hochwasser der Keller unter Wasser steht. Von defekten Stromspeichern geht zudem eine Brandgefahr aus.

Soweit die PV-Anlage integraler Bestandteil Ihres Hauses ist (Aufdach-Montage der Module), sollte sie in Ihrer regulären Gebäudeversicherung erfasst sein. Bei einem Schadensereignis (z. B. Hagel oder Feuer) kommt die Versicherung also auch für Schäden an den PV-Elementen auf. Wie immer ist bei Versicherungen auf das Kleingedruckte zu achten: Möglicherweise sind dort PV-Module oder vergleichbare Glasobjekte, Lithium-Ionen-Batterien etc. explizit ausgeschlossen. Im Zweifelsfall sollten Sie unbedingt bereits vor oder spätestens mit der Inbetriebnahme mit Ihrem Versicherungsvertreter Rücksprache halten, ob und in welchem Ausmaß die Versicherung auf die PV-Anlage anwendbar ist und ob die Versicherungssumme für Ihr Haus dem durch PV-Anlage gesteigerten Wert noch entspricht.

Ein möglicher Streitfall kann auch das Ausmaß der Beschädigung sein: Wird ein PV-Modul auf Kosten der Versicherung ersetzt, wenn es rein optisch unbeschädigt aussieht, ein Hagelschlag aber Mikrorisse in den Solarzellen oder deren Verbindungen (in letzter Konsequenz also Hotspots) verursacht hat? Die Versicherung bezweifelt möglicherweise den ursächlichen Zusammenhang zwischen dem Hagel und den Schäden in den PV-Modulen. Ein regelmäßiges Monitoring hilft dann, den Leistungsabfall zeitlich zu abgrenzen. Im Streitfall muss ein Sachverständiger Klarheit schaffen (was natürlich zuerst einmal weitere Kosten verursacht).

Neben allgemeinen Hausversicherungen bieten einige Versicherungsunternehmen spezielle Versicherungen. Einige Produkte sind als Zusatzversicherung zur normalen Gebäudeversicherung gedacht, andere richten sich an die Betreiber von großen, oft freistehend montierten Anlagen. Manche Versicherungen inkludieren auch den Einnahmenausfall durch die aufgrund eines Schadens nicht lukrierbare Einspeisevergütung. Die Stiftung Warentest hat zuletzt 2017 die Leistungen diverser PV-Zusatzversicherungen verglichen:

https://www.test.de/Photovoltaikversicherung-Guten-Schutz-gibt-es-fuer-unter-100-Euro-im-Jahr-5138152-0

Der normale Verschleiß fällt nicht in den Versicherungsschutz: Wenn also Ihr Wechselrichter nach 9 Jahren defekt ist oder Ihr Stromspeicher nach 12 Jahren nur noch über 65 Prozent seiner ursprünglichen Kapazität verfügt, sind dies keine Versicherungsfälle!

6.7 Gemeinschaftsanlagen

In der Praxis sind aktuell drei Arten von PV-Anlagen gebräuchlich:

- ▶ Balkonkraftwerke
- ▶ kleine, private PV-Anlagen auf Einfamilienhäusern
- ▶ große, gewerbliche Anlagen, z. B. auf Bauernhäusern, Fabrikhallen oder öffentlichen Gebäuden sowie im Freiland

Dazwischen klafft eine riesige Lücke: Auf Mehrfamilienhäusern, Wohnblocks oder anderen Gebäuden mit mehreren Eigentums- oder Mietwohnungen sind PV-Anlagen eine Seltenheit, obwohl sie ökologisch und ökonomisch Sinn machen würden. Wenn es doch PV-Anlagen gibt, sind diese meist sehr klein dimensioniert und dienen nur zur Stromversorgung von Gemeinschaftsräumen (etwas überspitzt: für das Stiegenhauslicht). Alternativ wird bei manchen Gebäuden das Dach an eine externe Firma vermietet oder verpachtet. Diese Firma errichtet die Anlage und speist den gewonnenen Strom in das öffentliche Netz ein. Aus ökologischer Sicht ist das gut, allerdings profitieren die Hauseigentümer nur über (zumeist geringe) Miet- oder Pachteinnahmen und können sich mit der PV-Anlage nicht identifizieren.

Wesentlich besser wären Gemeinschaftsanlagen, die den Wohnungseigentümern gehören. Diese nutzen den PV-Strom selbst bzw. erhalten die Einspeisevergütung für Überschussstrom. Bevor es so weit ist, sind allerdings viele Fragen zu klären:

▸ Kann sich die Hausgemeinschaft überhaupt auf ein Projekt einigen? Das ist oft schon die größte Hürde.

▸ Wer finanziert die Errichtung (oft wollen sich nicht alle beteiligen), wer bezieht wie viel günstigen PV-Strom, wer erhält wie viel Einspeisevergütungen? Selbst bei idealen Voraussetzungen ist es schwierig, ein wirklich faires Abrechnungsmodell zu finden.

Erschwerend kommt hinzu, dass in der Regel die Hausparteien jeweils unterschiedliche Verträge bei diversen Energieversorgungsunternehmen haben. Wenn eine PV-Anlage Strom für mehrere Wohnungen liefern soll, müssen sich deren Besitzer oder Mieterinnen auf einen Stromanbieter festlegen.

▸ Welche gesetzlichen Rahmenbedingungen müssen eingehalten werden? Die Regeln hängen stark davon ab, wo Sie wohnen. Immerhin sind Gemeinschaftsanlagen mittlerweile politisch erwünscht. Insofern haben sich in den letzten Jahren Modelle die rechtlichen Voraussetzungen in den meisten Ländern verbessert.

Österreich

Ich beginne hier zur Abwechslung mit Österreich, wo die gesetzlichen Voraussetzungen vergleichsweise günstig sind. Das Elektrizitätswirtschafts- und -organisationsgesetz (ElWOG) erlaubt bereits seit etlichen Jahren die Verteilung und Verrechnung von gemeinschaftlich erzeugtem PV-Strom im Rahmen von »Erneuerbare-Energie-Gemeinschaften« bzw. »Bürgerenergie-Gemeinschaften«. Das Gesetz sieht sogar Gemeinschaften über mehrere Häuser hinweg vor. Es ist also denkbar, dass ein Haus die in die Gemeinschaft eingetretenen Nachbarhäuser mitversorgt!

Als zentrale Informationsplattform für Gemeinschaftsprojekte in Österreich hat sich die Webseite *https://pv-gemeinschaft.at* etabliert. Dort finden Sie neben anderen Informationen auch Musterverträge. In vielen Bundesländern gibt es Energieberatungsstellen, die bei der Planung und Realisierung helfen. Details und Hintergründe zu einigen bereits realisierten Gemeinschaftsanlagen können Sie hier nachlesen bzw. nachhören:

https://pv-gemeinschaft.at/best-practice-beispiele
https://positionen.wienenergie.at/projekte/strom/pv-gemeinschaftsanlagen
https://www.energie-tirol.at/wissen/ja-zur-sonne/photovoltaik-gemeinschaftsanlagen
https://www.derstandard.at/story/2000139240260/energiegemeinschaft-eine-machtverschiebung-von-den-grossen-zu-den-kleinen

Deutschland

In Deutschland vereinfacht das Ende 2020 in Kraft getretene Wohnungseigentums-gesetz (WEG) die Beschlussfassung für gemeinschaftliche Anlagen. Die Realisierung scheitert allerdings oft daran, dass eine Gemeinschaftsanlage je nach Zielsetzung (z. B. Stromversorgung von Mietwohnungen) wie ein Energieversorgungsunterneh-men betrachtet wird – mit allen damit verbundenen behördlichen Auflagen. Das schießt natürlich weit über das Ziel hinaus.

Mögliche Auswege sind eine Einschränkung der Anlage auf die Allgemeinstromver-sorgung samt Heizung oder Brauchwassererwärmung sowie die Realisierung von kleinen Einzelanlagen auf dem gemeinschaftlichen Dach. Unter den folgenden Lese-tipps sind die Informationen der Energieagentur Freiburg am hilfreichsten:

https://blog.paradigma.de/weg-reform-solaranlage
https://matera.eu/artikel/photovoltaikanlage-weg
https://energieagentur-regio-freiburg.eu/sonnenstrom-mehrfamilienhaeuser
https://www.deutschlandfunkkultur.de/solaranlagen-auf-dem-dach-wie-die-
*   bundesregierung-die-100.html*
https://www.energiezukunft.eu/meinung/die-meinung/gemeinschaftlicher-
*   eigenverbrauch-immer-noch-stiefkind*

Schweiz

In der Schweiz regelt das Energiegesetz (Artikel 16 bis 18) sogenannte *Zusam-menschlüsse für den Eigenverbrauch* (ZEV). Demnach dürfen die Eigentümer eine Eigenverbrauchsgemeinschaft gründen und gegebenenfalls den Mietern den Strom auch verkaufen, wobei der Strompreis nicht höher sein darf als der des Energiever-sorgers und die Eigentümer max. 50 Prozent der Einsparung als Profit erwirtschaften dürfen. (Mit anderen Worten: Die finanziellen Vorteile durch eine gemeinschaftliche PV-Anlage müssen zwischen Eigentümern und Mietern fair verteilt werden.) Weitere Details können Sie hier nachlesen bzw. nachhören:

https://youtu.be/Rv-PxIpPuEg (ZEV praxisnah erklärt)
https://www.swissolar.ch/index.php?id=403 (60-seitiger ZEV-Leitfaden)
https://www.energieheld.ch/solaranlagen/photovoltaik/eigenverbrauch/
*   eigenverbrauchsgemeinschaft*

Kapitel 7
Wärmepumpen

In neuen Einfamilienhäusern sind Wärmepumpen schon seit Jahren die beliebteste Heizungsform. Aufgrund der mit dem Ukraine-Krieg einhergehenden Gasknappheit denken immer mehr Haus- und Wohnungsbesitzerinnen und -besitzer über einen Umstieg auf Wärmepumpen nach.

In diesem abschließenden Kapitel erkläre ich Ihnen die Funktionsweise von Wärmepumpen sowie ihre Vor- und Nachteile. So viel gleich vorweg: Bei einem Neubau ist die Kombination aus Photovoltaik-Anlage und Wärmepumpe absolut naheliegend. Die nachträgliche Umrüstung einer fossilen Heizung auf eine Wärmepumpe ist dagegen erheblich schwieriger.

Dieses Kapitel beginnt mit dem Kühlschrank, beschäftigt sich dann eingehend mit verschiedenen Arten von Wärmepumpen und kommt zum Schluss mit Klimaanlagen noch einmal zur Kältetechnik zurück. Das klingt verrückter, als es tatsächlich ist: Das Wirkprinzip ist nämlich bei allen drei Gerätetypen dasselbe!

Der Start mit dem Kühlschrank hat damit zu tun, dass die meisten Leute die Funktionsweise eines Kühlschranks auf Anhieb verstehen. Wenn dann aber eine Wärmepumpe aus einer Kilowattstunde Strom vier Kilowattstunden Wärme produziert, setzt ungläubiges Kopfschütteln ein. Also beginne ich mit dem, was leicht verständlich ist – und zeige Ihnen dann, dass das Konzept einer Wärmepumpe genauso einfach wie das eines Kühlschranks ist.

In der Folge erkläre ich Ihnen die Vor- und Nachteile verschiedener Varianten von Wärmepumpen (Luft-, Wasser- und Erdwärmepumpe) und erläutere die wichtigste Kennzahl jeder Wärmepumpe – die »Leistungszahl« oder, technischer ausgedrückt, den *Coefficient of Performance*.

Normalerweise wird mit einer »Wärmepumpe« die Heizung assoziiert. Die Wärmepumpe ist also dafür verantwortlich, dass es im Haus angenehm warm ist; oft kümmert sich die Wärmepumpe auch gleich um die Brauchwassererwärmung. Daneben gibt es aber einen eigenen Gerätetyp, die »Brauchwasserwärmepumpe«: Dieses Gerät macht nur Warmwasser. Es kann in manchen (leider seltenen) Fällen einen Elektroboiler ersetzen und dann eine Menge Strom sparen.

Zuletzt spanne ich den Bogen zu Klimaanlagen. Klimaanlagen sind im Kontext dieses Kapitels insofern interessant, weil Sie mit vielen Modellen (sogenannten »Inverter-Klimaanlagen«) nicht nur kühlen, sondern auch heizen können. In dieser Funktionsart arbeitet auch die Klimaanlage als Wärmepumpe. Leider ist das mit diversen Nachteilen verbunden, weswegen das Heizen mit der Klimaanlage vermutlich die Ausnahme bleiben wird.

7.1 Vom Kühlschrank zur Wärmepumpe

In jedem Haushalt werden ein Kühlschrank samt Gefrierfach oder auch zwei getrennte Geräte als Selbstverständlichkeit hingenommen. Bereits in Kapitel 1, »Kilo, Watt und Peak«, habe ich auf den nicht unerheblichen Stromverbrauch dieser Geräte hingewiesen (siehe insbesondere Tabelle 1.9). Wie funktioniert nun aber ein Kühlschrank?

Die Kernkomponente eines in Haushalten eingesetzten elektrischen Kühlschranks ist ein Kompressor (auch »Verdichter«). Diese durch einen elektrischen Motor angetriebene Maschine komprimiert ein Gas, das sogenannte »Kältemittel«, stark (siehe Abbildung 7.1). Das Kältemittel wird dabei warm. Den Effekt kennen Sie vielleicht vom Aufpumpen eines Fahrradreifens: Auch dabei wird die zusammengepresste Luft warm, was Sie am Schlauch der Pumpe deutlich fühlen können.

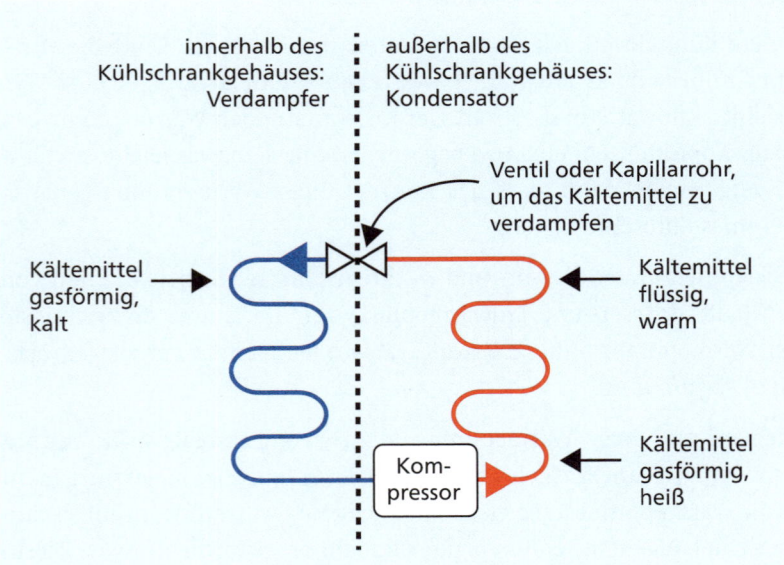

Abbildung 7.1 Funktionsprinzip des Kühlschranks

An der Rückseite des Kühlschranks wird das Kältemittel schlangenförmig über einen oft gitterförmigen Wärmetauscher geleitet. Dieser Teil des Kühlschranks wird **Kondensator** genannt, weil das komprimierte Gas durch die Abkühlung kondensiert, also flüssig wird. Die Abwärme wird an der Rückseite des Kühl- oder Gefrierschranks abgegeben. Damit das funktioniert, benötigen Einbaugeräte Be- und Entlüftungsschlitze.

Das flüssige Kältemittel wird nun durch ein Kapillarrohr oder eine Drossel (ein Ventil) in einen zweiten Bereich nahe dem Innenraum des Kühlschranks geleitet, den **Verdampfer.** Das Kältemittel verliert dabei den Druck – es verdampft und wird wieder gasförmig. Dieser Prozess entzieht der Umgebung – hier also dem Kühlschrank – Wärme. (Auch den Verdampfungseffekt kennen Sie aus dem Alltag: Wenn Sie Ihre Haut nass machen, kühlt sich diese beim Verdampfen ein wenig ab.) Um die bei der Verdampfung entstehende Kälte über den ganzen Kühlschrank zu verteilen, befindet sich – verdeckt hinter der Innenverkleidung – ein weiteres schlangenförmiges Rohr, in dem das Kältemittel zurück zum Kompressor fließt und so den Kreislauf schließt.

Als Kältemittel kommt in modernen Kühlschränken meist Isobutan zum Einsatz (Kurzbezeichnung R-600a, aus chemischer Sicht ein Kohlenwasserstoff). Dieses Gas ist allerdings brennbar, weswegen ein Kühlschrank maximal 150 Gramm enthalten darf. In der Praxis ist die Menge zumeist noch deutlich kleiner. R600a hat das in der Vergangenheit gebräuchliche Kältemittel R-134a (Tetrafluorethan) abgelöst, das beim Entweichen die Ozonschicht der Atmosphäre stark schädigt.

Heizung per Kühlschrank?

Machen Sie nun ein Gedankenexperiment mit mir! Stellen Sie sich vor, Sie würden einen Kühlschrank geöffnet in ein Fenster einbauen: Auf der Außenseite des Hauses wäre der offene Kühlschrank (siehe Abbildung 7.2), im Inneren wäre die relativ hässliche Rückseite. Es ist Winter, und Sie schalten den Kühlschrank ein. Was passiert?

Grundsätzlich wird es im Inneren des Raums, in dessen Fenster der Kühlschrank eingebaut wurde, durch den Betrieb wärmer. Wenn der Kühlschrank beispielsweise eine Leistung von 150 Watt hat, dann wirkt der Kühlschrank wie eine Heizung mit 150 Watt (was ziemlich wenig ist).

Der springende Punkt ist nun aber, dass die Heizleistung sogar ein wenig besser ist: Der Kühlschrank entzieht der Luft außerhalb des Hauses Wärme. Das Kältemittel hat beim Kompressor deswegen eine höhere Temperatur als beim Ventil. Diese Temperaturdifferenz kommt dem Innenraum zugute. Der Kühlschrank heizt den Raum mit mehr als 150 Watt! Sie werden es schon ahnen: Wir haben eine Wärmepumpe!

Es ist Ihnen sicher klar, dass es *keine* gute Idee ist, einen Kühl- oder Gefrierschrank wirklich als Heizung zu verwenden. Zum einen ist das Kältemittel für einen Temperaturbereich konzipiert, der zum Heizen wenig geeignet ist. Außerdem funktioniert der Wärmeaustausch im Kühlschrankinneren nicht optimal. Schließlich ist die Leistung eines Kühlschranks viel zu klein, um einen Raum nennenswert zu erwärmen. Sie haben zwar vom Prinzip her eine Wärmepumpe, aber eine extrem schlechte.

Abbildung 7.2 Ein Gedankenexperiment: Der Kühlschrank im Fenster

7.2 Funktionsweise von Wärmepumpen

Die Technik hinter einer Wärmepumpe sieht wie folgt aus (siehe Abbildung 7.3): Ein Kältemittel wird zuerst durch die Umgebung erwärmt, also durch die Luft im Freien oder durch die aus dem Erdreich oder Wasser entnommene Wärme. Ein Kompressor verdichtet das vorgewärmte Kältemittel und erhitzt es dabei weiter. Das Kältemittel wird nun durch einen Wärmetauscher geleitet und erwärmt so das Heizwasser. Dabei kondensiert das Kältemittel, wird also wieder flüssig.

Das bereits abgekühlte Kältemittel wird durch ein Ventil geleitet. Bei der Verdampfung kühlt sich das Kältemittel nochmals stark ab. Damit beginnt der Kreislauf von vorne: Weil das Kältemittel jetzt kälter ist als die Umgebung (die Luft oder das Erdreich), kann es von dort Wärme aufnehmen und kommt entsprechend vorgewärmt wieder zum Kompressor.

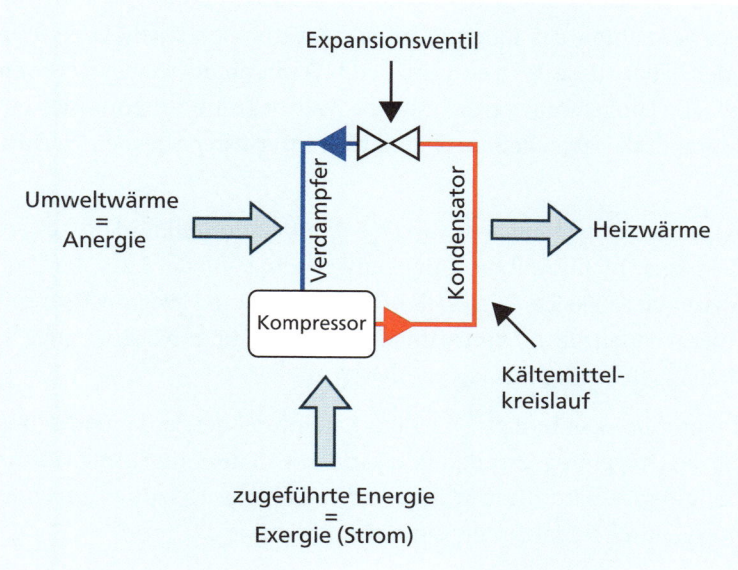

Abbildung 7.3 Prinzip einer Wärmepumpe

Der Kältemittelkreislauf sieht genau gleich wie bei einem Kühlschrank aus und durchläuft dieselben Komponenten: Kompressor/Verdichter, Kondensator, Ventil, Verdampfer/Verflüssiger. Das »Kühlen« findet aber draußen statt, d. h. die Wärmepumpe entzieht der Luft oder dem Erdreich Wärme. Dafür nutzen wir jetzt die beim Prozess entstehende Wärme, die beim Kühlschrank eher eine störende Nebenerscheinung ist.

Ein Unterschied betrifft das Kältemittel: In Wärmepumpen kommen hierfür andere chemische Stoffe zum Einsatz als im Kühlschrank. Gebräuchlich sind Pentafluormethan oder Difluormethan mit den Kurzzeichen R-410A oder R-32. Die Auswahl des Kältemittels ist für die Wärmepumpenhersteller eine Gratwanderung: Früher eingesetzte Fluorchlorkohlenwasserstoffe (FCKW) mit thermodynamisch guten Eigenschaften schädigen beim Entweichen die Ozonschicht stark und sind mittlerweile verboten. Die heute gewählten Ersatzstoffe sind zumeist leicht entzündlich und tragen beim Entweichen zum Treibhauseffekt bei – auch nicht ideal! Eine interessante Alternative ist CO_2: Es ist ungiftig und nicht brennbar, erfordert aber einen höheren Betriebsdruck und macht die Wärmepumpe spürbar teurer (und unter Umständen auch lauter). Letztlich ist also jedes Kältemittel ein Kompromiss.

Wärme »pumpen«

Die Grundidee einer Wärmepumpe besteht also darin, der Umgebung Wärme zu entziehen und diese Wärme ins Haus zu bringen. Warum ist dazu ein Kältemittel erforderlich? Für sich betrachtet bringt der Kältemittelkreislauf nämlich gar nichts: Zwar wird die beim Verdichten des Kältemittels eingesetzte elektrische Energie in Wärme umgewandelt, aber diese Wärme geht beim Verdampfen wieder verloren. Ohne die Nutzung der Umgebungswärme ist eine Wärmepumpe theoretisch ein Nullsummenspiel, praktisch wegen Reibungs- und Wärmeverlusten sogar ein Verlustgeschäft.

Wäre es nicht möglich, die Umgebungswärme *ohne* den Kältemittelkreislauf zu nutzen? Das klappt deswegen nicht, weil die Umgebungswärme aus der Luft, der Erde oder dem Grundwasser viel zu kalt ist. Im Haus brauchen Sie zum Heizen Wasser mit 30 °C oder mehr. Außen haben Sie im Winter im besten Fall eine Temperatur von 12 °C (Grundwasser, Erdreich), oft sogar noch viel weniger (Luft).

Der Clou der Wärmepumpe besteht darin, dass das Kältemittel bei der Verdampfung noch kälter wird als die Umgebung. Erst dadurch kann es von der Umgebung Wärme aufnehmen. Im Kompressor wird diese Wärme auf ein für die Heizung nutzbares Niveau angehoben (»gepumpt«, daher der Name Wärmepumpe).

Entscheidend für die Funktionsweise einer Wärmepumpe ist der Umstand, dass der Energieaufwand für den Kompressor (die sogenannte Exergie) viel kleiner ist als die nutzbare Wärmeenergie. Mit einer Kilowattstunde Strom können Sie drei bis fünf Kilowattstunden Wärme erzeugen. In Abbildung 7.3 ist die Breite der Energiepfeile ein ungefähres Maß für die Energiemengen.

Geht alles mit rechten Dingen zu?

Wie kann bei einer Wärmepumpe mehr Wärmeenergie herauskommen, als Strom hineingesteckt wurde? (Dieser Energieanteil für mechanische Arbeit wird in thermodynamischen Prozessen als »Exergie« bezeichnet.)

Das ist nur möglich, weil die Wärmepumpe der Umgebung gleichzeitig Energie entzieht. (Dieser Anteil der Energie, der im Prozess keine Arbeit verrichten kann, wird »Anergie« genannt.)

Während es also im Haus warm wird, wird bei einer Luftwärmepumpe die Luft vor dem Haus kälter; bei einer Erdwärmepumpe kühlt sich das Erdreich unter dem Haus bzw. das dort befindliche Grundwasser ab. Ich habe in diesem Buch ja schon einmal darauf hingewiesen: Es kann keine neue Energie erzeugt werden. Eine Wärmepumpe ist lediglich ein raffinierter Weg, um die Wärme dort wegzunehmen (im Freien, im Erdreich), wo sie nicht gebraucht wird, und sie dafür woanders zu nutzen (im Haus).

Beachten Sie, dass Abbildung 7.3 die Energiebilanz unvollständig wiedergibt: Bei Luftwärmepumpen ist zusätzlich der Betrieb eines großen Ventilators notwendig; Erdwärmepumpen brauchen stattdessen eine Pumpe für den Wärmeaustausch unter der Erde. Ventilator oder Pumpe verbrauchen ebenfalls Strom, wenn auch weniger als der Kompressor.

Heizungsseitig ist außerdem eine Umwälzpumpe notwendig, um Warmwasser durch die Heizkörper oder Schleifen der Fußbodenheizung zu pumpen und so im ganzen Haus zu verteilen. Diese Umwälzpumpe hat aber nichts mit der Wärmepumpe zu tun. Eine derartige Pumpe brauchen Sie auch dann, wenn Ihre Heizung die Wärme durch die Verbrennung von Gas, Öl oder Pellets erzeugt.

Luftwärmepumpen

Die aktuell beliebteste Form der Wärmepumpe ist die Luftwärmepumpe. Sie wird normalerweise im Freien montiert und entzieht der Außenluft Wärme. Damit das gut funktioniert, sollte die Wärmepumpe an einem freien, idealerweise südseitig offenen Ort platziert werden – aber auf keinen Fall in einer Senke, in der sich ein Kaltluftsee bilden kann. Gleichzeitig sollte der Abstand zum Technikraum mit den Heizungsinstallationen möglichst klein sein.

Luftwärmepumpen in Innenräumen?

Prinzipiell kann eine Luftwärmepumpe auch im Inneren aufgestellt werden. Bei den in Abschnitt 7.4 behandelten Brauchwasserwärmepumpen ist das sogar der Normalfall. Bei größeren Wärmepumpen zum Heizen funktioniert der Innenbetrieb aber nur, wenn eine ausreichende Zufuhr warmer Außenluft und ein Abtransport der kalten Abluft sichergestellt werden, z. B. durch große Luftschläuche. In der Praxis ist das kaum sinnvoll zu realisieren.

Einen guten Kompromiss können Split-Luftwärmepumpen darstellen. Dabei werden der Verdampfungs- und der Kondensationsprozess auf zwei Geräte verteilt. Ein Gehäuse nimmt den Verdampfer und einen großen Ventilator auf und wird im Freien aufgestellt. Der Kondensator befindet sich im Inneren des Hauses in einem zweiten Gehäuse. Der Kältemittelkreislauf verbindet die beiden Geräte. Der Abstand zwischen beiden Geräten sollte möglichst klein sein: Mit zunehmenden Abstand steigen sowohl die Wärmeverluste als auch die erforderliche Menge des (aber zumeist umweltschädlichen) Kältemittels.

Luftwärmepumpen sind deswegen so populär, weil Sie sich damit die Kosten für eine Tiefenbohrung bzw. für das Verlegen von Flächenkollektoren ersparen. Die Errichtung ist einfacher und nicht ganz so kostspielig wie bei den anderen Varianten. (Teuer ist auch eine Luftwärmepumpe, um hier keine falschen Hoffnungen zu erwecken. Es ist wie mit den PV-Anlagen: Die Nachfrage ist aktuell viel größer als das Angebot, was sich leider auch in den Preisen widerspiegelt.)

Der Hauptnachteil besteht darin, dass die Luft im Winter sehr kalt ist. Der Wärmepumpe fällt es dann schwer, der Luft noch Wärme zu entziehen. Viele Wärmepumpen enthalten deswegen einen Heizstab zum »Nachheizen«. Von einem energiesparenden Heizen ist dann keine Rede mehr. Aus ökonomischer Sicht hat sich das Konzept trotzdem bewährt, weil bei einer richtigen Dimensionierung von Wärmepumpe und Heizung der Heizstab normalerweise nur wenige Tage pro Jahr aktiv ist. Über das ganze Jahr gerechnet hat die Wärmepumpe dann immer noch einen ausgezeichneten Wirkungsgrad.

Abbildung 7.4 Typische Luftwärmepumpe für ein Einfamilienhaus

Ein weiterer Nachteil ist die Lärmentwicklung: Zwar sind moderne Geräte relativ leise, aber eben nicht lautlos. Ihre Pläne, eine Luftwärmepumpe zu installieren, werden bei den Nachbarn auf wenig Begeisterung stoßen. Letztlich müssen Sie Gesetze einhalten, die die maximale Schallleistung je nach Wohngebiet festschreiben. Je nach Region ist die Aufstellung einer Luftwärmepumpe deswegen genehmigungspflichtig. In Deutschland ist die »Technische Anleitung zum Schutz gegen Lärm«, kurz TA Lärm, zu beachten. Sie legt als Immissionsgrenzwerte in reinen Wohngebieten 50 dB(A) tagsüber und 35 dB(A) nachts fest. Die in Österreich geltenden Grenzwerte hängen vom Bundesland ab:

https://www.laerminfo.at/ueberlaerm/laermquellen/luftwaermepumpen.html

Wie laut Sie selbst oder die Nachbarinnen die Wärmepumpe wahrnehmen, hängt stark von der Montage, von möglichen Reflexionen und Resonanzen sowie vom

Abstand zu Nachbarhäusern ab, lässt sich also nur anhand der Herstellerangaben schwer im Vorhinein sagen. Ein gutes Hilfsmittel zur Abschätzung der von einer Luftwärmepumpe ausgehenden Geräusche je nach Aufstellungsort ist der »Lärmrechner« auf der folgenden Webseite:

https://www.waermepumpe-austria.at/schallrechner

Bei der Aufstellung ist zu beachten, dass Luftwärmepumpen prinzipbedingt relativ viel Kondenswasser produzieren, je nach Witterung etliche Liter pro Tag. Dieses muss abrinnen oder versickern können, ohne im Winter zu vereisen.

Das von der Wärmepumpe produzierte Warmwasser wird über einen gut isolierten Schlauch in das Haus geführt. (Bei einer Split-Wärmepumpe befindet sich der Wärmetauscher für das Heizungswasser im Hausinneren.) Weil die Wärme als Wasser abtransportiert wird, lautet die exakte Bezeichnung des Geräts *Luftwasserwärmepumpe*. Im Gegensatz dazu gibt es auch *Luftluftwärmepumpen*, die die produzierte Wärme in Form von warmer Luft abgeben. Dieses Konzept ist vor allem für Inverter-Klimaanlagen relevant, die auch heizen können und die Wärme in Form von warmer Luft abgeben (siehe Abschnitt 7.5, »Klimaanlagen«).

Erdwärmepumpen

Erdwärmepumpen beziehen die Umgebungswärme nicht aus der Luft, sondern aus dem Erdreich oder dem darin enthaltenen Wasser. Ich gehe hier nur auf die beiden gängigsten Ausführungsvarianten ein:

- **Wärmepumpe mit Erdwärmesonde:** Eine Erdwärmesonde ist eine tief in die Erde eingebrachte Doppelleitung mit einem u-förmigen Ende. Die Grundidee besteht darin, dass die durch die Leitung gepumpte Flüssigkeit (normalerweise ein Gemisch aus Wasser und Frostschutzmittel, die sogenannte »Sole«) vom Erdreich aufgewärmt wird.

  Zur Verlegung muss eine ziemlich teure Tiefenbohrung durchgeführt werden. Ein grober Richtwert für die notwendige Tiefe sind 20 Meter für jedes Kilowatt Heizleistung der Wärmepumpe. Statt einer sehr tiefen Bohrung werden oft mehrere parallele Bohrungen durchgeführt, die aber etliche Meter voneinander entfernt sein müssen. Bei der Dimensionierung der Bohrung müssen die geologischen Verhältnisse berücksichtigt werden. Günstig ist ein feuchtes Erdreich, weil Wasser ein guter Wärmespeicher und -leiter ist.

  Jede Tiefenbohrung muss vorher genehmigt werden. In Deutschland ist dafür die Wasserbehörde bzw. das Amt für Wasserwirtschaft zuständig; außerdem müssen Sie die Bohrung beim geologischen Dienst des Bundeslands anzeigen. In Österreich erhalten Sie die Genehmigung bei der zuständigen Bezirkshauptmannschaft oder dem Magistrat.

▶ **Wärmepumpe mit Flächenkollektoren:** Eine Alternative zur Erdwärmesonde sind im Garten in einer Tiefe von ca. eineinhalb Metern verlegte Kollektoren (Schläuche). Als wiederum grobe Abschätzung der notwendigen Fläche gilt die zweifache Wohnfläche des Hauses; die Dimensionierung hängt aber natürlich von der Bodenbeschaffenheit und vom Wärmebedarf des Hauses ab.

Oberhalb des Flächenkollektors dürfen keine tiefwurzelnden Pflanzen gesetzt werden. Idealerweise ist der Boden feucht und an der Oberfläche sonnig, damit die von der Wärmepumpe abgeführte Wärme rasch ersetzt werden kann.

Erdwärmepumpen haben den Vorteil, dass im Winter unter der Erde viel höhere Temperaturen als in der Luft vorherrschen. Vor allem während kalter Winternächte läuft eine Erdwärmepumpe viel effizienter als eine Luftwärmepumpe. Die Leitungen von und zur Erdwärmesonde bzw. von und zum Flächenkollektor werden üblicherweise in das Haus geführt. Deswegen kann die Wärmepumpe in einem Technikraum oder im Keller platziert werden. Für die Nachbarn ist das sicherlich ein Vorteil; allerdings ist die Gefahr nun größer, dass die von der Wärmepumpe ausgehenden Geräusche oder Vibrationen Sie selbst beeinträchtigen.

Ein weiterer Vorteil von Erdwärmepumpen (insbesondere bei einer Ausführung mit einer Erdwärmesonde) besteht darin, dass das System im Sommer mit minimalem Energieaufwand zur Kühlung des Hauses verwendet werden kann. Der Kompressor der Wärmepumpe muss dazu gar nicht laufen, es reicht aus, das im Sommer aus dem Erdboden gepumpte, vergleichsweise kühle Wasser im Haus zu verteilen. Zur Erreichung eines angenehmen Raumklimas sollte die Kühlung allerdings nicht über die Schleifen der Fußbodenheizung erfolgen, sondern durch in die Decke integrierte Kühlschläuche. (Wärme steigt auf, aber kalte Luft sinkt ab.) Auch wenn das Konzept verlockend klingt, ist der Bauaufwand erheblich.

Der größte Nachteil von Erdwärmepumpen sind die hohen Errichtungskosten. Außerdem ist eine Realisierung meist nur bei einem Neubau zweckmäßig. Soll dagegen eine vorhandene Heizung durch eine Erdwärmepumpe ersetzt werden, ist eine nachträgliche Durchführung einer Tiefenbohrung bzw. das Verlegen von Kollektoren mit riesigem Aufwand verbunden, oft außerdem mit einer kompletten Zerstörung des Gartens …

Grundwasserwärmepumpe

Eine Grundwasserwärmepumpe (oft einfach Wasserwärmepumpe) entzieht dem Grundwasser Wärme. Sie setzt voraus, dass aus einem sogenannten »Förderbrunnen« Grundwasser gepumpt werden kann. Dessen Temperatur ist ganzjährig weitgehend konstant, variiert aber je nach Ort. Typische Temperaturen liegen zwischen 7 und 15 °C. Die Wärmepumpe kühlt dieses Wasser nun etwas ab und fördert es dann einige Meter in Grundwasserflussrichtung abwärts über einen »Schluckbrunnen« zurück in das Grundwasser.

Energetisch gesehen sollte die Nutzung von Grundwasser ein Idealfall sein, bei dem die Wärmepumpe Leistungszahlen (Erklärung siehe unten) über 5 erreichen kann: Ausgehend von einem schon relativ hohen Wärmeniveau kann das Grundwasser ohne den Umweg über einen Wärmetauscher (also ohne Erdwärmesonde oder Kollektor) direkt genutzt werden.

Tatsächlich laufen Grundwasserwärmepumpen nicht immer effizienter als Erdwärmepumpen. Das liegt unter anderem am höheren Energieaufwand für das Heraufpumpen des Grundwassers im Förderbrunnen. (Anders als bei einer Erdwärmesonde gibt es keinen geschlossener Kreislauf, weswegen eine höhere Pumpleistung notwendig ist.) Zudem liegen nur selten geeignete Voraussetzungen zur Realisierung einer Grundwasserwärmepumpe vor. Aufgrund von Trockenheit sinkende Grundwasserspiegel machen die Sache noch schwieriger. Eine Grundwasserpumpe erfordert schließlich ein aufwendiges Genehmigungsverfahren.

Leistungszahl (Coefficient of Performance)

Der *Coefficient of Performance* (COP, im Deutschen die Leistungszahl) ist eine wichtige Kennzahl für den Betrieb von Wärmepumpen. Die Kennzahl gibt das Verhältnis zwischen gewonnener Wärmeenergie Q_H und eingesetzter elektrischer Energie P_{el} an:

$COP = Q_H / P_{el}$

Die Leistungszahl ist keine Konstante für die jeweilige Wärmepumpe, sondern vom Betriebspunkt abhängig. Das Datenblatt einer Wärmepumpe enthält deswegen *mehrere* Leistungszahlen für unterschiedliche Betriebspunkte, die durch die nutzbare Umgebungstemperatur (z. B. A12), die resultierende Nutztemperatur (z. B. W40) und die Heizleistung in kWh charakterisiert sind. Dabei bezeichnen zwei Buchstabencodes Medium und Temperatur für die Umgebungswärme und für die Nutzwärme (siehe Tabelle 7.1).

Temperaturcode	Bedeutung
A-3	Luft/Air mit −3 °C (Luftwärmepumpe)
B10	Sole/Brine mit 10 °C (Erdwärmepumpe)
W8	Wasser mit 8 °C (Grundwasserwärmepumpe)
A10/W45	Leistungszahl für eine Luftwasserwärmepumpe bei einer Außentemperatur von 10 °C und einer Nutzwärmetemperatur von 45 °C
B8/W50	Leistungszahl für eine Erdwärmepumpe bei einer Soletemperatur von 8 °C und einer Nutzwärmetemperatur von 50 °C

Tabelle 7.1 Buchstabencodes zur Spezifizierung der Leistungszahl

Beispielsweise enthält das Datenblatt einer Split-Luftwärmepumpe mit Brauchwasserspeicher die folgenden Daten:

▸ für A2/W55: Heizleistung 8,52 kW, COP 2,9

▸ für A-7/W35: Heizleistung 6,45 kW, COP 3,2

Bei einer Außentemperatur von 2 °C und einer Nutzwärmetemperatur von 55 °C erreicht das Gerät eine Leistungszahl von 2,9. Beträgt die Außentemperatur nur –7 °C und werden gleichzeitig nur 35 °C Nutzwärme gebraucht, verbessert sich die Leistungszahl auf 3,7. (Den Betriebspunkt A-7/W55 verschweigt das Datenblatt – sicher aus guten Gründen! Eine derart hohe Nutzwärme ist zum Glück nur vorübergehend notwendig, um das Brauchwasser zu erwärmen.)

Theoretisches Maximum für die Leistungszahl (Carnot-Prozess)

Aus thermodynamischer Sicht realisieren eine Wärmepumpe ebenso wie ein Kühlschrank oder eine Klimaanlage einen sogenannten Carnot-Kreisprozess. Auf dieser Grundlage kann das theoretische Maximum der Leistungszahl errechnet werden. Bei der folgenden Formel ist T_{max} die von der Wärmepumpe produzierte Nutztemperatur, T_{min} die Temperatur, auf die das Kältemittel durch die Umgebung aufgewärmt werden kann. Beachten Sie, dass Sie in diese Formel die Temperaturen in Kelvin einsetzen müssen! (0 Grad Celsius sind 273,15 Grad Kelvin.)

$COP_{max} = T_{max} / (T_{max} - T_{min})$

Nehmen Sie an, eine Luftwärmepumpe soll Nutzwärme mit 50 °C (323 Kelvin) in das Haus liefern. Die Umgebungstemperatur beträgt gerade 4 °C (277 Kelvin). In diesem Fall wäre das theoretische Maximum der Wirkzahl ungefähr 7:

$COP_{max} = 323 / (323 - 277) = 323 / 46 = 7,02$

Selbst bei –20 °C (253 Kelvin) könnte die Wärmepumpe noch über 4,5 Mal mehr Wärme produzieren, als elektrische Energie eingesetzt wird:

$COP_{max} = 323 / (323 - 253) = 323 / 70 = 4,61$

Die einfache Formel des Carnot-Prozesses lässt zwei wichtige Rückschlüsse für den Betrieb von Wärmepumpen zu:

▸ Die Wärmepumpe funktioniert am besten, wenn die Differenz zwischen der Nutztemperatur und der Umwelttemperatur (Luft, Erdreich, Wasser) möglichst klein ist. Aus diesem Grund sollte eine Wärmepumpe in Kombination mit einer Fußbodenheizung verwendet werden, durch die nur ca. 30 Grad warmes Wasser gepumpt wird. In Neubauten ist diese Voraussetzung meistens gegeben.

▸ Wenn Sie dagegen ein älteres Haus mit Konvektionsheizkörpern heizen, muss die Vorlauftemperatur an kalten Tagen zwischen 50 °C und 60 °C betragen. (Die Temperatur muss deswegen höher sein, weil die Heizkörper viel weniger Fläche als der Fußboden zum Abstrahlen der Wärme haben.)

Falls Sie mit der Wärmepumpe auch Ihr Brauchwasser erwärmen, müssen Sie die Wärmepumpe in jedem Fall hin und wieder mit einer hohen Nutztemperatur betreiben. Auch zur Erwärmung des Brauchwasserspeichers brauchen Sie rund 55 bis 60 °C.

▶ Die Wärmepumpe funktioniert umso effizienter, je wärmer die Umgebung ist, der Energie entzogen werden kann. Bei einer Erdwärmepumpe sind das auch im Winter 10 °C und mehr. Die Luftwärmepumpe ist dagegen auf die Außenluft angewiesen, die im Winter durchaus auf −20 °C sinken kann. Deswegen erreicht eine Erd- oder Grundwasserwärmepumpe speziell im Winter eine deutlich höhere Leistungszahl als eine Luftwärmepumpe.

Theorie versus Praxis

Im realen Betrieb können Wärmepumpen das theoretische Maximum laut Carnot-Prozess leider bei Weitem nicht erreichen! Das liegt daran, dass die Formel nur den Energieaufwand des Kompressors berücksichtigt, nicht aber die Energie für den Wärmeaustausch (Ventilator bei Luftwärmepumpe, Sole-Pumpe für Erdwärmepumpe etc.). Auch das Kältemittel weist nicht die idealen Eigenschaften auf, von denen der Carnot-Prozess ausgeht. Im Kompressor treten Reibungsverluste auf. Bei einer Luftwärmepumpe kommen Wärmeleitungsverluste auf dem Weg von der Luftwärmepumpe ins Innere des Hauses hinzu usw.

Aus all diesen Gründen müssen Sie froh sein, wenn die reale Leistungszahl der Wärmepumpe die Hälfte des laut Carnot-Prozess berechneten Maximums erreicht.

Jahresarbeitszahl

Über ein Jahr verteilt variieren die Nutzung einer Wärmepumpe und damit auch die gerade relevante Leistungszahl stark: Im Winter wird viel Wärme gebraucht, gleichzeitig steht (zumindest bei einer Luftwärmepumpe) nur wenig nutzbare Umweltwärme zur Verfügung. Das Erwärmen des Brauchwassers im Sommer gelingt der Wärmepumpe dagegen mühelos und mit einer hohen Leistungszahl. Die Jahreswirkungszahl gibt das Verhältnis zwischen der über das ganze Jahr produzierten Wärme und der dafür eingesetzten elektrischen Energie an, ist also ein Durchschnittswert.

In den vergangenen Jahren wurden mehrere Forschungsprojekte durchgeführt, im Zuge derer die Jahresarbeitszahl von realen Anlagen durch aufwendige ein- und zum Teil sogar mehrjährigen Messungen ermittelt wurde. Entsprechende Veröffentlichungen gab es unter anderem vom Fraunhofer Institut sowie vom FIZ Karlsruhe (Leibniz-Institut für Informationsinfrastruktur).

Die Ergebnisse variieren beträchtlich (siehe Tabelle 7.2) und fallen häufig deutlich niedriger aus, als die Versprechungen der Wärmepumpenhersteller erwarten lassen. Schuld sein können eine falsche Auslegung von Wärmepumpe oder Heizung, Wärmeverluste in den Leitungen, andere klimatische Gegebenheiten als bei den Referenztests der Hersteller usw.

Wärmepumpenart	Jahresarbeitszahl
Luftwärmepumpe	2,9 bis 3,2
Erdwärmepumpe	3,2 bis 4,1
Grundwasserwärmepumpe	3,7 bis 5,1

Tabelle 7.2 Im realen Betrieb ermittelte Jahresarbeitszahlen je nach Wärmepumpentyp

7.3 Wärmepumpen anwenden

Jetzt habe ich Ihnen einigermaßen ausführlich die Funktionsweise einer Wärmepumpe erläutert. Offengeblieben ist deren eigentliche Anwendung: Wie kommt die Wärme dorthin, wo sie benötigt wird, also in die Räume Ihres Hauses bzw. in den Warmwasserspeicher?

Natürlich gibt es auch hierfür wieder diverse Varianten. Der einfachste Fall besteht darin, dass Sie das von der Wärmepumpe erwärmte Warmwasser direkt durch die Leitungen der Fußbodenheizung Ihres Hauses führen (siehe Abbildung 7.5). Die Vorlauftemperatur liegt normalerweise bei rund 30 °C. In der Übergangszeit bzw. bei einem gut gedämmten Haus reichen auch 28 °C.

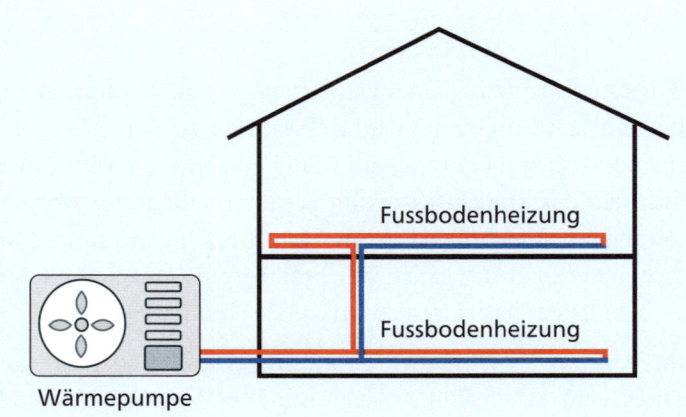

Abbildung 7.5 Luftwärmepumpe und Fußbodenheizung

7

Brauchwasserspeicher

Normalerweise soll die Wärmepumpe nicht nur das Haus, sondern auch das Warmwasser erwärmen. Allerdings sind die hierfür erforderlichen Temperaturen deutlich höher. Um die Gefahr von Legionellen auszuschließen, sollte der Warmwasserspeicher Temperaturen zwischen 55 und 60 °C aufweisen oder zumindest einmal pro Woche auf deutlich über 60 °C erwärmt werden. (Legionellen können nur entstehen, wenn warmes Wasser lange in Leitungen oder in einem Speicher steht. Wenn vier Personen ein Haus bewohnen und der Inhalt des Warmwasserspeichers täglich oder zumindest alle zwei Tage vollständig erneuert wird, ist die Gefahr gering.)

Damit die Wärmepumpe nicht ständig außerhalb eines effizienten Betriebspunkts arbeiten muss, werden der Brauchwasserspeicher und die Heizung über ein Ventil getrennt angesteuert. Wenn der Temperaturfühler des Brauchwasserspeichers erkennt, dass dieses zu kalt ist, heizt die Wärmepumpe stärker (bei Luftwärmepumpen eventuell mit Unterstützung des Heizstabs). Das produzierte Warmwasser wird dann über das Ventil durch den Wärmetauscher des Brauchwasserspeichers geleitet. Sobald der Brauchwasserspeicher seine Solltemperatur erreicht hat, schaltet die Wärmepumpe zurück und produziert wieder mäßig warmes Wasser, das durch die Fußbodenheizung fließt.

Um Platz im Technikraum zu sparen, aber auch um Wärmeverluste durch lange Wege zu vermeiden, haben einige Erdwärmepumpen einen integrierten Brauchwasserspeicher (siehe Abbildung 7.6). Auch der Innenteil einer Split-Luftwärmepumpe kann so ausgeführt werden. Andernfalls muss der Brauchwasserspeicher eigenständig aufgestellt und mit der Wärmepumpe verbunden werden.

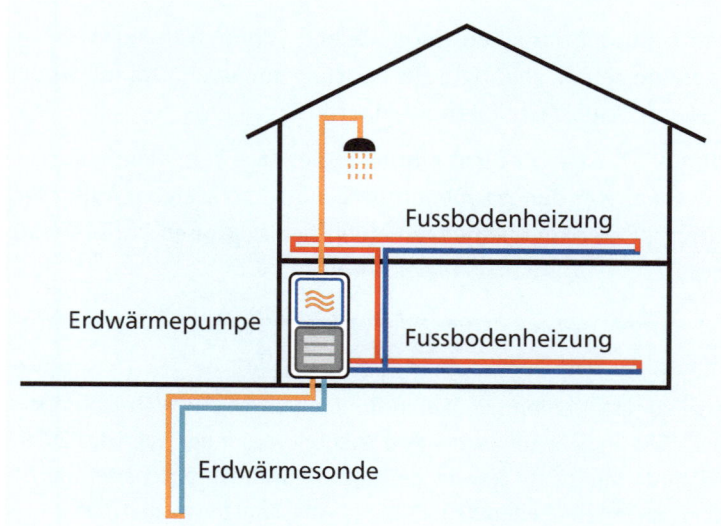

Abbildung 7.6 Erdwärmepumpe mit integriertem Brauchwasserspeicher

Verwendung eines Pufferspeichers

Im einfachsten Fall wird das von der Wärmepumpe produzierte Warmwasser direkt durch die Schleifen der Fußbodenheizung geführt. Alternativ besteht die Möglichkeit, die Wärme zuerst in einen Pufferspeicher (das ist einfach ein großer Warmwasserbehälter) zu überführen und von dort aus die Wärme im Haus zu verteilen. Das macht das System zuerst einmal etwas komplizierter, entkoppelt dafür die Wärmeproduktion von der Wärmenutzung. Das hat folgende Vorteile:

▶ Der Pufferspeicher verhindert ein allzu häufiges Ein- und Ausschalten der Wärmepumpe, reduziert also die sogenannte »Taktung«. Das verlängert die Lebensdauer der Wärmepumpe.

▶ Ein ausreichend großer Pufferspeicher kann den Betrieb in der Nacht minimieren oder ganz vermeiden. Nachts gelten ja, wie erwähnt, strengere Lärmschutzregeln.

▶ Schließlich können Sie tagsüber den Strom aus Ihrer PV-Anlage verwenden, um den Pufferspeicher stärker zu erwärmen, als dies eigentlich notwendig wäre. Sie können so einen Wärmeenergievorrat schaffen, den Sie dann nutzen, wenn die Sonne gerade nicht mehr scheint.

Was schon für den Stromspeicher galt (siehe Kapitel 3), gilt im Prinzip auch hier: Der Nutzen eines Puffers ist unumstritten. Das sind die Gegenargumente:

▶ Ein Pufferspeicher kostet zuerst einmal viel Geld und verursacht Wärmeverluste: Selbst ein gut isolierter Puffer strahlt im Keller oder Technikraum Wärme ab.

▶ Der Kreislauf der Fußbodenheizung bildet samt Estrich und eventuellen Betondecken selbst eine enorme Speichermasse. Insofern gibt es sowieso schon einen riesigen, auf das ganze Haus verteilten Wärmespeicher.

▶ Viele moderne Wärmepumpen arbeiten »modulierend«, können also die Leistung des Kompressors an die gerade benötigte Heizleistung anpassen. Das macht den Puffer – zumindest vom Aspekt der Taktung – überflüssig.

▶ Im Winter wird Ihre PV-Anlage oft nicht einmal in der Lage sein, den laufenden Strombedarf zu decken, von der Wärmepumpe ganz zu schweigen. Außerdem setzt das Speichern größerer Energiemengen einen richtig großen Puffer voraus (1000 Liter aufwärts).

Sperrzeiten

Manche Energieversorgungsunternehmen bieten für den Betrieb der Wärmepumpe eigene Stromtarife an. Die sind allerdings mit dem Nachteil verbunden, dass das EVU den Strom bis zu dreimal täglich für jeweils bis zu zwei Stunden abschalten darf. Diese sogenannten »Sperrzeiten« helfen dem EVU, Stromlastspitzen zu glätten.

Ein Pufferspeicher wird manchmal als Gegenmaßnahme gegen Sperrzeiten dargestellt – aber auch dieses Argument trifft nur mit großen Einschränkungen zu: Da es
vor der Abschaltung keine Vorwarnung durch das EVU gibt, ist es unmöglich, den Puffer vorausschauend aufzuwärmen.

Grundsätzlich besteht mit oder ohne Puffer keine Gefahr, dass das Haus während
einer zweistündigen Abschaltung auskühlt. Zum einen sind die Abschaltzeiten in der
Realität ohnedies meist viel kürzer, zum anderen verhindert die Masse des Hauses
jede schnelle Temperaturschwankung. Am ehesten sind Beeinträchtigungen bei der
Brauchwasserversorgung zu befürchten, wenn gerade während einer Abschaltung
viel geduscht oder gebadet wird.

Dimensionierung von Wärmepumpen

Wenn Sie sich für den Einsatz einer Wärmepumpe entschieden haben und klar ist, wie
Sie damit heizen bzw. Ihr Brauchwasser erwärmen, bleibt noch eine Frage offen: Wie
leistungsstark muss die Wärmepumpe sein?

Der wichtigste Parameter für die Dimensionierung der Wärmepumpe (oder jeder
anderen Heizung) ist die sogenannte »Heizlast«: Dieser Wert gibt an, wie viel Watt
bzw. Kilowatt Heizleistung erforderlich sind, um eine bestimmte Raumtemperatur
von z. B. 21 °C aufrechtzuerhalten.

Die Heizlast hängt von der Größe und Dämmung des Hauses und einigen weiteren
Faktoren ab. Bei der Berechnung der Heizlast muss Ihre Installateur- oder Haustech-
nikfirma die Norm EN 12831 berücksichtigen. In der Praxis hat sich allerdings gezeigt,
dass die so ermittelten Werte oft zu hoch sind, die Heizung also überdimensioniert
wird.

Integration mit der PV-Anlage

Dieses Kapitel ist deswegen im Buch gelandet, weil PV-Anlagen und Wärmepumpen
sehr häufig kombiniert werden, besonders bei Neubauten. Nun ist es zwar richtig,
dass Sie mit der PV-Anlage Strom produzieren und damit heizen können, aber leider
passen Stromproduktion und -nutzung zeitlich nicht zusammen.

Im tiefen Winter, also im Dezember und Januar, wird es Ihnen mit einer »normal«
ausgelegten PV-Anlage kaum gelingen, genug Strom für den täglichen Bedarf *ohne*
Heizung zu erzeugen. Für die Wärmepumpe bleiben wegen des flachen Einfallwinkels
der Sonnenstrahlen selbst an schönen Tagen keine nennenswerten Strommengen
übrig. Daran ändern auch Strom- und Wärmespeicher nichts. Wenn Sie sich also für
eine Wärmepumpe entscheiden, müssen Sie im Winter Strom von Ihrem EVU zukau-

fen, und zwar durchaus in nennenswerten Mengen. Mit einem Float-Strompreistarif ist der Strom genau dann am teuersten.

Trotzdem sprechen gute Gründe für die Kombination aus Photovoltaik und Wärmepumpe:

- ▶ Für die Wärmepumpe gibt es immer weniger sinnvolle Alternativen. Öl scheidet aus ökologischen Gründen aus, Gas ist seit dem Ukraine-Krieg außerdem noch knapp und teuer. Damit bleiben eigentlich nur noch Holz, Holzpellets oder Hackschnitzel. Holz ist zwar ein regenerativer Energieträger, aber nur, solange pro Jahr nicht mehr verbrannt wird als nachwächst. Insofern bietet sich eine Holzheizung am ehesten in ländlichen Gebieten mit viel Wald an.
- ▶ Die PV-Anlage produziert zwar im tiefen Winter wenig Strom, in den Übergangszeiten aber schon erheblich mehr, also von Oktober bis November und dann wieder ab Februar. Über das ganze Jahr gerechnet können Sie daher einen erheblichen Anteil des für Heizung und Warmwasser notwendigen Stroms selbst erzeugen.

Modulausrichtung

Im Winter ist selbst produzierter PV-Strom zum Heizen besonders wertvoll. Lohnt es sich daher, die Ausrichtung der PV-Module speziell auf den Winter zu optimieren?

Im Dezember erreichen die Sonnenstrahlen Ihr Haus je nach Wohnort (d. h., wie weit im Norden oder Süden Sie leben) nur mit einem Winkel von ca. 15 bis 20°. Der ideale Neigungswinkel für die Module reicht damit von 65 bis 90°. (Den besten Ertrag erzielen Sie, wenn die Sonnenstrahlen im rechten Winkel auf die PV-Module treffen.)

Tabelle 7.3 beweist aber, dass Sie mit einer steilen Ausrichtung der Module im Winter nur ganz wenig gewinnen (für jedes kWp Anlagenleistung 10 kWh zusätzlichen Ertrag), aber dafür viel Jahresertrag verlieren (rund 150 kWh bei 40° Neigung versus 75° Neigung).

Es ist also keine gute Idee, die PV-Neigung auf den Winterbetrieb zu optimieren! Die mageren Ertragssteigerungen im Winter haben damit zu tun, dass die Sonne im Winter statistisch gesehen überhaupt viel seltener scheint. Auch eine optimale Modulneigung bringt nichts, wenn es regnet und schneit oder wenn die Sonne noch nicht auf- oder bereits untergegangen ist.

Die Tabelle gilt für den Wohnort Bonn. Für Ihren eigenen Wohnort können Sie die PVGIS-Website verwenden, um selbst zu experimentieren. Anstatt nur Dezember und Januar zu berücksichtigen, können Sie auch die Ertragswerte von Oktober bis März summieren. Zu den Monatserträgen gelangen Sie, wenn Sie den Mauscursor über das auf der Website angezeigte Monatsbalkendiagramm bewegen.

https://re.jrc.ec.europa.eu/pvg_tools

Modulneigung	Jahresertrag pro kWp	Dezember plus Januar pro kWp
30°	1030 kWh	67 kWh
40° (Jahresoptimum)	**1040 kWh**	75 kWh
50°	1025 kWh	80 kWh
60°	990 kWh	84 kWh
70°	930 kWh	85 kWh
75° (Winteroptimum)	890 kWh	**85 kWh**
80°	845 kWh	85 kWh
90°	745 kWh	81 kWh

Tabelle 7.3 Per PVGIS prognostizierter Jahresertrag versus Winterertrag bei nach Süden orientierten Modulen pro Kilowatt Peak Anlagenleistung für den Wohnort Bonn

Smart-Grid-Ready

Viele Wärmepumpen werden mit dem Attribut »SG-Ready« beworben. Dabei handelt es sich um zwei zusätzliche Steuerungseingänge, um die Wärmepumpe zwischen vier Modi umzuschalten. Die vier Modi lassen sich ein wenig salopp so charakterisieren:

▸ 1: aus
▸ 2: ein (Normalbetrieb)
▸ 3: ein (Sparbetrieb, es steht wenig Strom zur Verfügung)
▸ 4: ein (Extrabetrieb, es steht viel Strom zur Verfügung)

Gedacht war diese Funktion, um Energieversorgungsunternehmen die Möglichkeit zu geben, den Stromverbrauch besser an die aktuelle Produktion anzupassen: Wärmepumpen und andere Großverbraucher sollen bevorzugt dann arbeiten, wenn im Netz gerade sehr viel Strom zur Verfügung steht. Daraus soll ein intelligentes Stromnetz entstehen, eben ein *Smart Grid*.

Aktuell bleiben diese Funktionen leider zumeist ungenutzt, weil die wenigsten Energieversorgungsunternehmen entsprechende Informationen an die Hauseinspeisung bzw. an die Wärmepumpe weitergeben können (oder wollen?).

Dafür könnten die SG-Ready-Funktionen verwendet werden, um den Betrieb der Wärmepumpe besser mit der Stromproduktion der eigenen PV-Anlage abzustimmen: Wenn die PV-Anlage mehr Strom produziert, als gerade im Haushalt benötigt wird, kann der Wechselrichter die Wärmepumpe anweisen, den Betriebszustand 4 zu aktivieren und z. B. vorausschauend den Brauchwasserspeicher oder einen Pufferspeicher zu erwärmen.

In der Praxis wird auf diese Steuerungsmöglichkeiten zumeist verzichtet: Im Winter gibt es nur selten zu viel PV-Strom, im Sommer braucht die Wärmepumpe wiederum sowieso nur wenig Strom. Auch mit noch so intelligenten Steuerregeln gelingt es kaum, einen messbaren Nutzen zu erzielen.

7.4 Brauchwasserwärmepumpen

Eine Brauchwasserwärmepumpe kann in manchen Fällen einen Elektroboiler ersetzen und dabei 75% des bisher benötigten Stroms einsparen. Technisch gesehen handelt es sich um einen Brauchwasserspeicher, der eine kleine Luftwärmepumpe anstelle eines Heizstabs zum Erwärmen des Wassers verwendet. Äußerlich sieht das Gerät ähnlich aus wie ein traditioneller Elektroboiler; es ist aber etwas größer, lauter im Betrieb und deutlich teurer in der Anschaffung.

Brauchwasserwärmepumpen werden im Inneren eines Hauses aufgestellt, bevorzugt in Räumen, wo es viel Abwärme von anderen technischen Geräten gibt. Am besten geeignet ist ein Technikraum, in dem ganzjährig diverse Elektrogeräte laufen – z. B. ein Gefrierschrank, die Waschmaschine, der Wäschetrockner und ein Zentralstaubsauger.

Wenn eine Brauchwasserwärmepumpe das Potenzial hat, drei Viertel des Strombedarfs für die Brauchwassererwärmung einzusparen – warum kommt das Gerät dann nicht viel öfter zum Einsatz?

▶ Oft übernimmt die Heizung quasi nebenbei auch die Brauchwassererwärmung. Ein zusätzliches Gerät nur für das Brauchwasser lohnt sich dann nicht.

▶ Wie jede Wärmepumpe entzieht auch die Brauchwasserwärmepumpe der Umgebung – in diesem Fall einem Innenraum – Wärme. Das funktioniert aber nur dann mit einer hohen Leistungszahl, wenn genug Wärme zur Verfügung steht. Wenn es keine Wärmequellen gibt, wird der Aufstellungsort in wenigen Tagen eiskalt. Ein effizienter Betrieb der Wärmepumpe ist dann unmöglich.

Sofern die baulichen Voraussetzungen es zulassen, kann die Wärmepumpe mit zwei Luftschläuchen warme Außenluft ansaugen und die abgekühlte Luft wieder abgeben. Dabei muss aber darauf geachtet werden, dass der Zuluftschlauch nicht die kalte Luft des Abluftschlauchs wieder ansaugt!

In der Realität befinden sich die meisten Elektroboiler in WCs, Abstellkammern oder Bädern von Wohnungen mit einer zentralen Hausheizung. Wenn Sie daran denken, diesen Boiler durch eine Brauchwasserwärmepumpe zu ersetzen, muss ich Sie enttäuschen: Genau diese Plätze sind als Aufstellort ungeeignet! Es mangelt an Abwärme. Es macht auch keinen Sinn, das Bad zu heizen und die Wärme dann durch die Brauchwasserwärmepumpe wieder abzuziehen.

Brauchwasserwärmepumpe und PV-Anlagen

Brauchwasserwärmepumpen werden manchmal als Ergänzung zu PV-Anlagen vorge-schlagen – besonders wenn die Heizung Öl, Gas, Pellets oder Hackschnitzel verbrennt: Dann ist es wünschenswert, die Heizung über den Sommer auszuschalten und das Brauchwasser in dieser Zeit (eventuell auch ganzjährig) mit eigenem PV-Strom zu erwärmen.

Im Vergleich zu einem Elektroboiler oder auch zu einer sogenannten E-Patrone (einem zusätzlichen elektrischen Heizstab) für einen vorhandenen Brauchwasserspei-cher hat die Brauchwasserwärmepumpe den Vorteil, dass ihr Strombedarf viel kleiner ist. Aber ganz egal, ob der Strom vom Energieversorger oder aus den eigenen PV-Modulen kommt: Ohne Umgebungswärme funktioniert die Wärmepumpe nicht.

7.5 Klimaanlagen

Mit Klimaanlagen beschäftige ich mich hier nur ganz kurz, und das primär aus einem Grund: In diversen Photovoltaik-Foren und auf YouTube gab es zuletzt immer wieder Artikel bzw. Videos, die zeigen, dass man mit einer Klimaanlage auch heizen kann und dass das – vor allem mit eigenem Strom aus der PV-Anlage – ein sehr kostengünstiger Weg ist, das Haus im Sommer kühl und im Winter warm zu halten.

Auf den ersten Blick klingt das absurd: Eine Klimaanlage eignet sich doch zum Kühlen, aber nicht zum Heizen! Tatsächlich können Sie nicht mit jeder Klimaanlage heizen. Sie brauchen schon eine spezielle Ausführung, die beide Betriebsweisen unterstützt. Beim Heizen funktioniert die Klimaanlage wie eine Wärmepumpe, genau genommen wie eine Luftluftwärmepumpe: Sie entzieht der Außenluft Wärme und gibt die Wärme innen als warme Luft wieder ab (nicht als warmes Wasser wie eine »gewöhnliche« Wärmepumpe). Beim Kühlen arbeitet die Klimaanlage dagegen wie ein Kühlschrank, entzieht also der Raumluft innen Wärme und gibt diese außen ab.

Zum Umschalten zwischen den beiden Modi muss die Richtung des Kältemittelkreis-laufs geändert werden. Dazu dient ein sogenanntes Vierwegeventil. Je nach Richtung des Kältemittelkreislaufs wird aus dem Verdampfer der Kondensator (Verflüssiger) und umgekehrt. Im einen Fall wird innen Wärme entzogen und außen abgegeben, im anderen Fall ist es gerade umgekehrt. Die Expansionsventile müssen doppelt aus-geführt werden, damit die Verdampfung je nach Kreislaufrichtung an der richtigen Stelle stattfindet. Die für den Dual-Betrieb erforderliche Technik ist also durchaus nicht trivial. Wenn Sie sich für die Details interessieren, ist das folgende Video ein guter Startpunkt:

https://www.youtube.com/watch?v=tFrWAiAL3zA

Klimaanlagen mit Heizfunktion werden in der Regel als sogenannte Split-Klimaanlagen ausgeführt (siehe Abbildung 7.7). Dabei gibt es ein Außengerät mit dem Kompressor. Von dort führt der Kältemittelkreislauf zu einem oder mehreren Innengeräten, aus denen die Raumluft je nach Funktionsweise über den Verdampfer/Verflüssiger geleitet und dabei gekühlt/erwärmt wird.

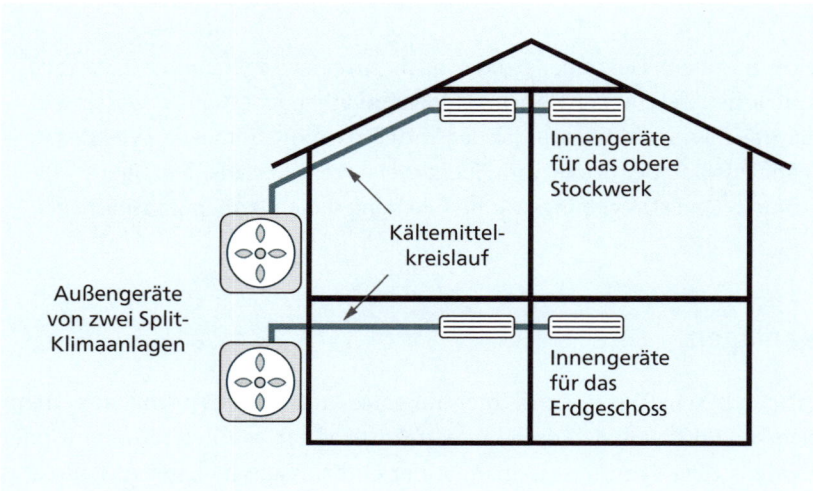

Abbildung 7.7 Zwei Klimaanlagen kühlen vier Räume eines Hauses.

Heizen mit der Klimaanlage?

Technisch ist es also möglich, mit einer Klimaanlage zu heizen. Wenn Sie eine hochwertige Klimaanlage verwenden, das Außengerät gut platzieren und darauf achten, dass die Kältemittelkreisläufe nicht zu lang werden, können Sie dabei sogar eine ähnliche Leistungszahl wie eine Luftwärmepumpe erreichen. Was spricht also gegen die Verwendung der Klimaanlage als Heizung?

▸ **Raumklima:** Die Innengeräte von Klimaanlagen werden üblicherweise an oder nahe der Decke montiert. Ein Ventilator saugt Luft an. Diese wird gekühlt und sinkt dann nach unten. Zum Heizen wäre es aber besser, die warme Luft würde unten in den Raum eingebracht. (Warme Luft steigt nach oben.)

Generell heizt die Klimaanlage durch Konvektion, also durch die Verteilung warmer Luft. Bei einer Fußbodenheizung (idealerweise kombiniert mit einer Wandheizung) liegt dagegen überwiegend Strahlungswärme vor. Diese wird als behaglicher empfunden, außerdem wird weniger Luft (und Staub!) im Raum verwirbelt.

▸ **Lärm:** Sowohl das Außengerät als auch die Innengeräte einer Klimaanlage sind vergleichsweise laut. Aus Platzgründen ist der Ventilator des Außengeräts einer Klimaanlage viel kleiner als bei einer Luftwärmepumpe. Dementsprechend schneller muss sich der Ventilator drehen. Je nach Platzierung des Geräts stört das nicht nur Sie, sondern auch Ihre Nachbarinnen und Nachbarn.

Die Geräusche zur Verteilung der warmen Luft im Innenraum sind wesentlich geringer. Mit einer vollständig lautlosen Fußbodenheizung kann die Klimaanlage auch hier nicht mithalten.

▶ **Heizleistung:** Wenn es richtig kalt ist, reicht die Heizleistung einer Klimaanlage oft nicht aus. Das Gerät läuft dauerhaft mit maximaler Leistung und dementsprechend laut.

▶ **Optik:** Die Außengeräte einer Klimaanlage sind hässlich und lassen sich nur schwer verstecken. Auch die Innengeräte sind keine optische Bereicherung des Wohnraums. Das mag im Büro oder Hotelzimmer akzeptabel sein, wird zu Hause aber nicht auf Begeisterung stoßen.

Kurz zusammengefasst ist es keine gute Idee, bei einem Neubau Klimaanlagen als Heizung vorzusehen. Anders sieht die Situation aus, wenn Sie ein altes Haus kostengünstig sanieren möchten. In diesem Fall kann eine Klimaanlage trotz aller Nachteile durchaus eine Option zur Heizung sein, insbesondere wenn es für besonders kalte Tage eine zweite Heizmöglichkeit gibt (z. B. einen Stückholzofen).

Als Luftluftwärmepumpen »missbrauchte« Klimaanlagen können unter Umständen auch in Altbauwohnungen zum Einsatz kommen, um dort eine Elektroheizung zu ersetzen. Der Strombedarf für das Heizen per Klimaanlage wird auf jeden Fall geringer ausfallen als bei herkömmlichen Elektroradiatoren, die keine Umgebungswärme nutzen und daher außerordentlich viel Strom fressen.

Mini- oder Mikrowärmepumpen

In den kommenden Jahrzehnten müssen in vielen Mehrparteienhäusern vorhandene Elektro- oder Gasetagenheizungen durch umweltfreundlichere Systeme ersetzt werden.

Ein denkbarer Ansatz sind Mini- oder Mikrowärmepumpen. Das technische Konzept ist ähnlich wie bei Klimaanlagen; allerdings liegt der aktuelle Entwicklungsfokus stärker beim Heizen. Leider gibt es diesbezüglich momentan mehr Ideen als ausgereifte Lösungen.

In naher Zukunft wird es aber voraussichtlich ein breites Angebot von Geräten geben, die gleichermaßen heizen und kühlen können und die für unterschiedliche Gebäudegrößen geeignet sind – von einer einzelnen kleinen Wohnung über das Einfamilienhaus bis hin zur zentralen Wärme/Kälte-Versorgung ganzer Mehrparteienanlagen. Ob diese Geräte dann »Wärmepumpen« oder »Klimaanlagen« heißen, ist sekundär.

7.6 Pro und Kontra

In diesem Kapitel habe ich Ihnen die Funktionsweise und die Vorteile von Wärmepumpen erläutert. Abschließend möchte ich ganz kurz auf die wichtigsten Gegenargumente eingehen.

▶ **Suboptimal bei nachträglicher Realisierung:** Wärmepumpen funktionieren am besten, wenn ein Haus gut isoliert ist und über den Fußboden mit geringer Vorlauftemperatur beheizt werden kann. Natürlich können Wärmepumpen auch in alten Häusern in Kombination mit herkömmlichen Heizkörpern verwendet werden; der Betriebspunkt ist dann aber ungünstig, die Leistungszahl niedriger.

▶ **Heizen mit Strom:** Mit einer Wärmepumpe heizen Sie mit Strom. Aus ökologischer Sicht müssen Sie sich fragen, woher Ihr Strom kommt – idealerweise aus der eigenen PV-Anlage. Im Winter funktioniert das aber nicht oder nur eingeschränkt. Wenn der Strom aus einem Kohlekraftwerk kommt, ist der ökologische Nutzen einer Wärmepumpe hinfällig. Das, was Sie an Energie durch eine hohe Leistungszahl einsparen, ist vorher schon im Kohlekraftwerk aufgrund dessen schlechten Wirkungsgrads verloren gegangen.

Ökonomisch kommt hinzu, dass Strom plötzlich sehr teuer geworden ist. Daran wird sich vermutlich die nächsten Jahre wenig ändern, schon gar nicht im Winter. Das Argument, dass Sie mit einer Wärmepumpe viel Geld sparen, gilt nur mehr eingeschränkt. (Vergessen Sie aber nicht, dass alle andere Energieträger auch teurer geworden sind!)

▶ **Kältemittel schädigen die Atmosphäre:** Das optimale Kältemittel ist noch nicht gefunden. Auch wenn neue Geräte schon lange kein FCKW mehr verwenden, sind auch die meisten Ersatzstoffe der Atmosphäre wenig zuträglich. Eine wichtige Kennzahl jedes Kältemittels ist ein Faktor, um wievielmal schädlicher das Gas beim Entweichen im Vergleich zu CO_2 ist. (Im Idealfall wird das Kältemittel nie entweichen. Wenn die Wärmepumpe das Ende ihrer Lebensdauer erreicht hat, wird sie demontiert, das Kältemittel abgepumpt und entsorgt. Leider stimmen Theorie und Praxis nicht immer überein. Bei manchen Geräten leckt der Kältemittelkreislauf nach einigen Jahren, andere werden nicht sachgemäß entsorgt. Insofern muss das Kältemittel bei der CO_2-Bilanz des Geräts mitberücksichtigt werden.)

▶ **Lärm:** Die von Wärmepumpen ausgehenden Geräusche und Vibrationen haben schon so manchen Nachbarschaftsstreit ausgelöst. Fallweise führt auch die kalte Luft rund um eine Luftwärmepumpe zu Konflikten.

▶ **Lieferzeit:** Mit Wärmepumpen verhält es sich momentan ähnlich wie mit PV-Anlagen: Die Nachfrage ist wesentlich höher als das Angebot. Wenn Sie sich für eine Wärmepumpe entscheiden, brauchen Sie nicht nur genug Geld, sondern auch Geduld und Überredungskünste bei der Suche nach einem Installationsbetrieb.

Niemand will im Winter frieren, niemand will mit kaltem Wasser duschen. Die aus ökologischer Sicht ideale Heizung gibt es einfach nicht. Allen Gegenargumenten zum Trotz sind Wärmepumpen zur Zeit in vielen Situationen – und ganz besonders in Kombination mit der eigenen PV-Anlage – der beste Kompromiss.

Der Idealfall liegt vor, wenn Sie ein Haus neu planen. Dann können Sie Dämmung, Fenster, Beschattung, Dachausrichtung und Heiztechnik optimal aufeinander abstimmen. Sofern das Budget und die örtlichen Gegebenheiten es zulassen, erscheint aus heutiger Sicht die folgende Kombination optimal:

▸ PV-Anlage mit einem vernünftig (nicht zu groß) dimensionierten Stromspeicher

▸ Wärmepumpe mit Erdwärmesonde

▸ Fußbodenheizung

▸ eventuell Kühlmöglichkeit über den Erdwärmekreislauf

Schon diffiziler ist die ökologisch optimale Sanierung von Bestandsobjekten: Der Einsatz von Wärmepumpen ist da leider wesentlich schwieriger. Naheliegende Alternativen sind allerdings auch rar.

Index

Der Begleiter für Ihr Smart-Home-Vorhaben

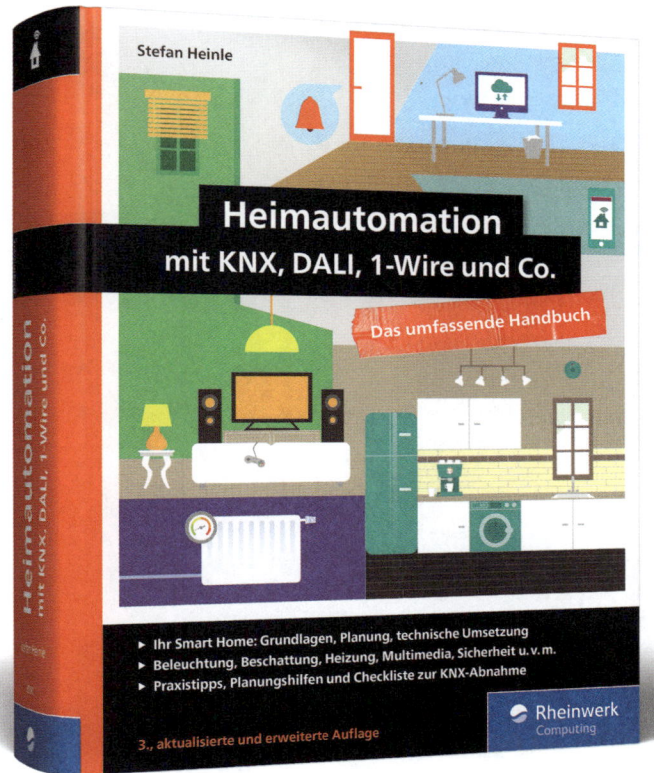

In diesem großen Standardwerk zur Heimautomation begleitet Sie KNX-Integrator Stefan Heinle auf dem Weg zu Ihrem smarten Zuhause. Sie finden darin nützliche Planungshilfen und Einkaufslisten, Checklisten zur Abnahme sowie unzählige Praxistipps. Von der Planung Ihrer Installation über die Komponentenauswahl bis hin zu Einbau, Parametrierung, Vernetzung und Absicherung wird kein Schritt ausgelassen. Selbstverständlich mit dabei: zentrale Grundlagen der Elektrik, der intelligenten Gebäudetechnik und der Programmierung.

1.351 Seiten, gebunden, 49,90 Euro, ISBN 978-3-8362-8700-5
www.rheinwerk-verlag.de/5418

Für Maker, Bastler und Programmiereinsteiger

Bauen Sie komplexe Schaltungen auf, ohne eine einzige Zeile Code zu schreiben – Node-RED macht es möglich. Mit dem visuellen Programmierkonzept erstellen Sie Flows und Logiken, die Ihre Projekte steuern. Udo Brandes stellt Ihnen dazu in diesem Handbuch alle Nodes vor und zeigt Ihnen, wie Sie Ihre Anforderungen übersichtlich modellieren und passende Dashboards erstellen. So lesen Sie im Handumdrehen automatisiert Sensoren aus, speichern Messwerte ab oder teilen Daten über das Netzwerk mit anderen Systemen.

544 Seiten, gebunden, in Farbe, 39,90 Euro, ISBN 978-3-8362-9469-0
www.rheinwerk-verlag.de/5687